中国国家博物馆
展览系列丛书

中国古代服饰文化

Ancient Chinese Culture:
Costume and Adornment

王春法　主编

北京时代华文书局

中国国家博物馆

NATIONAL MUSEUM OF CHINA

中国国家博物馆
展览系列丛书

中国古代
服饰文化

图录项目组

统　　筹：孙　机　胡　妍　赵　永
大纲撰稿：孙　机
编　　辑：胡　妍　朱亚光　高　露
吴　爽　张裴桐　郑　旋
展品说明：朱亚光　高　露　吴　爽　张裴桐
郑　旋　王　湛　徐小蕾　吴　比
何东红　陈诗宇　仇泰格
编　　务：孙　祥　上官天梦　高　畅　姜全敏
装帧设计：郭　青
展品拍摄：齐　晨　张赫然　余冠辰
杜亚妮　李　洋　苑　雯

中国国家博物馆
展览系列丛书

策展团队

策 展 人：孙 机 胡 妍
展览大纲：孙 机
内容设计：孙 机 胡 妍 朱亚光 高 露 吴 爽 张裴桐 郑 旋
策展助理：朱亚光
空间设计：孙 祥 姜全敏
平面设计：上官天梦 高 畅
图录设计：郭 青
人物线图：孙 机
藏品保障：王 湛 徐小蕾
文物保护：王 博 雷 磊
道具保障：李骥悦
展览协调：陈 凯 刘国庆
协助布展：郭梦江 王 浩 任胜利 付志银
展品拍摄：齐 晨 张赫然 余冠辰
展品扫描：李 洋 苑 雯
数据保障：杜亚妮
宣传推广：张 应
安全保卫：常 欣
设备保障：刘 超
后勤保障：邹祖望
财务联络：相雪莹
公共教育：戴 萌

中国古代
服饰文化

前言

中国国家博物馆馆长
王春法

服饰不仅是人民生活的必要用品，有“避寒暑，御风雨，蔽形体，遮羞耻”的实用功能，也是古代文化的重要载体，有“分尊卑，别贵贱，辨亲疏”的文化功能。中国素有“衣冠上国”之美誉，数千年来中华服饰文化的发展历程不仅折射出古代物质文明与精神文明的发展轨迹，也勾勒出中华民族延绵不断的生活画卷。中国国家博物馆在充分发挥学术优势、深入挖掘馆藏资源、广泛联系文博同行的基础上，倾力举办“中国古代服饰文化展”，就是深入贯彻落实习近平总书记关于“让文物说话”“让历史说话”的重要指示精神，系统阐释中国古代服饰的发展脉络与文化内涵，让中华优秀传统文化焕发时代光彩，为民族发展提供丰厚滋养。

中国国家博物馆藏有丰富的古代服饰相关文物，沈从文、孙机诸先生先后在服饰考古、服饰史论方面做了大量工作，在中国古代服饰文化的研究方面形成了较为深厚的学术积累，堪称中国古代服饰研究的重镇。本次展览以孙机先生等国博学者数十年学术研究成果为依托，按历史时期分为六个部分，展出文物近130件（套），类型涵盖玉石器、骨器、陶器、服装、金银配饰和书画作品等，并配以40余件（套）辅助展品、约170幅图片和多媒体设施，系统性、学术性、知识性都很强，不仅生动描绘中国古代服饰的制作工艺、审美取向和穿着场景，而且系统展示中国古代服饰的衍变历程，深入阐释了服饰所承载的社会文化内涵。特别值得一提的是，除了大量直接表现古代服饰形制的实物，本次展览还绘制了大量线图，制作了15尊不同时代的复原人像，力求完整呈现中国古代衣冠配饰的整体形象，充分展示中国古代物质文明和精神文明的灿烂成就，一定意义上可以说是立体版的中国古代服饰简史。

习近平总书记突出强调，“中华优秀传统文化是中华民族的精神命脉，是涵养社会主义核心价值观的重要源泉，也是我们在世界文化激荡中站稳脚跟的坚实根基”。中国古代服饰既是王朝礼法和社会身份的制度表征，具象呈现了中国古代的社会政治结构和文化价值取向；又与纺织、染色、刺绣等工艺技术密切相关，集中体现了中国人民的勤劳智慧和蓬勃创造力；更是民族融合文化交流的生动写照，历次服饰变革都凝结着民族大融合时期不同文化交流互鉴的成果。衷心希望本次展览能够引导观众全面了解中国古代服饰文化，通过服饰这一文化载体深刻理解中华文化在继承传统与交流互鉴中不断发展的历史经验，更加坚定文化自信，推动中华优秀传统文化创造性转化、创新性发展，为建设社会主义文化强国做出新贡献。

目录

秦汉魏晋南北朝服饰

冠制

男装

女装

各族服制的融合与创新

隋唐五代服饰

男装的双轨制

女装

宋辽金西夏元服饰

宋代服饰·男装

宋代服饰·女装

辽金西夏元服饰

元代服饰

明代服饰

男装

女装

清代服饰

男装

女装

历代人像（复原）

后记

中国服装史上的四次变革

孙 机
中国国家博物馆

服装不仅能保护身体，防寒御暑，而且有礼仪上的功能，是一个社会成员之性别、民族、职业及身份地位的表征；同时也在一定程度上反映出其文化修养和审美观念。

我国古往今来，服装式样前后大不相同。这里试图理一理其发展过程中几次重要的变革。旧石器时代晚期，先民开始穿衣服，有北京周口店山顶洞遗址和辽宁海城小孤山遗址出土的骨针为证。这是人类走向文明之重要的一步。到了新石器时代，捻线的纺轮在各遗址中大量出现，这时已能织出葛、麻、丝质衣料。华夏族的服装已以上衣下裳为特点。同时先民还有自己独特的发型：束发为髻，贯以发笄。出土之新石器时代陶器上的彩绘和商代的石雕，均已将这种服式和发型表现得很清楚。它可以被看作是进入文明时代后我国服饰演变之起始的原点。

上衣下裳服式与当时的生活条件是相适应的。先秦时人们在室内皆席地而坐，其坐姿即现代所称跪坐。由于当时内衣尚不完备，没有贴身穿的合裆裤，只在股间缠裈。如若两腿叉开，在席上箕坐，下身会遮盖不周，是不雅观的。而跪坐则可用裳将下体掩起；由跪姿又衍生出揖让叩拜等礼仪。所以甲骨文里的“人”字写作[illegible]，乃跪坐之人的象形，表示他不仅是一个生物人，而且是懂礼仪的文明人。

裳既然起这么大的作用，自然受到重视。进而在裳外系市（韨，蔽膝），它被认为是“人之盛饰”之一（董仲舒《春秋繁露》）。西周时的市加宽，有身份的人还在市前系玉佩。地位愈高，玉佩愈长，走得愈慢，玉佩起到“节步”的作用。不仅如此，根据贵族之等级的差别，还要走出“接武”“继武”“中武”等步间距离各不相同的步子来（见《礼记·玉藻》），以表明“君臣尊卑，迟速有节”（《国语·周语中》韦昭注）。它所体现的正是贵族阶层的礼仪。相反，身份低的人在高贵者面前则须快步疾走，当时称为“趋”。个别高官“入朝不趋”，乃是特殊的恩宠。玉佩长，步子慢，宽大的服装遂与之相适应。古代法服（礼服）之所以将褒博雍雅作为基调，起因实与此相关。

我国服装史上的第一次变革发生在战国时期，以赵武灵王的“胡服骑射”为标志。上古时代，“国之大事，在祀与戎”（《左传·成公十三年》）。战国以前，戎主要指车战。这时尚未发明马镫，骑乘的难度大，所以骑兵较少，马多用于驾车。《尚书·甘誓》是夏朝初年夏后启讨伐有扈氏的誓师词，那里说到：“左不攻于左，汝不恭命；右不攻于右，汝不恭命；御非其马之正，汝不恭命。”可见这时一辆战车上已配备有车左、车右、御手等三名战士，而且已经有了成套路的战术。中国古代的车战很特殊，全世界其他地方都没有这种作战方式。其原因一来是由于中国古车的性能优越。比如从系驾方式看，西方古车是用颈带将牲畜的颈部固定在衡上，牲畜拉车时由颈部受力，通过衡和辕拖动车子前进，被称为“颈带式系驾法”。由于颈带压迫牲畜的气管，跑得愈快呼吸愈困难，故无法在奔跑的车与车之间像古代中国那样进行车战。而中国古车采用的是“轭靷式系驾法”，牲畜拉车时之受力的部件是叉在肩胛前的轭，传力的则是靷绳，完全不影响马的呼吸，其体力得以充分发挥，足以胜任车战的要求。二来是由于古中国推崇礼仪，车战中也不能违礼，乃使这种类似竞技的战斗方式得以进行。加之战士在车上主要是挥戈和放箭，下身的动作不甚剧烈。而且战车兵有“士”的身份，是低级贵族，他们得讲究仪表，服饰应合乎礼制。秦俑坑出土的铜战车上的御者甚至还带着短短的“玉佩”。

但车战也有不少局限性，比如它只能在开阔地上作战，战斗时要成列，要保持“左旋”，“结日定地，各居一面，鸣鼓而战，不相诈”（《公羊传·桓公十年》何休注）。这些要求成为当时作战双方共同遵守的规则。而且，一辆战车毕竟是一个占地约9平方米的庞然大物，在起伏不平的原野上，战车加上随车的徒兵，行动的速度受到客观条件的限制，一天只能前进“三舍”。1舍为当时的30里，3舍折合今制还不到38公里，它还怕山地，怕林莽、怕沼泽，甚至怕不守车战规则乱跑乱窜的徒兵。车战的指挥官有时竟发出“彼徒我车，惧其侵轶我也”的慨叹（《左传·隐公九年》）。

这时，北方的游牧民族则习惯骑马，长裤是出于骑马的需要最先在他们那里流行开来的。上身着窄袖短衣，下身着长裤，即所谓“胡服”。蒙古国诺颜乌拉匈奴大墓出土的衣裤正是如此。着胡服的骑兵“能离能合，能散能集，百里为期，千里而赴”（《孙膑兵法》，《通典》卷一四九引），较之战车部队显然更加机动灵活。赵武灵王遂取法北族组建起着胡服的骑兵。之后，很快就打败了经常侵扰赵国的中山国，进而占领了林胡、楼烦之地，成为北方强国。山西长治分水岭战国墓出土的铜人像所着衣裤，可以看作是与上述赵国骑兵之着装相类似的胡服。

不过胡服的推行并不顺利。赵国贵族就以“袭远方之服，变古之教，易古之道，逆人之心”为由（《史记·赵世家》），反对胡服。胡服与华夏族古装之主要的区别是：前者下身着裤，后者下身着裳。由于上层人士的梗阻，我们看到经过此次变革后，真正流行开来的不是胡服，而是衣裳相连的深衣；等于是既在下身接纳了长裤，又将裳变相保留。由于衣裳相连，深衣乃在一侧设“曲裾”，即将衣襟自腰部接长，使之成为向身后斜裹的下摆，腰间再用带子束结。这样，既不碍举步，又能遮住下体，还可以承托玉佩；否则，只穿胡服、当阔步行走时，玉佩会在两条裤腿间剧烈摇晃。深衣的出现将裤和式样变化了的裳相互包容；并使裤和裳各自原先的功能均得以沿续；于是较顺利地流行开来。《礼记·深衣》甚至赞之为：“可以为文，可以为武，可以摈相，可以治军旅。”认为它在各种场合中都可以穿。但这篇文章为深衣的式样又加上了许多象征性的解释，就有拔高之嫌，不尽实事求是了。战国时，男装深衣与女装深衣的剪裁方式已有区别：男装的曲裾较短，只向身后斜掩一层；女装的曲裾较长，可向身后缠绕数层。讲究的女式深衣还在曲裾的边缘上缀以尖角（纖）和飘带（髾），即傅毅《舞赋》所称“华带飞髾而杂纖罗”，显得相当华丽。纖又作襳，“飞襳垂髾”（《文选·子虚赋》）的女式深衣直到南北朝时还能见到，流行的时间相当长。而男式深衣至东汉时已经少见，继起的是直裾长衣，也叫“襜褕”。襜褕较肥大；更合身一些的则叫袍。《续汉书·舆服志》说：“今下至贱更小史，皆通制袍。”从历史的发展过程看，经由深衣的过渡，穿长袍至东汉时已成为男装的主流。也就是说，到了东汉，男士的服装已经突破了上衣下裳的旧制，完成了第一次变革。

我国服装史上的第二次变革是从南北朝时开始的，直到唐代才完成。自十六国以来，草原游牧民族汹涌南下。之后在北中国建立起以鲜卑族或已鲜卑化的少数民族为统治者的北朝各国。其男装包括穿圆领或交领的褊衣，长裤，长靴，头戴后垂披幅的鲜卑头巾，和汉魏的冠服大不相同。但是他们既然已经入主中原，要统治广大汉族人民；又鉴于其文化相对落后，想名正言顺地当中国皇帝，必须提倡文治，以“混一戎华”。北魏太武帝拓跋焘就“祀孔子”，甚至宣称自己是黄帝少子昌意的后人，尽量设法拉近与汉族的关系。

北魏孝文帝（拓跋宏，后改姓名为元宏）时，不仅实行了三长制、均田制、租调制等一系列政治经济制度方面的改革，更将汉化推向极致。他全盘否定了其本民族的语言、礼俗、服装、籍贯乃至姓氏，在世界史上可谓绝无仅有。经过他的改革，皇帝和大臣都穿起了褒博的冠冕衣裳。洛阳龙门宾阳中洞前壁浮雕《礼佛图》中的皇帝，应即孝文帝本人的形象。此图中君臣的衣着与东晋·顾恺之《洛神赋图》及敦煌莫高窟220窟唐代壁画中之帝王的服饰基本一致。可见孝文帝的服装改革是很彻底的。

但孝文帝改革的某些方面也有其过分之处，他连汉族统治阶级的弊政陋习如门阀大姓、清浊士庶那一套都接受过来了，开始依门第命官。本来北魏的重兵多驻扎在北部边境，各军镇的镇将多为鲜卑族或当地少数族豪酋。改革后，六镇的职业军人无法进入清流，难以出任高官，只能通过军功任武职浊官。这样就断送了他们飞黄腾达的仕途。终于激起了北魏末年的六镇起事。

六镇起事后建立起的北齐和北周，统治者都是代北豪酋出身，本能地带有反汉化的倾向。在这方面，北齐更激烈一些，北周稍缓和一些。虽然他们均未将汉化的祭服、礼服废除，但在社会上鲜卑装已重新流行。在山西太原、寿阳，河北磁县，山东济南等地之北齐墓壁画上所见者：北齐武士戴圆形鲜卑头巾，着圆领或交领缺骻（即开衩）长袍，腰束蹀躞带，足蹬长靿吉莫靴。

北周与北齐小有区别，它的政策一方面是士庶兼容；另方面是胡汉并举。一方面维护鲜卑旧俗，恢复鲜卑复姓；一方面又模仿《周礼》，用六官制改组政府。其服装，一方面也在大朝会上采用汉式衣冠；另方面，北周君臣平日多着缺骻袍。特别是北周吸收汉族平民当府兵，军装须整齐划一，更为鲜卑化的服装在汉族中的推广铺平道路。

隋唐时代南北统一，服装却分成两类：一类沿袭传统的古典服装，用作礼服。另一类继承北齐、北周之鲜卑式的圆领缺骻袍，用作常服。这样，我国的服装就从汉魏时之单一的系统，变成两个来源之复合的系统，从单轨制变成双轨制。

唐代男子在日常生活中都穿常服，包括圆领缺骻袍、幞头、革带及长靿靴。其中的幞头虽然也是由鲜卑头巾演变而来，然而已与后者存在诸多相异之处。它本来是一幅头巾，裹头时两个巾脚（巾角）自后向前抱住发髻并系起，另两个巾脚向脑后扎紧，多余的部分任其自然垂下。幞头起初用的是黑色的纱或罗，垂下的巾脚是软的，称“软脚幞头”。后来在幞头内加木山子，又在幞头脚内以铜、铁丝为骨，把它撑起来，成为“硬脚幞头”。由于硬脚的形状及上翘的角度不同，还分为“局脚幞头”“展脚幞头”“朝天幞头”等多种式样。后来宋、明时的官帽（乌纱帽）其实都属于硬脚幞头一类。

唐代常服的形成不仅有其历史原因，同时也是现实生活的需要。上文曾提到赵武灵王之胡服骑射，但那时骑的是未装马镫的马，挥鞭驰骋非常吃力。4世纪初我国发明了马镫，很快就普及开来。长靿靴正可与骑马蹑镫配套，缺骻袍也同样便于骑乘。而且这时建筑物之梁架结构有了改进，室内的空间增高，并使用起高家具；先秦时入室徒跣之俗已不再遵循。唐代的常服和这些改变正相适应。而从更广阔的角度看，唐代之礼服与常服的双轨制，实系自南北朝以来我国各民族互相融合的趋势在服饰上的体现。

服装的双轨制到宋代开始模糊起来，同一个场合中的帝王和臣子有穿礼服的，也有穿常服的，不尽一致。甚至正式的公服，有的也将圆领缺骻袍的袖子做得异常宽大，几乎和褒博的礼服混为一谈了。同时，自宋初“杯酒释兵权”时起，已为享乐主义敞开了大门。宋代士人钟情于诗酒风流的闲暇生活，有时对精致得过了头的所谓缺陷美甚至病态美也乐之不疲。比如喜爱开片的瓷器、暴睛翻腮的金鱼等。尤其是缠足，一般认为始于五代，北宋时渐多，南宋时才普及开。但这里面忽略了一个事实，即我国古代在一部分人中间，曾将与正常行走姿态不同之扭捏的碎步视为女子的一种美。汉诗《孔雀东南飞》说焦仲卿妻“纤纤作细步，精妙世无双”。《后汉书·梁统传》说当时的名媛孙寿作“折腰步”，李贤注：“折腰步者，足不任体。”东汉·张衡《南都赋》说女子走路时“罗袜蹑蹀而容与”。吕向注：“蹑蹀，小取步而行。”魏·曹植在《洛神赋》中对此更着力描写：“凌波微步，罗袜生尘。动无常则，若危若安。进止难期，若往若还。”但即便到了五代时，是否为了追求这种步态，已从量变走上质变，开始缠足，也找不到十分明确的书证或物证。入宋以后，此风亦未立即流行。元·陶宗仪《南村辍耕录》说，缠足在“熙宁、元丰以前，人犹为者少”。对于为了从健康美和病态美中选择后者，且必须付出极其痛苦的代价的一种化妆术来说，在其推行过程中的关节点上（约11世纪末），假若没有大名家卖力热捧，很难形成气候。而这时出来亟口称颂缠足（不仅是步态）的头面人物就是苏东坡。他写道：“涂香莫惜莲承步，长愁罗袜凌波去。”“纤妙说应难，须从掌上看。”追随苏东坡的秦少游有“脚上鞋儿四寸罗”、黄山谷有“从伊便窄袜弓鞋”之句。12世纪初的宣和时，东京城里据说已是“花靴弓履，穷极金翠”（见《枫窗小牍》）。南宋时，不仅贵妇，连劳动妇女也有缠足的。从北宋末到民初，八百余年间亿万汉族妇女深受缠足的戕害，这帮苏门学士难辞其咎。

缠足尽管在审美方面走上了邪道，但它和封建专制政权要求的礼合拍。礼把社会各阶层成员都安排在固定的框架里，“男有分，女有归”，谁也不许乱来。它虽未事事动用暴力，却是在变相地操控和施压。所以不管缠足在历史上有何种渊源，宋代对它的提倡，仍是在理学思想的支配下，进一步限制妇女参加社会活动、强化男尊女卑的手段。和后来《女儿经》等书中之所谓“喜莫大笑，怒莫高声，笑莫露齿，行莫摇裙”的精神完全一致。在中国服装史上，宋代虽然没有出现全局性的大变革，而上述各种变化，亦不可等闲视之。

元代在服装史上的影响不大，元代统治者穿的是蒙古族服装，元初曾要求在京士庶均开剃为蒙古装束，大德以后则各任其便。所以元代的汉人，尤其是居住在江南的“南人”，服装与宋代并无大殊。明朝建国后，禁穿胡服，但还是留下了元代服装的痕迹。比如明代士人常穿的曳撒，大体上仍沿袭蒙古族的辫线袄子之旧。

清朝对服装的要求则比较严格。薙发的推行毫不容情，民间有“留发不留头，留头不留发”之谚。从此，传统的冠冕衣裳被完全废除；中国服装之发展演变的轨迹，被撕开了一个大缺口，古典服制至此断档。是为我国服装史上的第三次变革。辛亥革命后，长袍马褂虽继续存在，但中山装、学生装、西装日益流行。建国后，我国的服装更逐步融入世界潮流。是为我国服装史上的第四次变革。清代去今未远，现代的变革又为众所亲历，这里就不再详细介绍了；庶免词费。

清代旗人妇女的旗髻

朱亚光
中国国家博物馆

满族世代居于我国东北地区,自古就是中华大家庭中重要一员，由其建立的清代作为中国最后一个统一封建王朝，存续两百多年。此间以满族传统服饰为基础的旗人服饰在不断变化发展的同时始终遵循着本民族审美、保留便于骑射的民族特征。这其中，旗人女性发型发饰作为旗装重要组成部分之一，与民人女性截然不同[1]。在此试结合“中国古代服饰文化展”清代部分相关展品及史料，对旗人妇女搭配便服的主要发型“旗髻”[2]，在几百年间的发展变化做一简要梳理。不当之处，敬请指正。

一、满族先祖妇女发型

文献记载，早在先秦时期满族先祖即已活跃于白山黑水间[3]，并于7世纪末首次建立地方政权渤海[4]。渤海亡国后，其所属的黑水靺鞨部日益崛起，渐踞渤海旧地，契丹称之为女真。关于满族早期先祖文献记载稀少，对其妇女发型难以考证。至唐，房玄龄《晋书·东夷传》中开始出现女真人“俗皆编发”[5]之记录，但未见进一步说明。

五代后女真蓬勃发展，于12世纪初实现诸部统一，建立起大金政权（1115年—1234年），统治华北及东北诸地区长达一个多世纪。在此期间，女真人不仅逐渐形成独具特色的民族服饰传统、对其后世族群服饰装扮发展产生了深远影响，也留下相对丰富、记载有妇女发型服饰的文字和图像资料。文献方面，宋人徐梦莘《三朝北盟会编·女真记事》称女真“衣布好白,衣短巾左衽,妇人辫发盘髻”[6]；《大金国志考证》载：“妇人辫发盘髻，亦无冠。自灭辽侵宋，渐有文饰。妇人或裹逍遥巾，或裹头巾，随其所好”。[7]《金史·舆服志》描述：“妇人服襜裙，多以黑紫，上编绣全枝花，周身六襞积。……年老者以皂纱笼髻如巾状，散缀玉钿于上，谓之‘玉逍遥’。此皆辽服也，金亦袭之。”[8]通过以上几段史料，可知金代女真妇女发型约为将长发编辫后盘成髻。发髻上或可再加头巾，年老者头巾为皂色，上缀“玉逍遥”。妇女头上裹巾原为辽之旧俗，因女真本服属于辽，故承袭之。图像方面，同时代考古发现中有不少表现金代妇女生活的内容，如山西侯马董明墓砖雕（图一）、褚村东门外金墓砖雕、汾阳东龙观M2金墓壁画及大同南郊M1金墓壁画中所见墓主及侍女形象，发型皆为将所有头发聚拢在头顶处编成发辫，再盘成髻[9]。裹巾的金代女性形象则可参考美国波士顿艺术博物馆藏宋人绘《文姬图》及台北故宫博物院藏南宋陈居中绘《文姬归汉图》中的文姬。两幅画中文姬装束相似，均参照金代女真贵族妇女打扮。两人头戴内部衬有胎网、形状固定的皂色头巾，巾外未露出头发。巾为平顶、沿部较宽，表面缀东珠、花钿等饰，后垂巾带两条，这种巾应为金代女真贵族妇女特色首服。1988年黑龙江哈尔滨阿城出土的金齐国王王妃头巾是其实物代表[10]（图二）。从巾外形来看，罩在内部的发髻应梳得简单紧致。另有部分壁画反映金代民间妇女裹巾情况，如山西曲沃苏村砖厂金墓壁画表现几位妇女所戴裹巾，为一方在发髻上简单缠裹固定的软布，外观与两宋妇女“包髻”形态接近[11]。应为女真与汉族交往融合过程中受其影响的结果，在此不加赘述。

金国灭，入元后，反映女真妇女形象资料较少。明末，女真中的建州女真部崛起，其首领努尔哈赤于1616年在赫图阿拉（今辽宁省抚顺市新宾县）建立后金政权。在此期间被俘的朝鲜官员李民寏在其著作《建州闻见录》中描述了他所见的后金天命时期盛京女子发型：“女人之髻,如我国之围髻，插以金、银、珠、玉为饰。”“据

图一　山西侯马董明墓“墓主夫妻对坐图”砖雕局部（图片采自《平阳金墓砖雕》）

图二　黑龙江省博物馆藏金齐国王墓出土王妃头巾（图片采自《金源文物图集》）

图三　故宫博物院藏清如意馆画师绘《孝庄文皇后常服像》局部（图片采自《中国历代服饰文物图典》）

图四　故宫博物院藏清人绘《慧妃常服像》局部（图片采自故宫博物院数字文物库网站）

图五　故宫博物院藏清人绘《和素夫人影像轴》局部（图片采自故宫博物院数字文物库网站）

说古代朝鲜女性的围髻即是挽髻头顶的形式，而满族原起的地理位置又恰恰东接朝鲜，两者风习自然有相近之处，因而后金时期的满族女性发髻很可能也多梳于头顶部。”[12]

综上，自金至后金开国初期，各时期女真妇女的发型变化不大，“辫发盘髻”一直是其主流。这与女真民族“经过妇女多骑马，游戏儿童解射雕”[13]“女人之执鞭驰马，不异于男”[14]的游牧民族风俗相关。在长期生产生活实践中，女真妇女逐渐认识到简约利落的发型能够更好适应马背上、白山黑水间的生活，故而形成辫发盘髻之传统，并将之祖祖辈辈长久继承。

二、清代“旗髻”的演变

1. 清前期，以“辫发盘髻”为基础进行变化

努尔哈赤去世后，其子皇太极继位，1635年改称女真为满洲，1636年改国号为大清。1644年清人入关，开启对中原地区长达两个多世纪的统治。入关初期，满洲贵族虽已告别马背上的游牧生活，但较长一段时间内在服饰上还保持着游牧时期的简朴，妇女发型仍以传统“辫发盘髻”为主。以《孝庄文皇后常服像》为例（图三），从画中的孝庄文皇后已步入老年可推断其创作年代约在顺治晚期至康熙早期。画中人头发自额前左右中分后全部集中、编成一根麻花状发辫，再将发辫于头顶处盘成扁圆形发髻，髻上未加装饰，与其先祖发型并无区别，较为朴素。

至康熙朝中晚期，旗髻外观开始出现一些变化。如绘于康熙中期的《慧妃常服像》（图四），画中人所梳发髻外观仍为紧贴头部轮廓的扁圆形，但盘发方式较传统辫发盘髻更美观，且开始在髻上簪插左右对称的钿花为饰；又如绘于康熙五十二年（1713年）的《和素夫人影像轴》（图五），画中和素夫人年岁较长，发型仍为传统辫发盘髻，但在髻上装饰九枚金质钿花，钿花外形、工艺与慧妃所戴相比均更加复杂、精致，整体风格富丽。由此可见，在这一时期清朝国力的昌盛使旗人贵族生活日趋稳定富足，在满足温饱前提下开始在穿着装扮方面衍生出新的审美需求，这种需求是促使旗髻在此后产生一系列变化的原动力，使之功能转变，渐渐脱离实用，转而注重装饰、强调美观。

至雍正朝，通过《胤禛行乐图》（图六）中描绘的三位旗装妃嫔之发型，可见这时期旗髻左右两端有所加宽（具体形制参见“早期旗头”硅胶胸像模型）。这种情况到乾隆朝早中期表现得更加明显，从顾铭笔下允禧嫡福晋到冷枚创作的宫装仕女（图七），发髻与雍正时期相比均更加宽大。其中冷枚笔下的仕女，宽大旗髻上遍插鲜花、流苏，装饰极丰盛。由此推想，引起旗髻造型此番变化的主因在于宽大发髻能够承托体积更大、数量更多、做工更复杂的发饰。

2. 清中期，以“两把头”为基础进行变化

照此“宽大”趋势继续发展，旗髻逐渐形成梳理时须将头发分为“两把”之特色[15]，且在“两把”基础上先后演变出“一字头”“大拉翅”等式样。据晚清蒙古镶黄旗人鲍奉宽先生遗著《旗人风俗概略》描述：两把头“发端于乾嘉前后之知了头”，“舍下早年藏有旧画一轴，即作此头髻式，惜已遗失，犹记其式为头顶盘发一窠，耳前双垂蝉翼，形如知了，故名。惟详细梳法及后鬓何式俱不可知”；“后约嘉道间，演变为软翅式，即后来两把（头）之基础，其式不难于现世画图中见之。余藏有嘉道时徐白

图六　故宫博物院藏清人绘《胤禛行乐图》局部（图片采自《中国历代服饰文物图典》）

图七　清·冷枚《宫装仕女童戏图》（图片采自《中国书画家》2019年第7期）

图八　清人绘《钦差大臣琦善之女肯玲》油画像（图片采自《晚清洋华录——美国传教士、满大人和李家的故事》）

斋所画绢镫一帧，系昆曲雁门关剧，剧中旦角皆此头髻。其法总全发于头顶，约之以绳，复分为二绺，亦各以赤绳缠为两把，长三五寸，双垂脑后，略成八字形，法至简单”[16]。鲍先生所言“知了头”，推测或与《钦差大臣琦善之女肯玲》油画像中肯玲所梳发型相似[17]（图八），即将全发盘于头顶后在两鬓处放松、使之蓬起状如蝉翼，发髻中间部分插戴耳挖簪等饰物。嘉道间“软翅式两把头”则可参照道光朝《孝慎成皇后观莲图》《孝全成皇后便装像》中两位皇后之发型（形制参见“两把头未插扁方”硅胶胸像模型）（图九，图一〇）。从图像可见，这阶段旗髻装饰的重点部位在“两把”之间，每个“把”中或衬有硬质支架，支架底部可镶珠状装饰头，盘髻时将装饰头露在“把”的下端，能在固定发髻同时起到装饰的作用。

图九　故宫博物院藏清人绘《孝慎成皇后观莲图》局部（图片采自《地上的天宫：故宫博物院藏清代后妃皇子文物》）

3. 清晚期，从“一字头”到“大拉翅”

“咸同以来，（两把头）无甚改异，惟两把结构，由矮而高，距离由窄而广，形式由直竖而平横。”[18] 因这时期旗髻外观呈“一”字，又被形象地称作“一字头”，且有的“一字头”还在颈后梳有“燕尾”[19]。从咸丰朝的《玫贵妃春贵人鑫常在行乐图》（图一一）到同治朝《孝贞显皇后璇闱日永图》可见此阶段旗髻装饰的重点位置仍在“两把”之间。

图一〇　故宫博物院藏清人绘《孝全成皇后便装像》（图片采自《地上的天宫：故宫博物院藏清代后妃皇子文物》）

同治末至光绪初，旗人妇女开始使用一种名为“扁方”的扁簪来绾髻（形制可参见展出的两件实物），在服饰展中展出的《蒋重申夫人小像》将这种插扁方一字头的外观表现得较为清楚（形制参见“一字头已插扁方”硅胶胸像模型）：旗髻外观仍呈“一”字，具体梳法为“布发于（丁字铁）叉，构成两硬翅，上加一尺左右之扁簪，名曰扁方，缚令立平，最后牵引翅发，双搭扁方梁上，照×字式盘铺之，并涂以发油，所余发梢，绕盘头顶”。[20] 结合英国摄影师约翰·汤姆逊于1871年到1872年间拍摄的北京地区旗人妇女照片等资料（图一二），可见其结构较之前的两把头复杂得多，不仅梳理难度大，也对女子发量和头发长度有较高要求。故此时的旗人妇女“发短则加以髲髢，外以略粗赤绳绕之，其后矜奇斗艳，有结彩串珠为饰者，谓之头座”[21]。

图一一　故宫博物院藏清人绘《玫贵妃春贵人鑫常在行乐图》（图片采自《地上的天宫：故宫博物院藏清代后妃皇子文物》）

图一二　英国摄影师约翰·汤姆逊拍摄的晚清北京地区旗人妇女照片（图片采自《晚清碎影——约翰·汤姆逊眼中的中国》）

图一三　法国人菲尔曼·拉里贝于1900年至1910年间拍摄的梳头发大拉翅的旗人女性（图片采自《清王朝的最后十年》）

图一四　德玲、四格格、孝钦显皇后等人在颐和园乐寿堂的合影，几人均戴大拉翅（图片采自《故宫珍藏人物照片荟萃》）

图一五　溥仪与隆裕太后等在建福宫庭院，除隆裕（右四）外妇女均戴大拉翅（图片采自《故宫珍藏人物照片荟萃》）

光绪中期，随着假发、头座被广泛使用，旗髻外观渐渐打破了由真发发量、长度设置的局限，在宽度和高度上再次加以延伸。这种被称为"大拉翅""耷拉翅"或"拉翅两把头"的旗髻，发髻主体不再需要使用真发来盘结，而是完全采用内衬铁制胎骨的大面积假发盘成，上插扁方，下部搭配"式如覆碗，径约三寸"的头座，后有翘起的燕尾，"临时戴用，须以假发护蔽，不令旁人看出"[22]（图一三）。这时期大拉翅的重点装饰部位在头座一圈，头座周围及状如扇面的高大发髻上则可随喜好插戴各式花卉、耳挖簪等饰物，其夸张的造型进一步满足了旗人妇女们在发髻上簪戴丰富饰品的需求。

4. "缎制大拉翅"——旗髻的最后阶段

继头发制作的大拉翅以后，约在二十世纪初期[23]"市肆有以黑色缎盘制出售者，其结构与发盘者相同，而平直端正，美观过之。惟头座仍须发绕，不能用缎"。[24]以缎面为主体、上加扁方的大拉翅外观更为平整，中部及两端均能插戴饰品，可饰处之多、可承物之众创各阶段旗髻之最。因较之前的头发大拉翅使用更为便捷，这种缎制大拉翅受到各阶层旗人妇女青睐，自光绪晚期一直流行至民初，此为旗髻发展的最后阶段（形制参见"大拉翅"硅胶胸像模型）。这一阶段虽然相对短暂，但随时人审美倾向改变和流行趋势变化，缎制大拉翅在外观及装饰方面亦经历了一番变化。

从展出的《孝钦显皇后便装油画像》《晚清旗人贵族女性像》及孝钦显皇后与德玲等人于光绪癸卯年间（1903年）拍摄一系列照片可见（图一四），形成初期的缎制大拉翅外观与头发大拉翅类似，但装饰较前者更繁复。大拉翅主体左右两端装饰有大面积花卉及流苏，正中位置可随喜好簪插钿花等饰品；头座部分装饰方法与头发大拉翅相似，在其上可缠绕头发或饰网格状头箍，之后还可再加簪钗，"背后则插'压鬓花'"。[25]

宣统年间，从幼年溥仪与隆裕太后等人在建福宫庭院拍摄的合照可见（图一五），宫人所戴缎制大拉翅在装饰方式上与此前无甚差别，但高度较光绪时期明显增加。因大拉翅主体面积增大，且上插饰物均位于其下端，使之在视觉效果上较前者显得更为素雅。

图一六　婉容（右四）、文绣（左三）等人合影，中间三位成人女性均戴大拉翅。图片采自《故宫珍藏人物照片荟萃》。

至民国，缎制大拉翅的宽度与高度均达到发展之巅峰。从末代皇后婉容、皇妃文绣等旗人贵族女性在此期间拍摄的一系列旗装照片可见（图一六）：其顶部仍插有扁方；两侧依旧装饰有花卉、流苏等物，但装饰位置较此前灵活；中央位置的主体装饰物体积急剧增大、内容多为单朵的大型花卉或凤簪，称为“头正”[26]；除此以外，真发部分也可插戴各式簪钗，使之装扮更显丰盛。巨大的发髻主体搭配“头正”是缎制大拉翅发展末期的最主要特征，也是最令今人印象深刻的旗髻式样之一。

结语

清代旗人妇女的旗髻作为其重要身份标识之一，源于历代女真妇女“辫发盘髻”之传统，在清人入关后又随满洲贵族对服饰审美方面的追求而不断变化。清代历任统治者对保持满民族服饰独特性的不断强调和旗人身份在清代的优越性，是其在发展过程中自始至终保持鲜明民族特色，较少受到汉文化影响的主要原因。

注释：

1. 李芽、橘玄雅等：《中国古代首饰史》卷3，南京：江苏凤凰文艺出版社，2020年，第1040页：“女性只有户籍在八旗内的，才需要穿用满族服饰。普通民籍的‘民人’女性，照旧穿用汉式服饰。”
2. 王柯：《清前期的皇族旗髻》，《美术观察》2013年第11期，第117页：“满族在入关后，皇族女性发型在继承先民遗风的基础上，结合礼仪的需要，形成具有时代特色的满族女性发型——旗髻。所谓旗髻，是八旗制度影响下满族女性发型的总称，包括满族女性在整个清代发展过程中的盘髻类发型。”
3. [西汉]司马迁：《史记》，北京：中华书局，1963年，第43页：《史记・五帝本纪》：（虞舜时）“方五千里，至于荒服……北山戎、发、息慎、东长、鸟夷、羽民。”此“息慎”（肃慎）即为五代至金代女真族及其后裔清代满族之先祖。
4. [宋]欧阳修、宋祁等:《新唐书》卷219，列传144北狄，清乾隆武英殿刻本，第2600页：“自是始去靺鞨号，专称渤海。”
5. [唐]房玄龄等：《晋书》，北京：中华书局，1974年，第1691页。
6. [宋]徐梦莘：《三朝北盟会编》卷3，上海古籍出版社，1987年，第17页。
7. [宋]宇文懋昭：《大金国志》卷39《男女冠服》，济南：齐鲁书社，2000年，第287页。
8. [元]脱脱：《金史》卷43《志第二十四 舆服・下》，北京：中华书局，1975年，第985页。
9. 张竞琼、孙晨阳主编：《中国北方古代少数民族服饰研究：吐蕃卷；党项、女真卷》，上海：东华大学出版社，2013年，第226页：“在中原地区，如山西、河南等地发现了一些女性头像，其盘髻主要有双髻和单髻两种形式。”
10. 亦有学者认为此物应称为“花珠冠”。
11. 周锡保：《中国古代服饰史》，北京：中央编译出版社，2011年，第313页：“包髻，即发髻做成后，用色绢、缯一类布帛把髻包裹之，即《东京梦华录》中记载的中等说媒者戴冠子、黄包髻。”
12. 孙彦贞：《清代女性服饰文化研究》，上海古籍出版社，2008年，第67页。
13. [清]杨宾：《柳边纪略》卷五（续修四库全书本第731册），上海古籍出版社，2002年。
14. 辽宁大学历史系：《清初史料丛刊》第8、9册，沈阳：辽宁大学出版社，1978年，第43页。
15. 同注1，第1073页，“所谓‘两把头’，指的是这种发式的基础构成，是将旗人女性的头发收拢后分为两绺，两绺头发各自梳成一个‘把’。所以尽管两把头从清中叶形成到清末民初的样式发展变化很大，却离不开‘两把’这个核心”。
16. 鲍奉宽：《旗人风俗概略》三・发式，《满族研究》，1985年第2期，第84页。

17.（美）多米尼克·士风·李著，李士风译《晚清洋华录——美国传教士、满大人和李家的故事》，上海：世纪出版集团、上海人民出版社，2004年，第68页彩图，图注："钦差大臣琦善之女肯玲（音，Ken Ling）油画，画师不详，约1840年，香港美术馆供稿。"；孙机：《从历史中醒来——孙机谈中国古文物》46《谈谈所谓"香妃画像"》，北京：三联书店，第397—408页。

18. 同注16。

19. [清]裘毓麐：《清代轶闻》卷3，中华书局、上海书店，1989年，第67页："宫中梳髻平分两把，谓之义子头（一字头），垂于后者谓之燕尾。"

20. 同注16。

21. 同注16。

22. 同注16。

23. 同注1，第1079页："这种缎子制的拉翅两把头，大致形成于庚子年之后"；同注19，第67页："孝钦皇后时，制成新式，较往时之髻尤高，满洲妇女咸效之。"

24. 同注16。

25. 孙机：《中国古代物质文化》，北京：中华书局，2014年，第116页："两把头前面戴花朵：包括当中的'头正'，左边的'扒花'和右边的'戳枝花'。背后则插'压鬓花'。并在侧面垂流苏：一侧垂红色流苏的为已婚，垂黑紫色的为丧偶，两侧皆垂红穗子的为未婚少女。"

26. 同注1，第1079页："在稍晚的发展之中，对于这种'缎制拉翅两把头'的装饰还有了一种新的流行，即愈发崇尚在两把头的中央部位装饰大型花卉，后来这种两把头中央的大型花卉或者凤簪，被民间称为'头正'。"

服饰的出现

中国服饰的源头可以上溯到原始社会旧石器时代晚期。那时的先民已开始穿衣服，佩戴饰品。中华服饰文化由此发端。

距今45000年前的辽宁海城小孤山遗址，曾出土穿孔的骨针，这是我国迄今发现年代最早的骨针。旧石器时代先民已能利用骨针将兽皮一类自然材料缝制成简单的衣服，并且用兽牙、骨管、石珠等做成串饰进行装扮。

小孤山骨针（复制品）

旧石器时代
长7.9厘米，宽0.3厘米
辽宁海城小孤山遗址出土
中国国家博物馆藏

此骨针出土于小孤山遗址。骨针前段尖细，后端开有穿孔，针体打磨光滑，并在尾部两面细磨，使尾部扁平，这样有利于线随针走。此骨针应为缝纫简单衣着所用，其上采用了刮、磨和钻孔等制作方法。它的出土表明了早在旧石器时代，我国先民便已经开始使用磨制和钻孔技术，也开始制作缝纫工具用来缝制简单衣物。

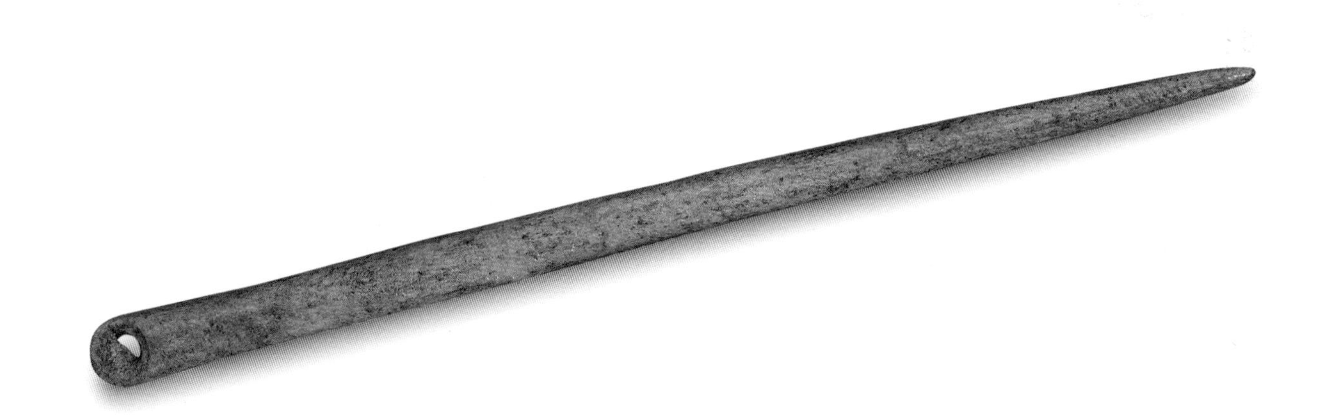

骨环饰与赤铁矿石

旧石器时代晚期
珠环直径0.5厘米
赤铁矿石长1—3.5厘米，宽1—2.5厘米
河北阳原虎头梁出土
中国国家博物馆藏

两枚扁环，其内孔及外缘部分均较光滑，说明曾穿绳长期佩戴过。两块赤铁矿石作为天然染料，能够染出鲜艳红色。这类饰品在我国旧石器时代晚期多个遗址中均曾发现，如辽宁海城小孤山遗址出土过三枚穿孔兽牙和一枚穿孔蚌壳，蚌壳凸面有一圈放射状的刻道，道内残留红色染料；又如宁夏灵武水洞沟遗址曾出土大量饰珠。这些饰物除能反映当时的丧葬习俗外，也表明早在旧石器时代，我国先民就已经开始佩戴饰物。

骨针

新石器时代
中国国家博物馆藏

此三件骨针分别出土于河南陕县的庙底沟和三里桥，均属新石器时代。骨针尖端锐利，针体光滑，尾端有孔。制作需经过切割、打磨、钻孔等多项工序，需要有较高的工艺技术。新石器时代出土众多的骨针，表明工艺技术的进步，纺织缝制技术也逐步提高。

河南陕县庙底沟出土
长4厘米

河南陕县庙底沟出土
长7.2厘米

河南陕县三里桥出土
长6.2厘米

到了新石器时代，捻线的纺轮在各地诸遗址中大量出现。这时已能纺织葛、麻、丝织物，制作衣、裙、开裆长裤和鞋、靴、帽等，服饰类文物出土的数量增多。

石纺轮与陶纺轮

新石器时代
石纺轮直径4.3厘米
陶纺轮直径4.3厘米
中国国家博物馆藏

不论中外，起初都以纺锤来完成捻线工作。纺锤由纺轮和拈杆两部分构成。这种陶纺轮在新时器时代遗址中较常见。甲骨文中的叀（专）字即代表纺锤，其上部表示轴杆带动纤维，中部表示线团，底部表示纺轮，左边的一只手代表用左手来捻动轴杆。捻线在古代被称为“绩”，《诗·豳风·七月》孔疏：“绩，缉麻之名。”《诗·小雅·斯干》：“乃生女子，载寝之地。载衣之裼，载弄之瓦。”此处的“瓦”指的就是陶纺轮，因当时女子长大后需承担绩麻之工作，故从小就让她熟悉纺轮，培养其绩麻的习惯。

新石器时代葛织品

新石器时代
残长8.5厘米
江苏吴县草鞋山遗址出土
南京博物院供图

这三块葛织品残块于1972年在江苏吴县草鞋山新石器第十层文化堆积中发现。葛织品采用扭绞加缠绕织法织出回纹和条纹暗花，年代距今已超过六千年。葛是一种豆科植物，藤蔓很长，未经加工的葛藤也能直接用于捆扎，因此很早就被发现和利用。葛可以织成很薄的织物，精细一些的叫作絺（chī），粗一些的叫作绤（xì）。《韩非子》中就有尧穿葛衣的记述，将穿葛衣的时间推得很早。由这三块出土葛织品可知，新石器时代已有用葛制作衣料织物的情况了。

陶碗底部的麻布印痕

新石器时代
高7.2厘米，口径14.5厘米
西安半坡仰韶文化遗址出土
中国国家博物馆藏

原产于我国的麻类植物主要有大麻、苎麻和苘麻。其中普遍种植的为大麻。大麻织物称为“布”，古代称百姓为“布衣”，可见其穿着的衣物多以大麻织物来制作。

麻布是我国新石器时代的主要衣料。在西安半坡仰韶文化遗址中出土距今七千年的陶器当中约有一百余件带有麻布或其他编织物印痕，这件陶碗便是其中之一，在陶碗底部留下印痕的是一种以平纹组织织成的麻织物。

丝织品

新石器时代·钱山漾文化
长2.4厘米，宽1厘米
浙江吴兴钱山漾遗址出土
浙江省博物馆供图

1958年，吴兴钱山漾遗址探方22处出土一批丝麻织品，包括绢片、丝带、丝线、麻片、麻绳等，此绢片是唯一尚未完全碳化者。通过显微镜观测得知，其为平纹组织，表面细致，平整光洁，经密为52根/厘米，纬密为48根/厘米。经纬线平均直径167微米，未看到有捻度，是直接用长茧丝借助丝胶的黏着力并合成丝线的，每根丝线至少由二十多根茧丝并合而成。茧丝直径平均为15. 8微米，最细为12. 6微米，最粗为19. 3微米。从外观鉴定，绢片应是先缫后织，为家蚕丝织物。由于遗址第四层同时出土的稻谷用放射性碳素断代为距今4715±100年，故这批丝织品也被认为是我国考古发掘中年代最早的丝织品实物。

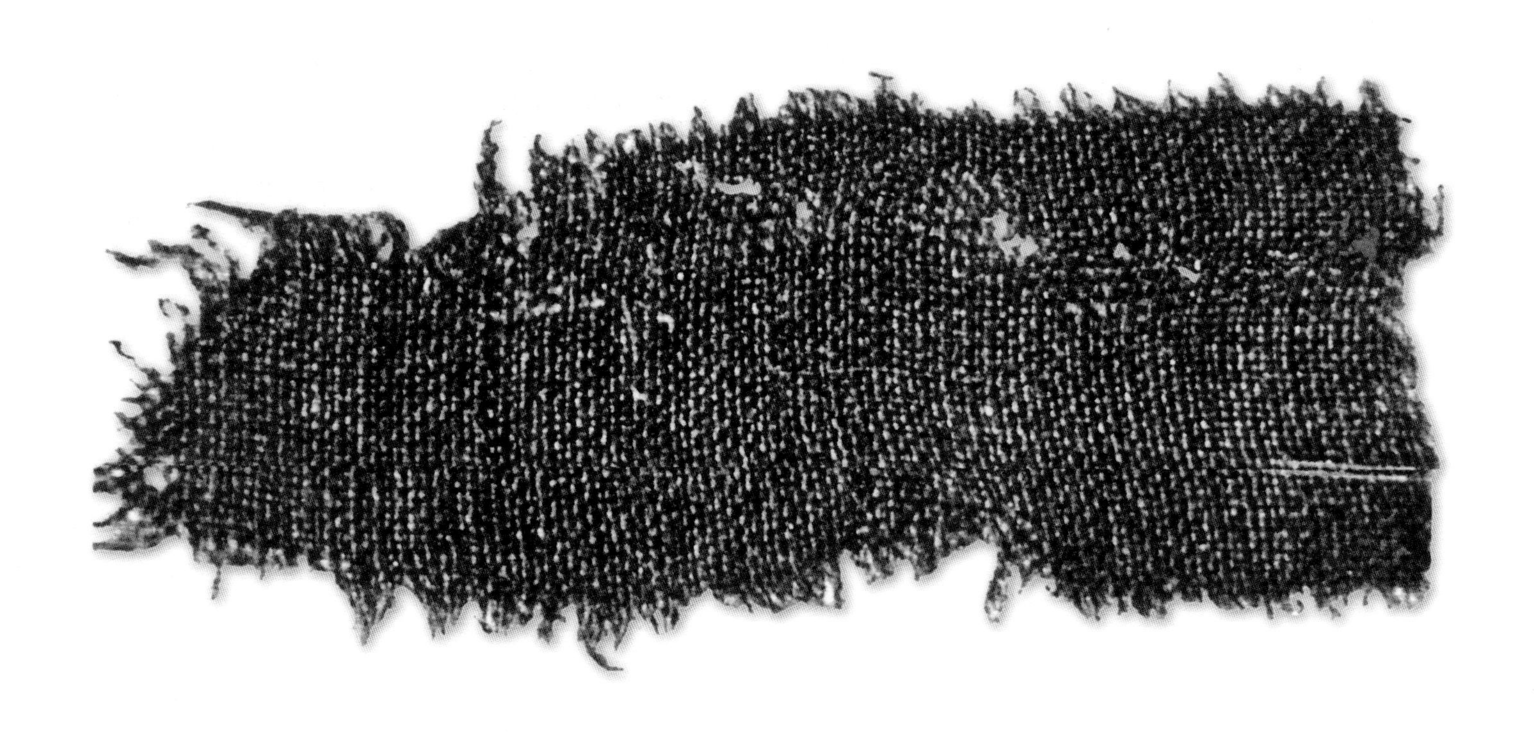

彩陶罐（彩图）

新石器时代

原件藏于美国檀香山艺术学院

此彩陶罐形制及花纹为辛店式，罐身绘有人物和动物形象。彩陶罐上的人物形象上身穿衣，下身穿裙，明显可以看出上衣下裳的区分。

着开裆长裤的人形陶器

四坝文化

高21厘米，口径4厘米，底宽7.2厘米

甘肃玉门火烧沟遗址出土

甘肃省文物考古研究所供图

陶器为一个站立的男子形象，双臂形成陶罐的双耳。男子身着短上衣，颈部至胸前饰有网纹饰件，似一件精美的项饰；下身穿着网格状开裆长裤，双脚穿着的翘头靴子尤为突出。陶罐所展现的男子装束，或许代表了四坝文化时期河西走廊地区的流行风尚。

彩陶靴

新石器时代·辛店文化
高11.4厘米，口径6.8厘米
底长14.3厘米，靴面厚5厘米
青海省乐都县柳湾墓地出土
青海省博物馆藏

1989年青海省乐都县柳湾墓地出土的辛店文化（公元前1400年）彩陶靴，造型几乎与现代橡胶雨靴一模一样。夹砂红陶，口微侈，靴内空，靴筒为圆形，靴帮与靴底衔接处向内凹曲，靴底前尖后方。通体施紫红色陶衣并以黑彩绘制几何形图案彩绘纹饰及双线条纹。靴筒绘有对称双线回纹，靴帮饰双线带纹和三角纹。

陶靴虽然是一种容器，但是它的造型应是当时古代先民所穿靴的直接反映。其做工规整，左右对称，并无左右脚的区别，证实了部分民族穿靴不分左右的习惯。此靴的历史性成就在于它已完全脱离了用整块兽皮裹在脚上的原始鞋的状态。这件彩陶靴在我国属首次发现。

戴扁帽玉人

新石器时代
安徽含山凌家滩薛家岗文化遗址出土
安徽省文物考古研究所供图

此玉人头戴方格扁帽，帽上有一个尖顶，顶上饰小圆纽饰，冠后面到颈部是横线垂帘，两耳垂各有一孔。两臂在体前弯曲，臂上有八条横纹或为装饰品。五指张开置于胸前，腰间饰有五条斜纹的腰带。大腿和臀部略为宽大，腿部略短，脚趾张开。

新石器时代饰品更加繁复，不仅有骨笄（jī）、精美的玉项链，还有梳背很高的象牙梳，插在头上，可彰显身份。发型有束发、披发、辫发等多种。

铃形坠玉项饰

新石器时代·良渚文化
周长76厘米
上海市青浦区福泉山出土
上海博物馆供图

新石器时代人们以海贝、螺壳、骨、牙、石、玉等制作串饰及项链，浙江、江苏一带的良渚文化(距今约5260年至4200年)出土的玉颈饰很多。

该玉项饰是1982年在上海市青浦区良渚文化福泉山出土的，由72颗大小和形状不同的穿孔玉珠、玉管、玉坠串成，形状多为腰鼓形和圆珠形。最下面的1颗玉坠形如小铃。坠的两侧为管，管上琢有双目和嘴组成的变体兽面纹，较为少见。玉料有的呈湖绿色，有的呈鸡骨白，制作精致、美观。

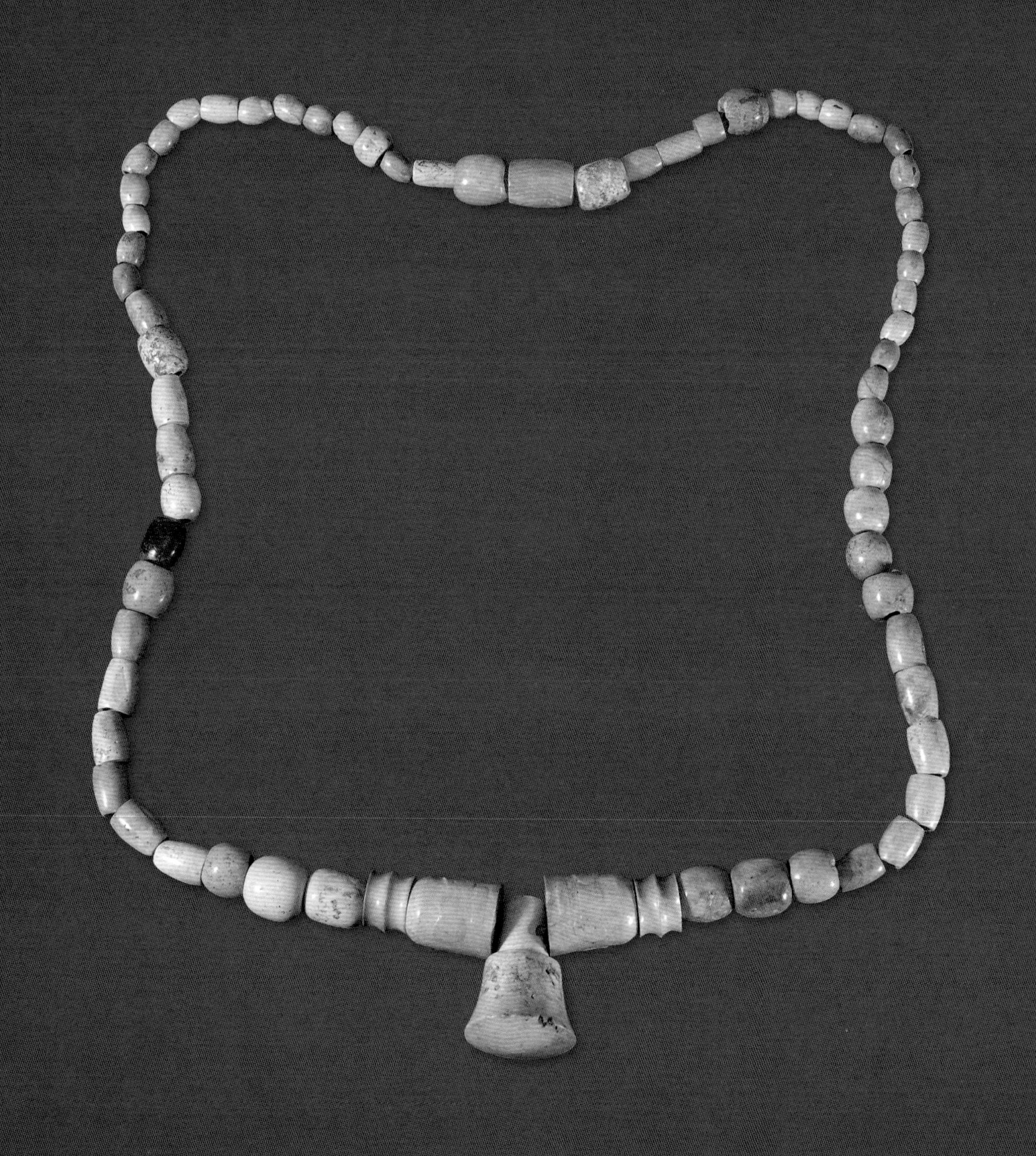

镂雕旋纹象牙梳

新石器时代
长16.2厘米，宽6.1—8厘米
山东泰安大汶口出土
中国国家博物馆藏

这件象牙梳略呈长方形，梳背上端刻有沟槽及三个圆孔，主体部分镂雕三行平行条状孔洞，组成类似阿拉伯数字“8”的旋纹图案，旋纹内部填充“T”形花纹，下端有十七个梳齿。从梳背装饰的繁复程度看，此梳应是插戴在头部的饰品。这类梳背较高，用于插戴的梳在之后的良渚遗址、商代遗址中也有发现，将其插在头上，或能彰显主人的高贵身份。

骨管串

新石器时代
直径3.5厘米
中国国家博物馆藏

此件骨管串是由两色骨管穿制而成的饰品。由于生产力的提高和技术的进步，新石器时代的饰品相较旧石器时代而言制作更加精美。两色骨管相间穿插制成的骨串珠，显示出先民已具备一定审美能力进行自我装饰。

骨笄

新石器时代
分别长16.7厘米，17.4厘米
陕西临潼姜寨遗址出土
西安半坡博物馆藏

陕西西安半坡地区曾出土新石器时代骨笄七百余件，结合半坡遗址曾出土一件新石器时代彩陶器，器身绘有人面纹样，人面头顶正中有一凸起发髻，髻上插有发笄。此外，根据黄河上游至长江下游各新石器遗址多有骨笄出土，并一直延续至相当于夏代的二里头文化和商代等情况，可知早在远古时期华夏先祖就有束发的习俗。

陕西西安半坡遗址出土的新石器时代彩陶器上所绘束发插笄人面纹

辫发舞蹈纹彩陶盆

新石器时代

高14.1厘米,口径28厘米

青海大通上孙家寨马家窑文化遗址出土

中国国家博物馆藏

盆上腹弧形，下腹内收，平底。外壁和口沿均饰以简单的黑色线条，内壁有三组舞蹈纹，组与组之间以平行竖线和叶纹间隔，舞蹈人物每组五人，手拉手，步调一致朝向右前方。三组人物围绕盆一圈，脚下的横纹，像在水边跳舞。头部有编发，下身有飘动的饰物，分别向两边飘起，反映出舞蹈的动势。

远古以来华夏族发饰一般是束发作髻，如半坡的人面鱼纹，束发髻并插骨笄固定。但在不同地区和族别之间也有不同的装扮，如大地湾文化中剪短的披发，马家窑文化中的编发，大汶口文化中加饰发箍等。

先秦服饰

商周时期，统治者推崇『礼制』，使服饰的等级区分系统化，后世相继沿用。春秋、战国时期连年战乱，思想文化上『百家争鸣』，对服饰有较大影响。这时出现了上下身相互连属的深衣，并引进胡服。

商、西周服饰

这时华夏族的服装为上衣下裳，但互不连属，因内裤尚不完备，箕踞而坐或撩起下裳都被认为是不礼貌的行为。在室中常敛膝而坐，且于腰下系巿。巿也称蔽膝，是贵族男女衣服前部的一种装饰，使用时以革带系于身前，下垂至膝部。

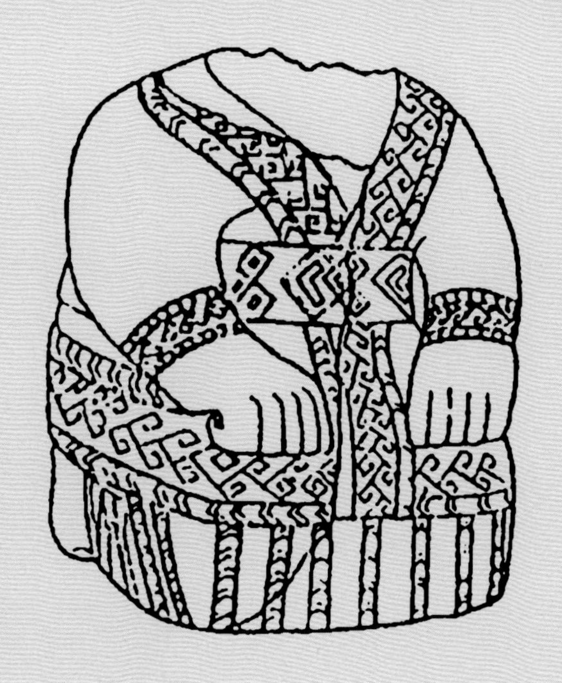

河南安阳西北岗商墓出土大理石人像，其坐姿与甲骨文[illegible]字相同，表明是知礼之人。

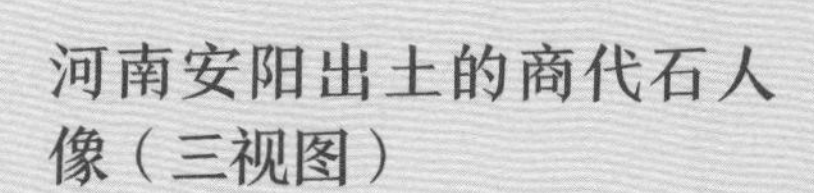

河南安阳出土的商代石人像（三视图）

石人戴帽，上身着衣，下身着裳，腰间系市（fú），腿部似有裤管。这时虽无合裆裤，但已有保护小腿的“胫衣”。胫衣类似后世套裤，无腰无裆，左右两边各一条裤管，穿时系结于腰部。

玉人

西周

高7.3厘米，宽2厘米，厚1.3厘米

河南洛阳东郊西周墓出土

中国国家博物馆藏

玉人，头梳双髻身着方领衣，腰束宽带，腹前有斧形市，双手拱于腹前。

商周服饰一脉相承，虽然繁简不同，但上衣下裳分明，成为中国古代服装的基本形制，衣袖有大小，衣长出现宽博样式。

人形铜车辖

西周

高22.5厘米

河南洛阳庞家沟西周墓出土

洛阳博物院供图

此车辖上部为一跽坐人形，双手交叉置于腰前；头梳圆形高发髻，下以网状帽相束，帽带系于颈下，浓眉大眼；着方领直裾衣，腰系宽带，腰前下垂斧形市，比之前的更为宽大。

西周时不仅在腰前系较宽的市，还在胸前系玉佩，垂至腹下。成组的玉佩是贵族身份的体现；身份愈高，组玉佩愈长，行走愈慢。当时要求大贵族须走出“接武”“继武”等步伐来，以体现“君臣尊卑，迟速有节”。

河南信阳长台关2号楚墓出土的战国木俑，身前正中绘有玉佩。

六璜连珠组玉佩

西周
最大璜长16厘米
山西曲沃县北赵村31号墓出土
山西博物院供图

组玉佩出土于墓主晋献侯夫人的胸部，上端过颈，下端至腹部以下，由绿色料珠、红色玛瑙珠串连接六件玉璜。组玉佩的主要功能为节步，上至王侯、下至一般贵族，均将佩玉节步视为礼仪所需。

人架胸部佩玉

战国

玛瑙环2个，大5.5厘米，小3厘米；玉环1个，径3.6厘米；龙形玉佩1个，宽1厘米

河南洛阳中州路出土

中国国家博物馆藏

组玉佩为挂在腰间市以外的饰物，虽然也基本出土于墓葬，但与覆面上的玉饰件性质完全不同。组玉佩大多数应是墓主人生前佩戴之物。《礼记·玉藻》有记："古之君子必佩玉""君子无故玉不去身"。在当时社会生活中，组玉佩是贵族身份在服饰上的体现之一，身份越高，组玉佩越长越复杂；身份较低者，配饰就简单而短小。

西周虢国墓组玉佩出土位置图

战国

河南三门峡西周虢国墓

河南省文物考古研究院供图

组玉佩出土时位于墓主玉覆面下方，使用时应佩于胸前垂至腹下。

西周时，系玉佩的作用是“节步”。身份不同，步伐也不同。《礼记·玉藻》说：“君行接武，大夫继武，士中武。”武指足印。接武是“二足相蹑，每蹈于半”；继武是“谓两足迹相接继也”；中武则是“足间容一足之地”。“行接武”时，走得极慢。

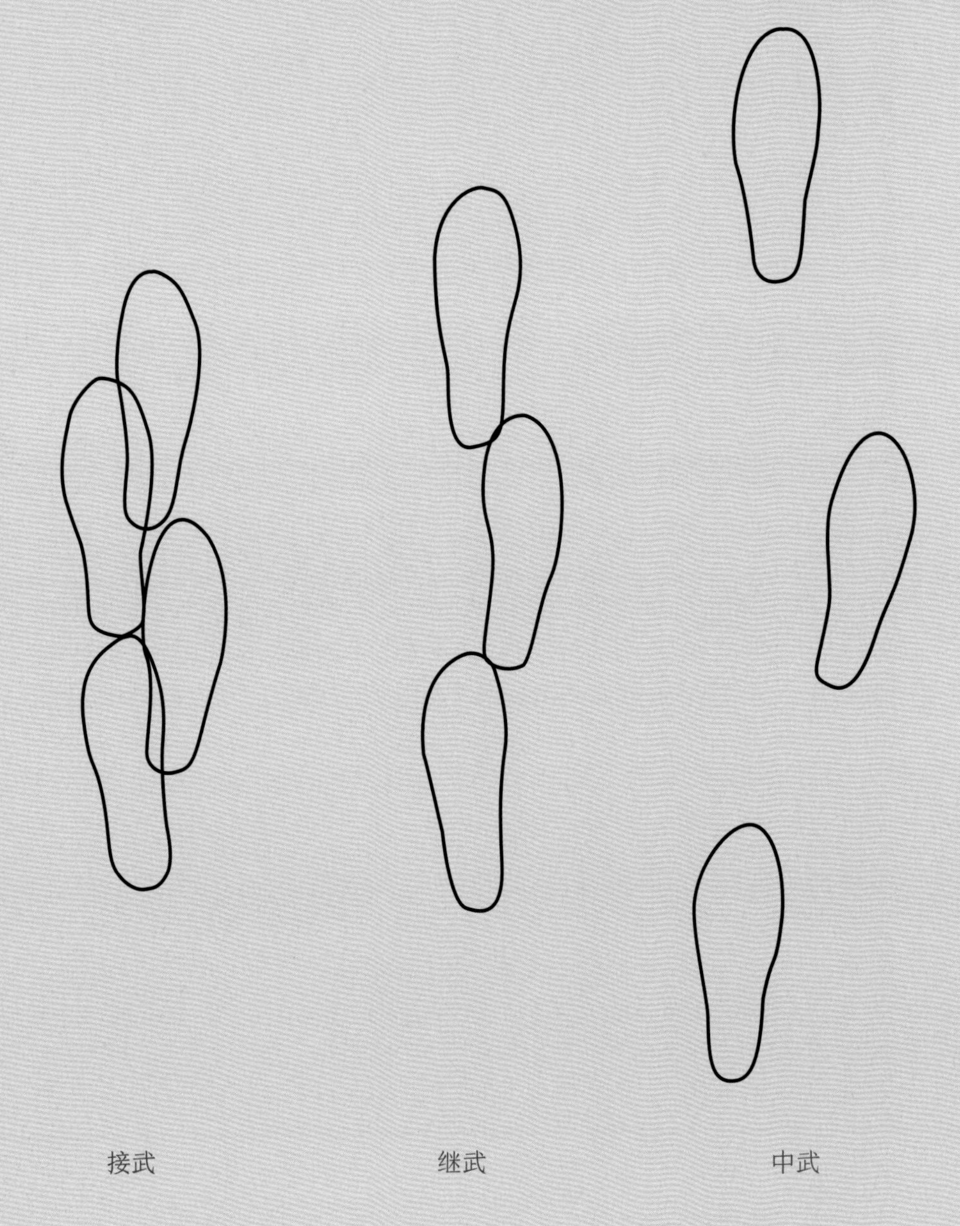

右夫人组玉佩

西汉
长约45厘米，宽约15厘米
广东广州南越王墓出土
西汉南越王博物馆藏

右夫人组玉佩由七件玉饰组成，自上而下依次为两件透雕玉环，玉舞人，两件玉璜及两件玉管。

组玉佩由多件玉饰串联而成，用于规范礼仪和展现身份。西周盛行以璜为主的大型组玉佩，佩戴时不便疾行，为节行之器。汉代组玉佩已趋于简化，但南越文王墓出组玉佩十二套，且有组合繁杂的大型组玉佩，可见南越国仍保留先秦时期的用玉传统。

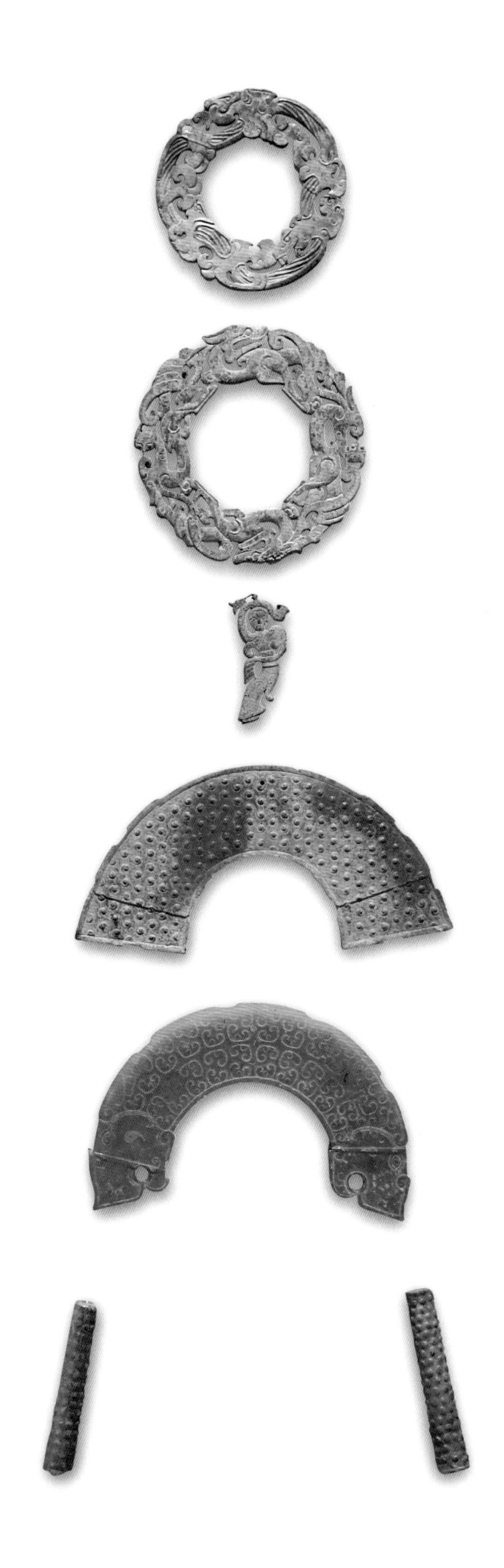

深衣与胡服

东周时，我国服装的重大改变，一是深衣的出现，二是胡服的引入。

【深衣】

战国时期出现了上下身互相连接的深衣，其下摆部分裁出曲裾，向后拥掩，蔽体完密而不碍行步。这种服式从战国一直流行到魏晋，文官、武士、妇女都可以穿。

着深衣的木俑

战国

分别高36.7厘米，37.5厘米

中国国家博物馆藏

木俑一组两件，双手合于身前，身着右衽深衣，领口有红色镶边，衣服通体以墨色和朱色描绘花纹，腰间系有红色系带，下摆雕刻出曲裾，曲裾上有红色镶边。此组木俑身上所着曲裾深衣轮廓清楚，较明晰地展示了战国时期曲裾深衣的式样。

着深衣的人物线图

河北平山中山国墓出土的战国时期男子像灯座

河南洛阳金村出土的东周舞女玉佩

湖北云梦大坟头1号西汉墓出土的男子木俑

湖北云梦大坟头1号西汉墓出土的女子木俑

湖南长沙406号楚墓出土的男俑

湖南长沙仰天湖25号楚墓出土的女俑

江苏徐州北洞山西汉墓出土的男、女俑

湖南长沙马王堆1号墓出土西汉深衣示意图

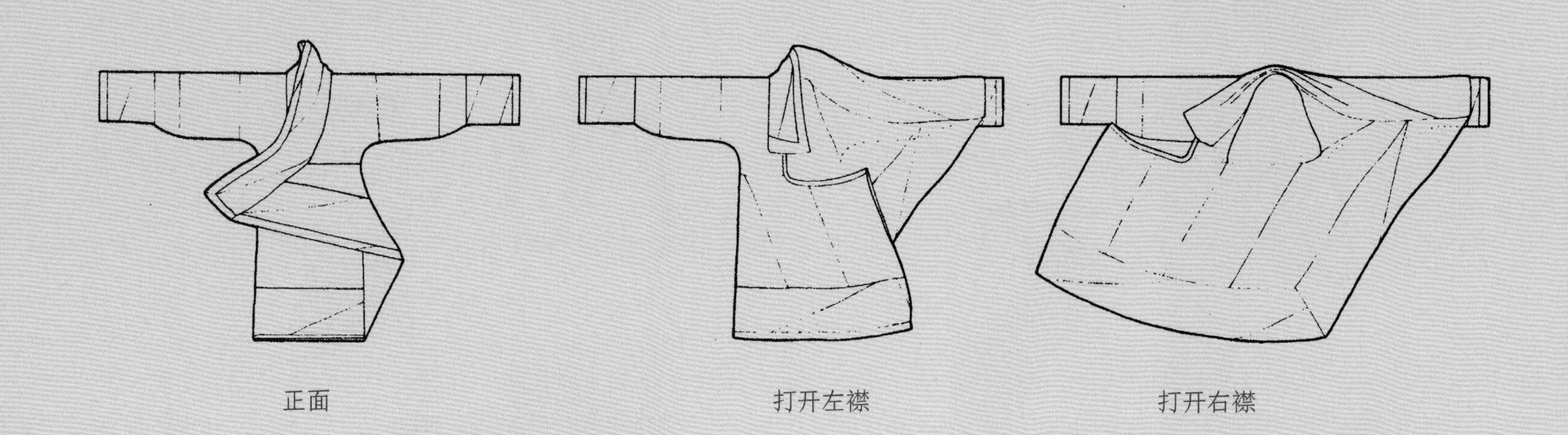

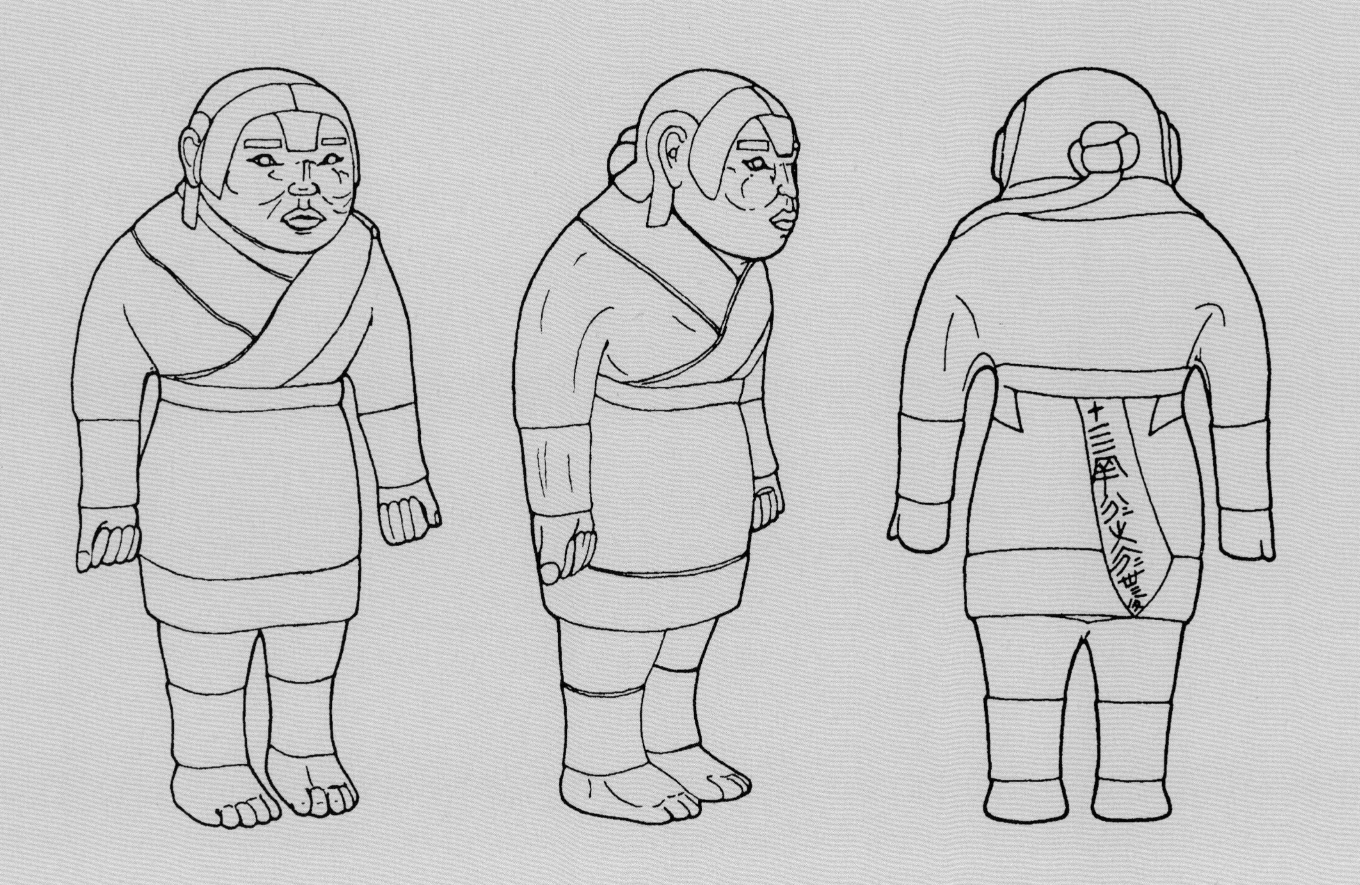

河南洛阳金村出土的春秋战国武士俑，着深衣（前、侧、背面）

武士俑

西汉

各高48.5厘米

陕西咸阳杨家湾西汉墓出土

中国国家博物馆藏

杨家湾西汉彩绘兵马俑中的武士俑多着曲裾深衣，多为交领，领口较低露出里衣，一般为三重衣，即内衣、中衣和外衣。指挥俑、中级武官俑和一般士卒衣着各有不同。此两俑应为一般士卒，作右手上举执戟，左手下垂握盾姿势。一俑腰束革带，两俑均内着白色高厚领短襦，中衣为白色短襦，外衣为无领曲裾黑色深衣，皆窄袖，衣缘均绘有红色宽边，以划出各层衣边缘，头戴平上帻（zé），下着裤。

人物龙凤帛画（仿制品）

战国
纵31厘米，横22.5厘米
湖南长沙陈家大山楚墓出土
原件藏于湖南省博物馆

画中女子侧身而立，发髻向后倾斜，身着上下连属的大袖曲裾深衣，上作不规则云纹绣，袖口、衣襟及下摆处均镶有宽大衣缘，腰间系丝织物大带，束出纤细腰身。这种形制是春秋、战国至汉代贵族女装的通常式样。

陶舞俑

西汉
高49厘米
陕西西安白家口出土
中国国家博物馆藏

此俑塑造了一位“曳长裾，飞广袖”的舞者形象。俑的身体稍向前曲，右手扬起，左手后摆，长袖舒展。其头发自前额处中分，向后梳理至肩背处扰成椎髻。内穿白色交领长袖舞衣，外罩红色交领深衣，长及地，袖口处镶宽缘。

长信宫灯（仿制品）

西汉

高48厘米

河北满城汉墓出土

原件藏于河北博物院

此灯出自中山靖王王后窦绾墓主室，其类型为釭（gāng）灯，通体鎏金，作宫女跽坐持灯造型。因上部灯座底端周边刻有“长信尚浴”铭文，故名长信宫灯。

宫女额发中分，在鬓角处隆起，后脑中部绾高髻，左右各出一分髾；外着窄袖曲裾深衣，袖口处挽起。腰间系带，内着长袖中单。宫女跽坐时露出的一双跣足，反映了先秦至六朝时期华夏先民在室内不穿鞋子的风俗。

【胡服】

胡服原为北方少数民族的服装，多为窄袖上衣，长裤和靴子，便于骑马作战。赵武灵王首倡胡服骑射，自此骑兵兴起，车战逐渐没落，传统的上衣下裳式服装多转化为女性的衣裙。

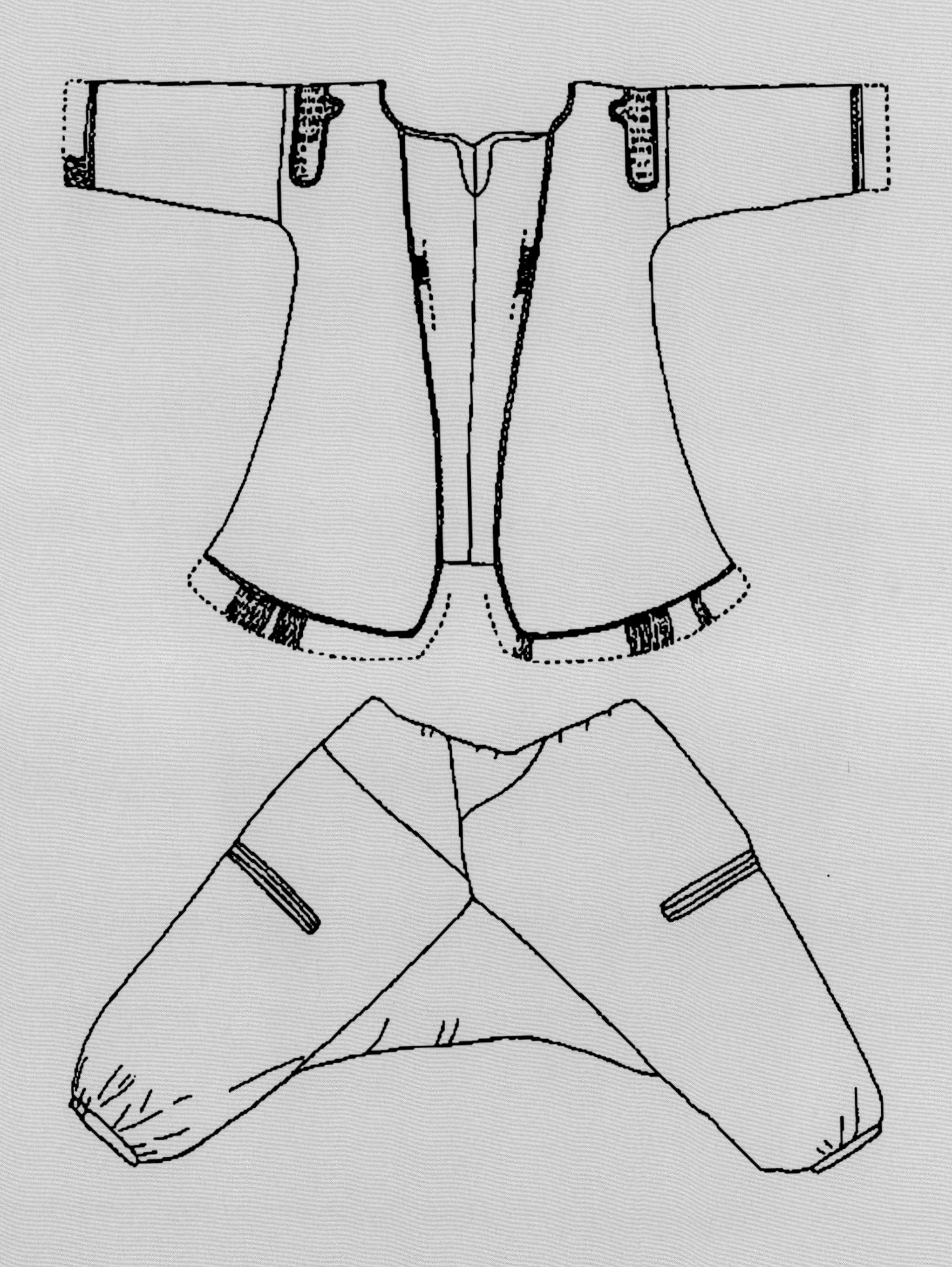

蒙古国诺颜乌拉古墓出土的匈奴衣裤

立人陶范

春秋

上宽77厘米，下宽44厘米，高107厘米

山西侯马出土

中国国家博物馆藏

立人陶范原为复合范，此件为其外范，塑造一勇猛武士形象。此人上身穿窄袖短衣，饰勾连T形纹，内填雷纹。腰间系带，于腹部打结。下身着合裆长裤。其服装款式应为胡服。

革带与带具

【革带】

先秦贵族着正装时，于腰间束大带和革带。大带以丝织物制作，不宜悬荷重物，市和佩都系在革带上。平民只束革带，即所谓“布衣韦带之士”。在金属带具出现之前，革带两端多再加窄绦互相系结。

湖北江陵武昌义地6号楚墓出土的木俑，悬玉佩的革带上未装带钩。

【带钩】

带钩的使用使革带的形制大为改观，已知最早的带钩出现于西周晚期至春秋早期。过去曾认为带钩是由北方草原传入的，但是近年各地均有春秋时期的带钩出土，而北方草原地区带钩的出现不早于春秋末，且数量很少。故此说难以成立。

六棱金带钩

春秋

长5.8厘米

中国国家博物馆藏

此带钩为金质，素面，呈琵琶形。带钩的主要用途为系结革带，使革带束于衣袍上。

鎏金嵌玉镶琉璃银带钩

战国

长18.4厘米，宽4.9厘米

河南辉县固围村战国墓出土

中国国家博物馆藏

带钩可被视作由早期革带上与环相系结的绦带演化而来，战国时期经常发现带钩与环伴出的情况。此带钩银质鎏金，两端雕铸成兽首形，正面嵌白玉玦三块，左右两块玉玦中心嵌有蜻蜓眼琉璃珠，周围饰包金浮雕兽面。两侧装饰夔龙、凤鸟纹，除具备实用功能外，也有很强的装饰性。

嵌金玉龙纹铁带钩

战国
弧长22厘米
河南信阳长台关出土
中国国家博物馆藏

带钩为铁质，整体呈长牌形，镶嵌有金质和玉质装饰牌，玉牌上饰云纹，金牌上以高浮雕展现出龙形，带钩四周描金绘出云纹，与玉牌呼应。此件战国带钩制作精美，可见战国时期带钩的使用已较为普遍。除实用性外，极富装饰性。

秦始皇陵兵马俑上所见带钩

秦

秦始皇帝陵博物院供图

秦始皇帝陵兵马俑坑出土的武士俑腰际都浅浮雕着腰带。带的长短宽窄，带头和带尾的关系，以及带钩的形状和扣接方法，都雕刻得清清楚楚，形象逼真。腰带有宽窄二型。宽带一般宽4—5厘米，窄带一般宽2.7—3.5厘米。带头上饰有带钩，带尾上有扣接带钩用的带孔。带孔一般为三个，也有两个或四个。扣接的方式是带头居中，带尾居左，带尾压于带头上面，带钩的钩首挂于带尾的孔内。扣接后，带尾有的叠压在带头上，有的斜垂于带下，有的斜插于带头下。带钩的形体有大有小，有长有短，长者达20余厘米，短者仅3—4厘米。秦俑坑内除铠甲俑的带钩因被甲衣遮盖形状不明外，其余三百余件战袍武士俑的腰带样式相同，而带钩的形状却各不相同，反映了秦汉时期人们对带钩这一带具的重视。

三人奏乐铜带钩

汉
长4厘米
内蒙古准格尔旗出土
中国国家博物馆藏

带钩为青铜质，一侧展现了三人相对而坐、吹弹乐器的场景，左侧一人双手鼓瑟，中间一人似怀抱一物，右侧一人吹笙。钩首勾屈，以便束结。此件带钩虽体量较小，但雕刻细致，人物形象生动。

【带头】

北方草原民族的革带，于两端相接处各装一件饰牌，称为带头，无括结功能。战国晚期将饰牌中的一件于内侧开一个孔，则可用另一侧上的窄带绕孔拴缚，称为有孔带头。这类带头有的还配有穿针，以便将窄带引入孔中。

蟠龙双龟纹鎏金铜带头

西汉
长8.7厘米，宽4.3厘米，厚0.3厘米
广东广州南越王墓出土
西汉南越王博物馆藏

带头作横长方形，表面鎏金，浮雕蟠龙双龟缠绕纹，龙昂首，躯体卷曲成两圈相连的“∞”字形，两圈内各有一龟，位置倒向，均引颈回首。背面平素，中间竖立两个长条形的环钮。带头出于内棺中部，左右各一块。

带头原应以背面的环钮固定于腰带会合处两侧，起装饰作用，不具备括结功能。

狼噬牛纹有孔金带头

战国

长12.7厘米，宽7.4厘米

内蒙古自治区伊克昭盟（今鄂尔多斯市）杭锦旗阿鲁登出土

中国国家博物馆藏

带头出土时为两枚、一副，以黄金制成，其上錾有四狼噬牛纹样。以牛的脊柱为轴，中分画面，四狼两两成对，对称分布于左右。带头四角各有一小孔，其中一件在内侧牛鼻位置开有穿孔，说明此带头已具有括结功能。

内蒙古伊克昭盟（今鄂尔多斯市）西沟畔战国墓出土的虎豕搏噬纹有孔金带头

有孔金带头（附穿针）

西汉

每块带板长13.3厘米，宽6厘米

穿针长3.3厘米

江苏徐州狮子山楚王墓出土

徐州博物馆藏

这组带头出土于狮子山楚王墓外墓道西侧第一耳室中，为金扣嵌贝腰带之组件，由两块长方形金带头和一枚金穿针组成，带体朽坏不存，材料与工艺无考。与之同出的还有另外一副金扣嵌贝腰带与各式武器。现场痕迹表明，腰带原长97厘米、宽6厘米。带头为纯金铸成，中间由用丝带编缀三排海贝组成的带体，海贝中央缀了数朵金片做成的花饰。带头正面纹饰采用浅浮雕，主体为猛兽咬斗场面。一只熊与一只猛兽双目圆睁，利爪遒劲有力，按住被捕获者，在贪婪地撕咬。被撕咬者应是偶蹄类动物，似是一匹马，身躯匍匐倒下，后肢扭曲反转，正奋力挣扎，一兽的利齿紧紧咬住它的脖颈，另一只熊在撕咬其后肢。主体纹饰的周边为勾喙鸟首纹。带头背面无纹饰，上有纤维织物附着。马颈下有穿孔，穿针由此贯穿带穿入，以便系结。整副金带头铸制精良，纹饰华美，无边框的整体浮雕透出浑厚与大气，动物形象遒劲有力，极具动感。该组带头侧面皆有刻铭，其中一块錾刻“一斤一两十八铢”，另一块錾刻“一斤一两十四铢”，两块带头分别重280克和275克。

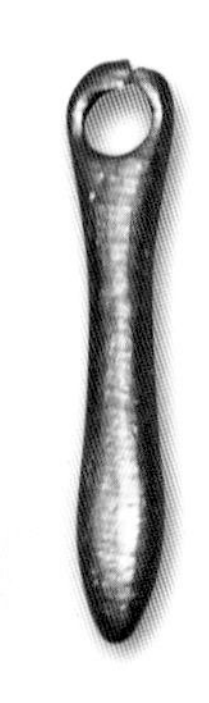

【带鐍】

东周时出现了一种前端有固定扣舌的环形带具，名带鐍。革带另一端所延续出的窄带可自下而上通过穿孔，再绕返回来用固定扣舌勾住，将剩余部分掩到前一段带子底下，从而将革带系紧。

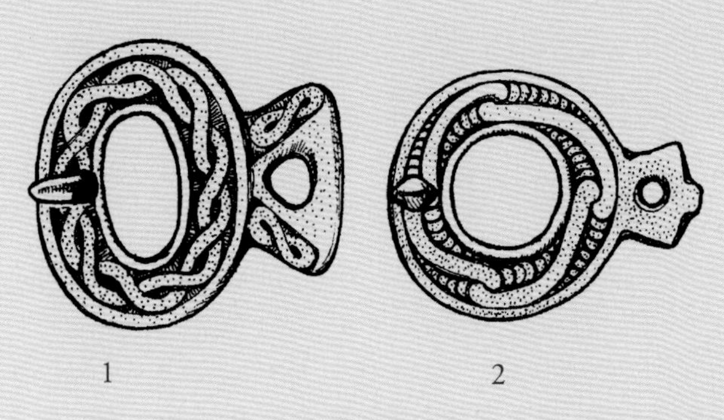

1. 内蒙古自治区杭锦旗桃红巴拉出土的战国环形带鐍
2. 陕西神木出土的战国环形带鐍

辽宁西丰西岔沟出土的西汉长方形带鐍

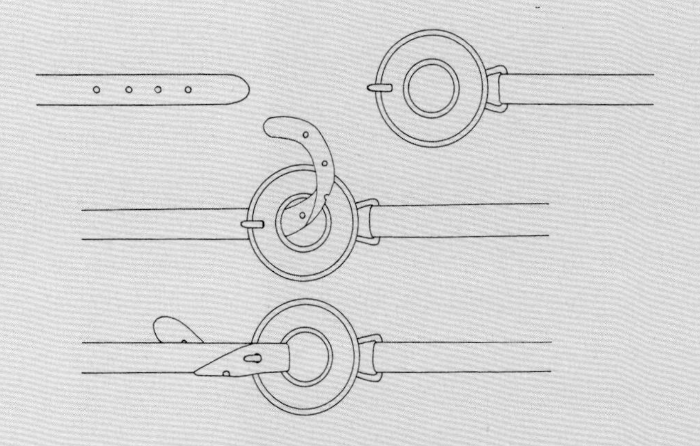

环形带鐍使用方法示意图

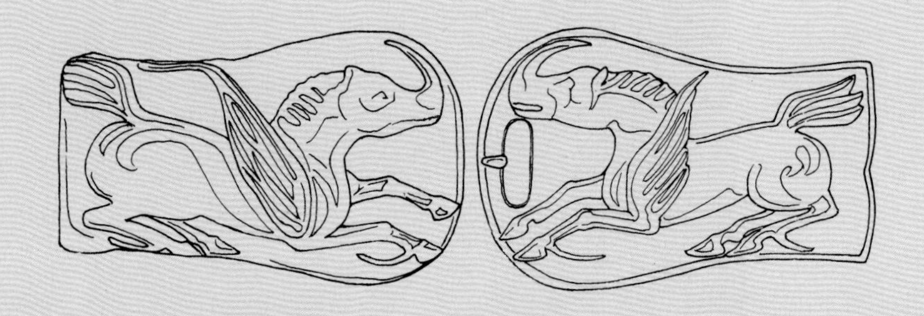

吉林榆树老河深出土的汉代前椭后方形带鐍

陕西长安客省庄出土的长方形带鐍

长方形带鐍（仿制品）

西汉

高7厘米，宽15厘米

辽宁西丰西岔沟出土

原件藏于辽宁省博物馆

此带鐍为铜制，整体呈长方形，宽边框，上有菱形回纹带，图案为相向而立的双牛，原件表面鎏金。鐍为有舌或喙状突起的环状物，可用来固定带子。此种带鐍每条带上只突出一枚扣舌，起系结的作用，在使用中往往存在磨损而变得不明显，因此有时易被忽略而认为是单纯的带头。此类带鐍常两两成对出土，所以窄带勾住突喙后的剩余部分似乎还可以压在前一块饰牌底下。

【带扣】

从带鐍再发展一步，将前端的固定扣舌换成活动扣舌，就成为通用至今的带扣。带扣初见于秦始皇陵兵马俑坑出土的陶马腹带上，它是我国的一项发明。

陕西咸阳秦兵马俑坑出土的骑兵与陶马

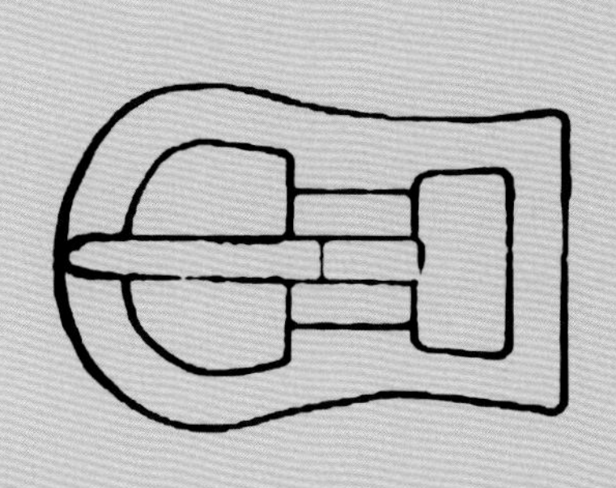

河北满城汉墓出土的马具带扣

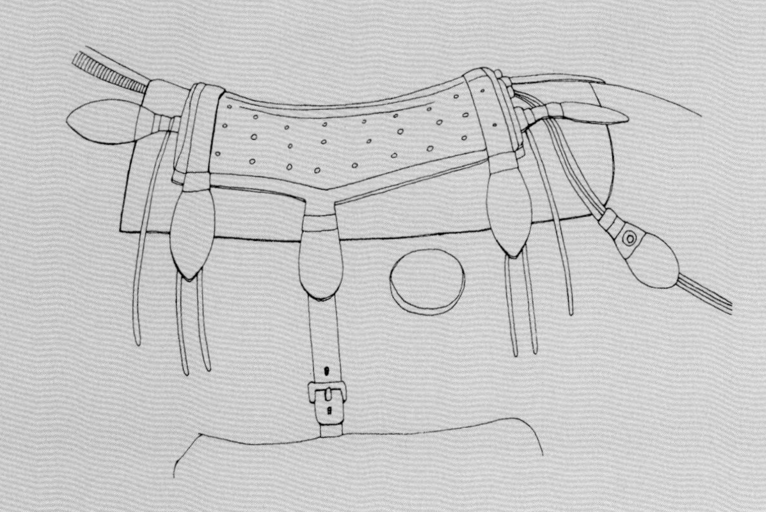

陕西咸阳秦兵马俑坑出土陶马腹带上的带扣

马具带扣

西汉
长2.6厘米，宽2厘米
河北满城汉墓出土
河北博物院供图

西汉铜带扣，出土于河北省满城二号墓的北耳室，是西汉墓车马器中的带扣，长仅2.6厘米。素面，前侧一椭圆形环，后侧一较小长方形环，在中央横梁上安活动扣舌，仅能在椭圆形环侧活动，另侧长方形环应为穿皮带而设，因尺寸较小多为用作马具的带扣。

尺寸稍大的带扣就是腰带上使用的了。它们的外轮廓都呈前圆后方形；扣舌较短，穿腰带的孔呈扁弧形，这是汉代腰带带扣所一贯保持的特点。

有翼虎纹银带扣

西汉

长11.3厘米，宽6.2厘米

云南晋宁石寨山7号墓出土

云南省博物馆藏

此带扣上有弧形空槽以引带，有带齿以扣孔，结构与今天使用的皮带扣相似，使用锤碟工艺形成突起的虎纹装饰，虎肩肋部有双翅，虎目镶嵌以黄色琉璃珠，虎身还使用绿松石小珠子、金片等镶嵌装饰。有翼虎的右前爪持一枝状物，身后山石、卷云作缭绕翻腾状。

八龙纹金带扣

汉

长9.7厘米，宽5.9厘米

新疆焉耆县金疙哒遗址出土

新疆维吾尔自治区博物馆供图

此带扣是由金质模压捶揲成型、以龙纹为主题显示花纹的装饰用品。扣面凸显一条大龙和七条小龙，龙身多处镶嵌绿松石。龙身花纹和水波纹用金丝焊接而成，其间满缀小金珠。带扣外轮廓前圆后方，靠近前端有穿孔，并装活动扣舌，扣针较短，穿腰带的孔呈扁弧形。当时，金带扣在权贵阶层中使用，这件金带扣是其中极精之品。

秦汉魏晋南北朝服饰

秦汉时期在传承商周服制的基础上，确立了一整套服饰制度，成为大一统王朝等级礼法制度的标志。冠制从属于服制，是身份、品阶以至官职的象征。魏晋南北朝是我国历史上的大变革时期，民族融合的同时也伴随着服饰的革新。南朝保留下来的衣冠礼仪制度持续影响着北方的各少数民族，而后者服装中的合理成分也被汉族服饰逐渐吸收，中华服饰文化取得了新的发展。

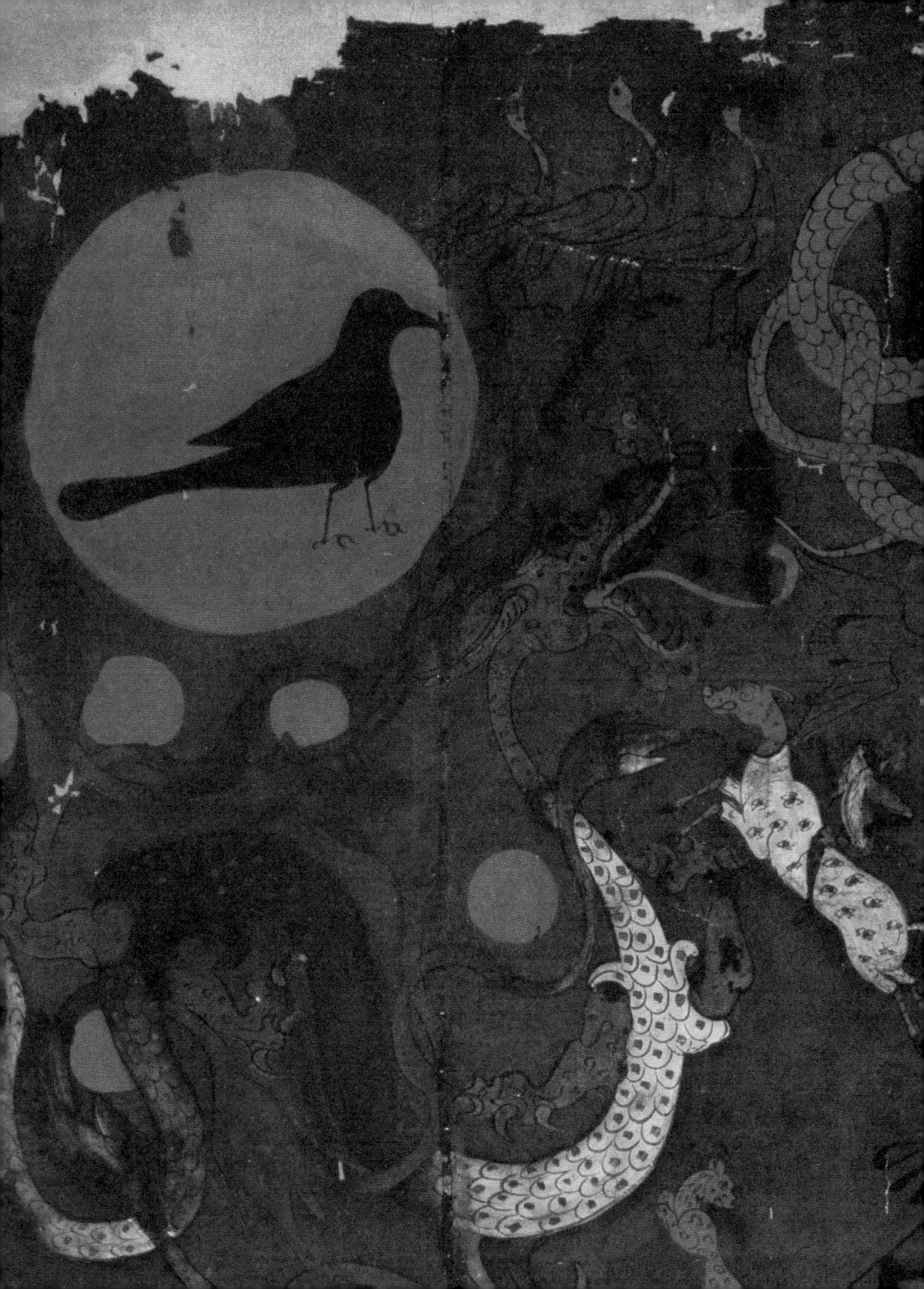

冠制

【冠】

古代的冠和现代的帽子不同。它起初只是加在髻上的发罩，并不盖住整个头顶。我国古代士以上阶层的男子，二十岁行冠礼而为成人。所以戴冠首先是礼仪上的要求。不同社会地位的人，所戴的冠也有所差别。

现有历史文献中对先秦时的各种冠有所记载，但由于缺少实物或图像相印证，具体形制不明。目前只能从资料稍丰的秦冠说起。

西汉的冠与秦冠一脉相承，皆为无帻之冠。

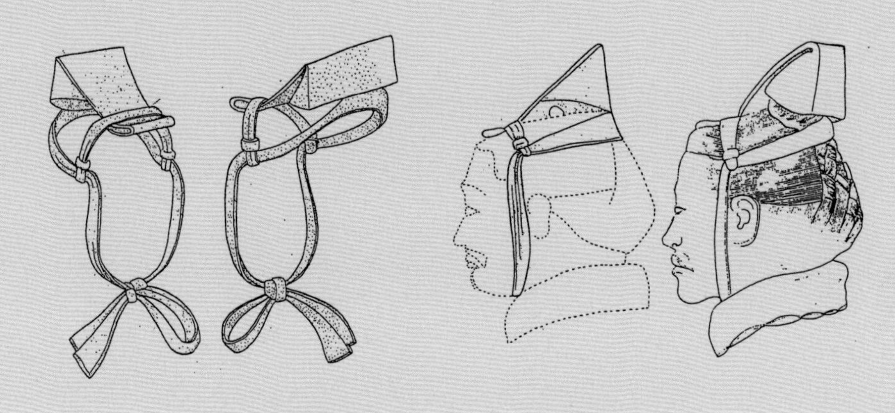

陕西咸阳秦始皇陵兵马俑坑出土的陶俑所戴之冠

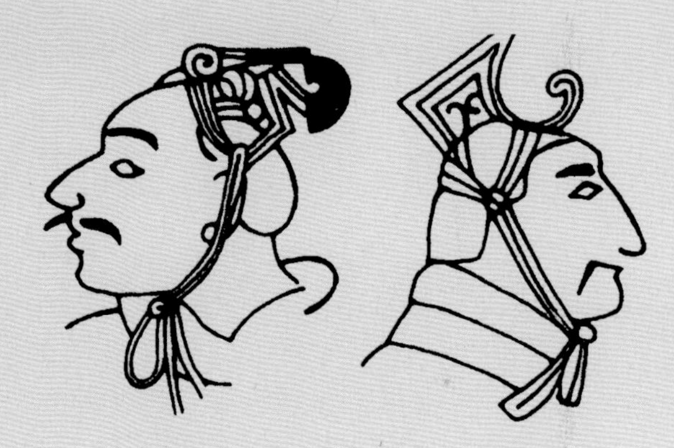

河南洛阳出土西汉空心砖中的戴冠者

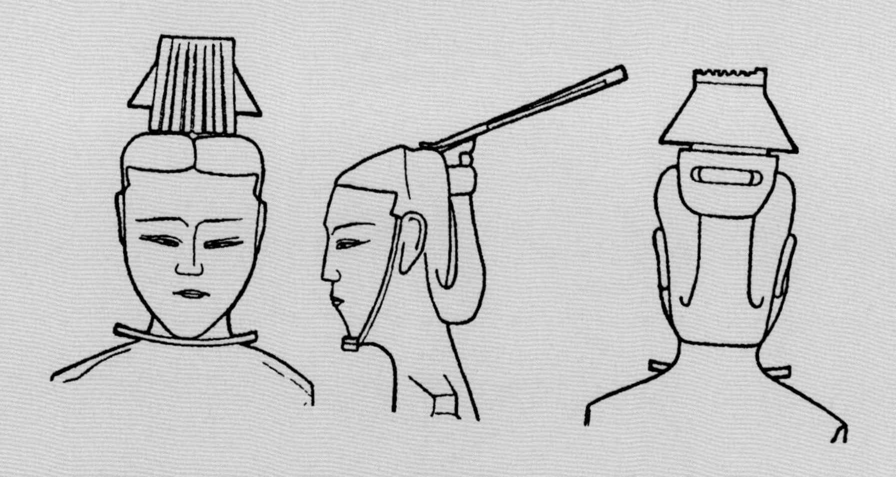

湖南长沙马王堆1号汉墓出土“冠人”俑，头戴鹊尾冠

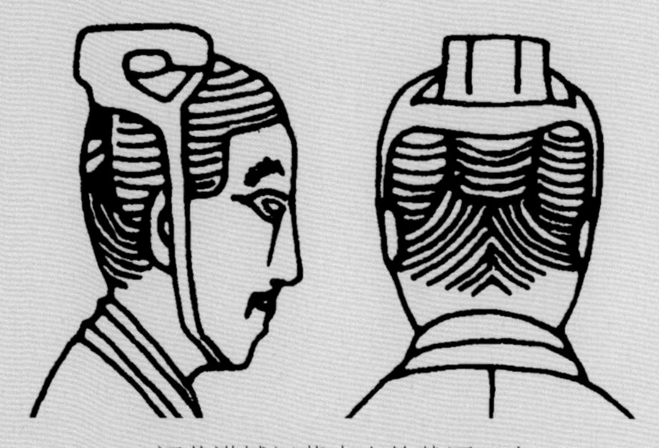

河北满城汉墓出土的戴冠玉人

【帻】

帻起初是包发的头巾，后来演变成类似便帽之物，到东汉时才流行开来，当时身份低的人不能戴冠，只可戴帻。帻分介帻和平上帻两种。介帻，又名屋帻，上部呈屋顶形，一般为文职人员所用。平上帻在顶上覆巾，一般为武职人员所用。

山东沂南汉墓画像石中戴介帻者

山东汶上孙家村汉墓画像石中戴平上帻者

【弁】

弁（biàn）近似搭耳帽，也是武职人员戴的。秦代直接在头上戴弁，汉代也有先戴平上帻，其上再戴弁的。

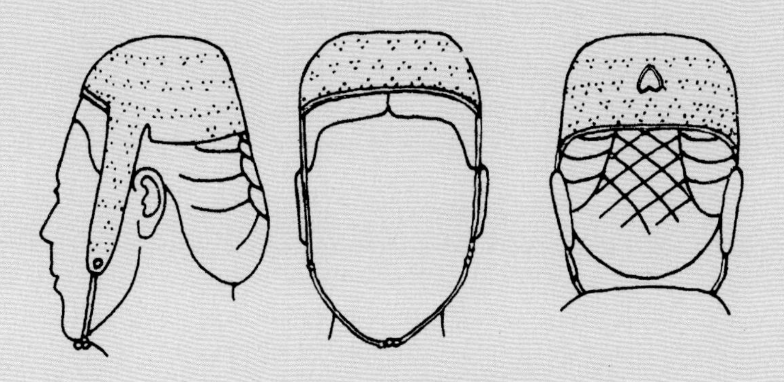

陕西咸阳秦始皇陵出土俑所戴弁

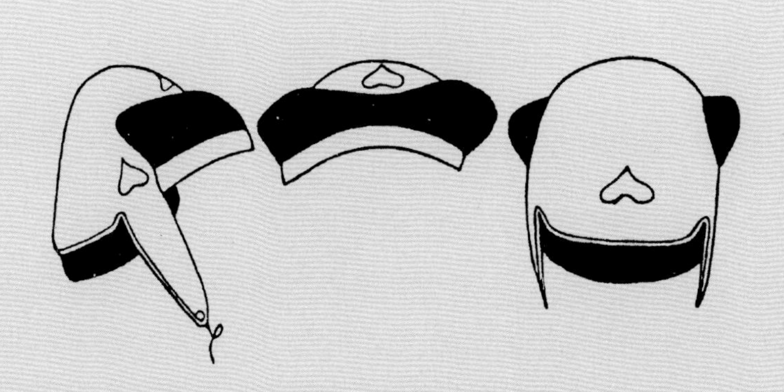

陕西咸阳杨家湾汉墓出土俑所戴弁

陕西咸阳秦始皇陵出土的戴弁骑兵俑

【进贤冠】

进贤冠是我国服饰史上影响深远的一种冠式，从汉代到唐宋，一直在文职人员的礼服中居重要地位。东汉时的进贤冠衬以介帻，并在介帻后部延伸出上翘的冠耳。原来的冠体成为它的一个部件，名“展筩（tǒng）”。汉代的展筩是有三个边的斜俎（zǔ）形。至晋代则成为只有两个边的人字形，同时冠耳升高。至唐代，冠耳由尖变圆，展筩则由人字形变成卷棚形。

进贤冠的演变

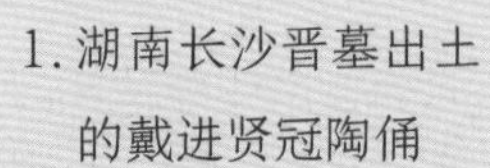

1. 湖南长沙晋墓出土的戴进贤冠陶俑

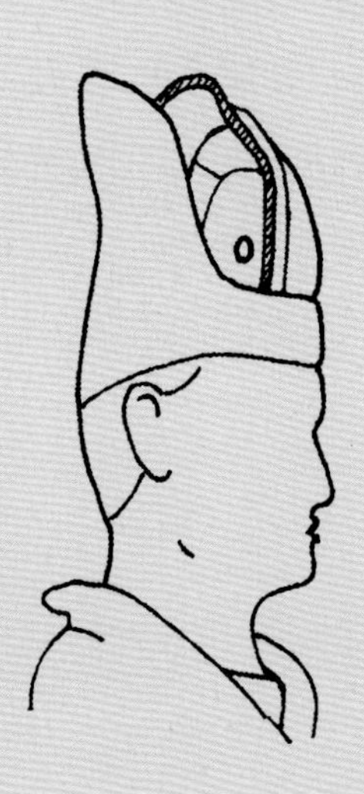

2. 河南洛阳唐墓出土的戴进贤冠陶俑

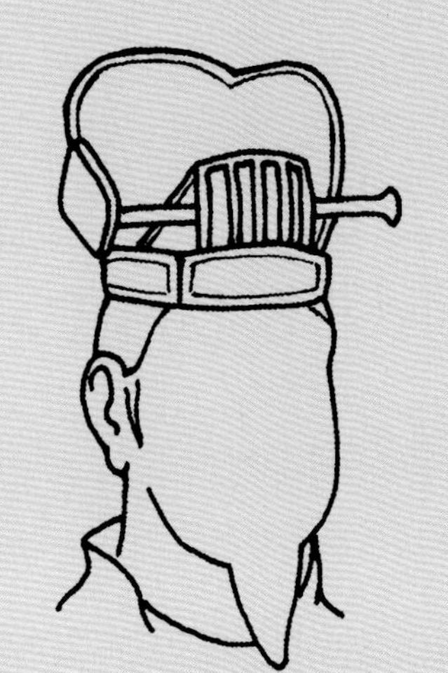

3. 唐梁令瓒绘戴进贤冠的“亢星”

进贤冠结构示意图（山东沂南东汉墓画像石）

【武冠】

武冠又名武弁大冠，是弁与帻结合而成。弁起初用缌（suì）布，即一种细而稀疏的麻布制作。后来改用涂过漆的缅（xǐ）纱，并在弁的周围裹细竹筋，顶部用竹圈支撑，使它成为一个不易变形的壳体，这样的武冠又名笼冠。

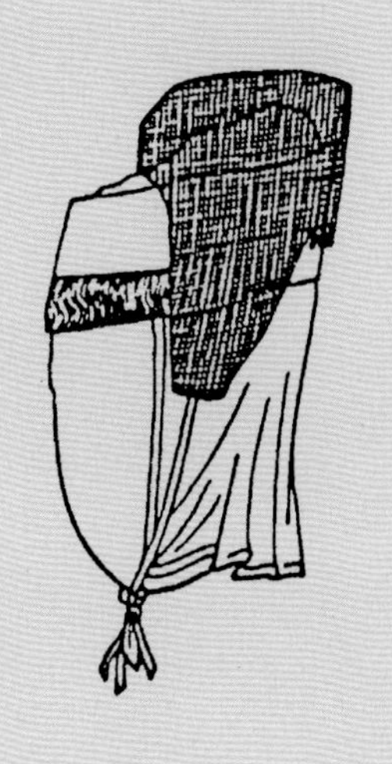
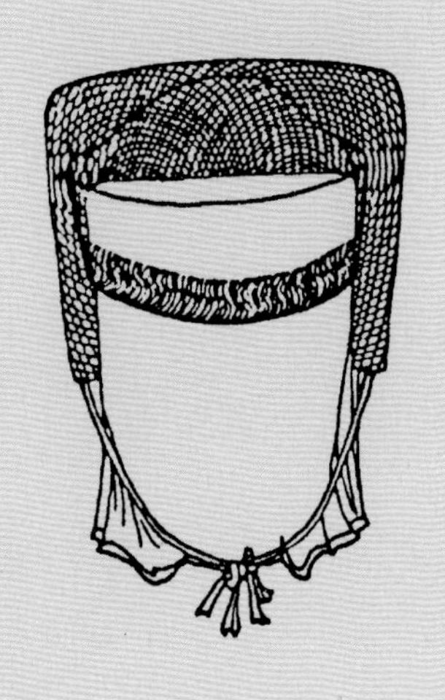

甘肃武威磨咀子汉墓墓主所戴的武冠

武冠的演变：

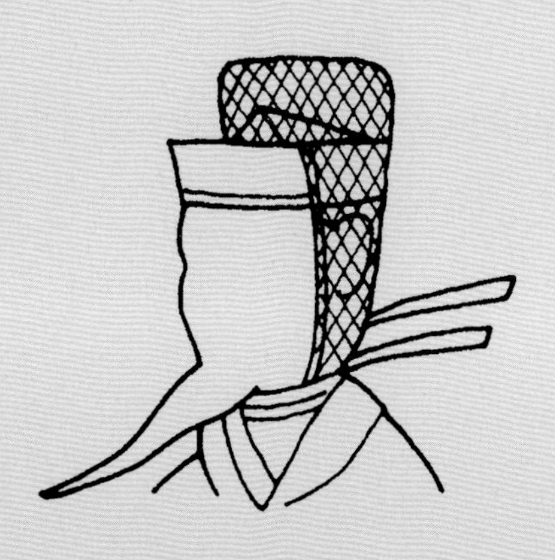

1. 山东沂南汉墓画像石上戴武冠者

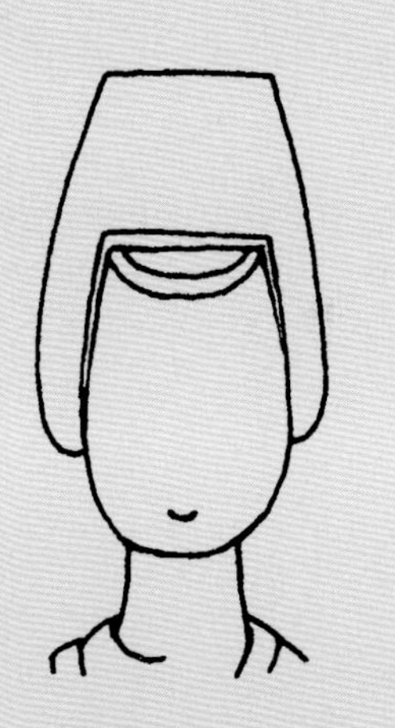

2. 北魏戴笼冠的陶俑

3. 湖北武汉周家大湾隋墓出土的戴笼冠陶俑

4. 陕西咸阳唐墓出土的戴笼冠陶俑

【鹖冠】

武士的弁上还可以插鹖（hé）尾。《汉书》记载：“鹖者，勇也，其斗一死乃止。”鹖是一种好斗的小猛禽，插其尾表示勇敢。战国时将鹖尾插在弁上，东汉时则插在笼冠上。

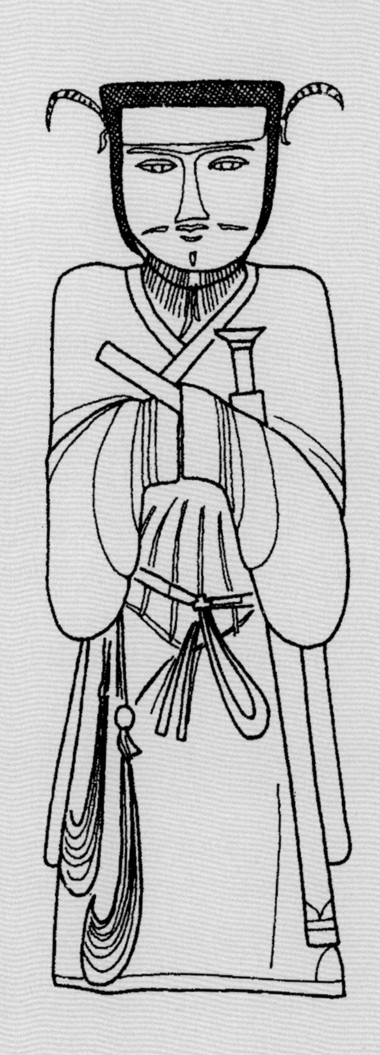

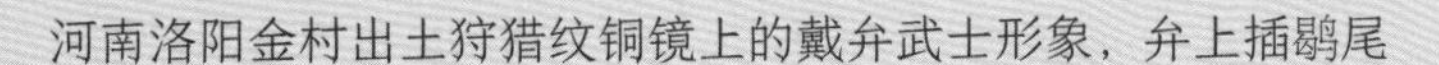

河南洛阳金村出土狩猎纹铜镜上的戴弁武士形象，弁上插鹖尾

河南邓县出土东汉画像砖中戴武冠加鹖尾的武官

【貂蝉冠】

等级最高的武冠是貂蝉冠，为皇帝的近臣如侍中等人佩戴。这种冠前有金珰（dāng），珰上附蝉，并在一侧簪貂尾。蝉取其“居高食洁”之意，貂取其“内劲悍而外温润”之意。但汉代的貂蝉冠尚待发现，十六国以来实例渐多。

娄睿墓壁画戴簪貂武冠者

北齐

山西太原娄睿墓出土

此壁画位于山西太原北齐太傅东安王娄睿墓的墓门外甬道西壁，画面描绘的侍臣头戴笼冠，冠前饰圭形珰，冠上簪有貂尾。

山西太原北齐娄睿墓壁画中戴武冠者，冠前圭形饰为蝉珰之简化，冠上簪貂尾

陕西蒲城唐惠庄太子墓壁画中戴武冠者，冠前饰蝉珰

甘肃敦煌前凉氾（fàn）心容墓出土的蝉珰

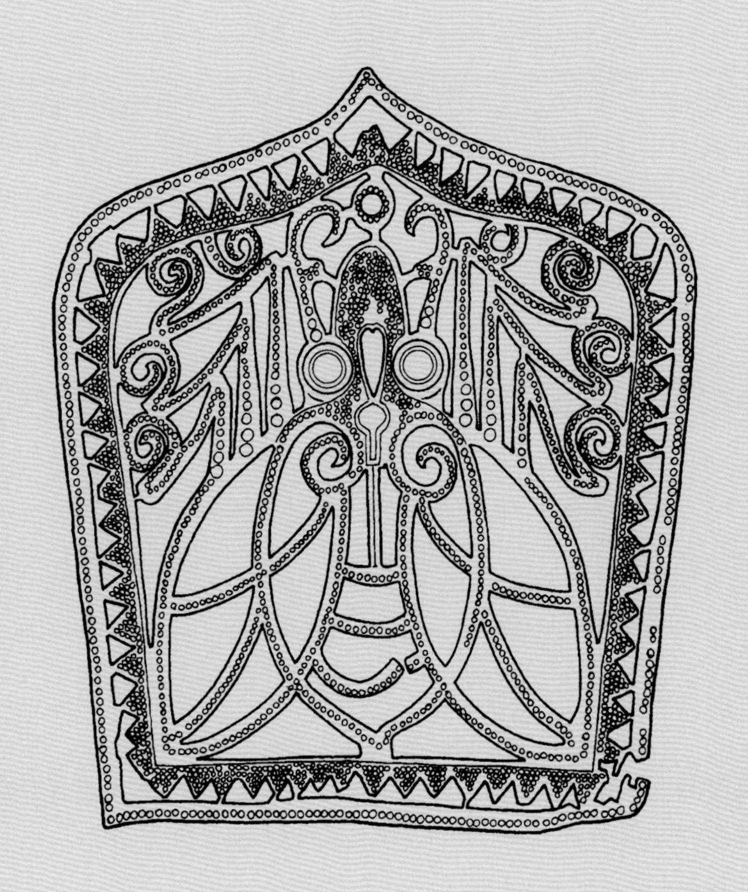

江苏南京仙鹤观6号东晋墓出土的蝉珰

蝉珰

东晋

高6.8厘米，宽6.5—8.4厘米

辽宁北票北燕冯素弗墓出土

辽宁省博物馆供图

此金珰以细金丝盘曲为纹，顶部弧线在正中突出尖，轮廓近似“圭”型。正面镂出花纹，焊有细金丝和小粒的金珠，图案为小头大身之物，旁有双翅，上方有两颗半球形灰色石珠做眼睛，似为蝉形。图案的空隙处镂切出孔，背后复加一个同大的素面金片作为衬垫，合成一体。

【冕】

《周礼·司服》记载，周代有“五冕”，分别为衮（gǔn）冕、鷩（bì）冕、毳(cuì)冕、絺（chī）冕、玄冕，然而尚无考古材料证实。自东汉始，以冕为祭服。皇帝的冕十二旒（liú）系白玉珠，王公诸侯七旒系青玉珠，卿大夫五旒系黑玉珠。《白虎通义》说：“前俛（fǔ）而后仰，故谓之冕也。”冕顶上的綖（yán）板略向前倾，表示恭谨，垂旒表示非礼勿视，耳旁所垂黈纩（tǒu kuàng）表示非礼勿听。造型立意于对天地的敬仰，全然不带倨傲之气。隋以后冕的使用范围稍扩大，但也只在极隆重的大典礼上戴，一般场合中虽身为帝王也不戴冕。

山东沂南东汉墓画像石中的戴冕者

图中的冕高高昂起，失其本意，民间画工对冕制不免隔膜。

宋代聂崇义《三礼图》中所绘衮冕

汉晋首服（模型）

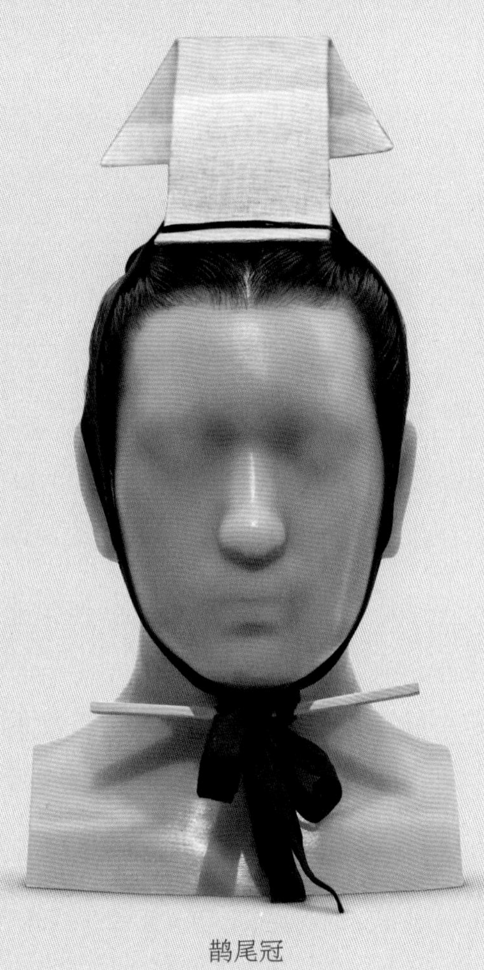

鹖尾冠

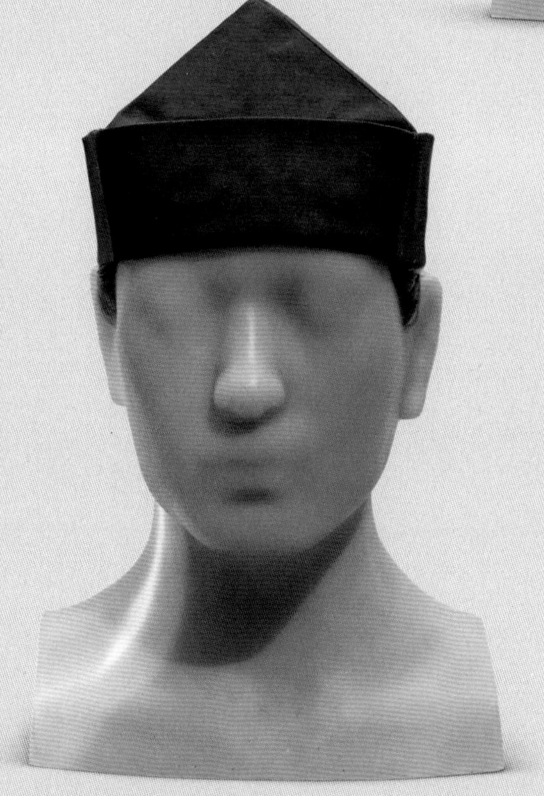

介帻

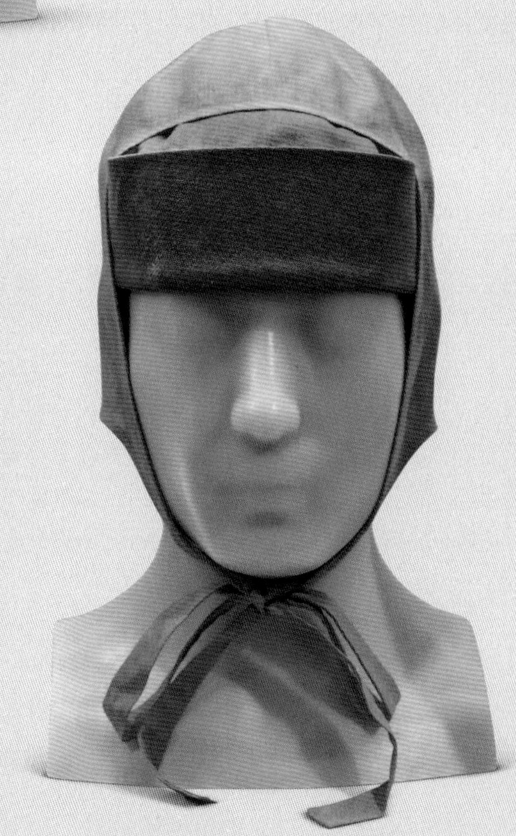

弁

男装

上衣下裳与深衣在秦汉时仍可看到，但至东汉，袍和襜褕更为流行。

【袍】

袍是一种交领、直裾的服饰。在先秦时指内衣，东汉则以袍为外衣，应是一种宽大的长衣，贵族、平民均可穿着。

【襜褕】

襜褕（chān yú）也是一种直裾长衣，与袍相近但更宽大，因其宽博而下垂的形状而得名。《释名·释衣服》记载："襜襦（褕），言其襜襜弘裕也。"襜褕在西汉时已经出现，当时还不被认为是正式的礼服。但到了东汉初，穿襜褕就带有着盛装的意味了。

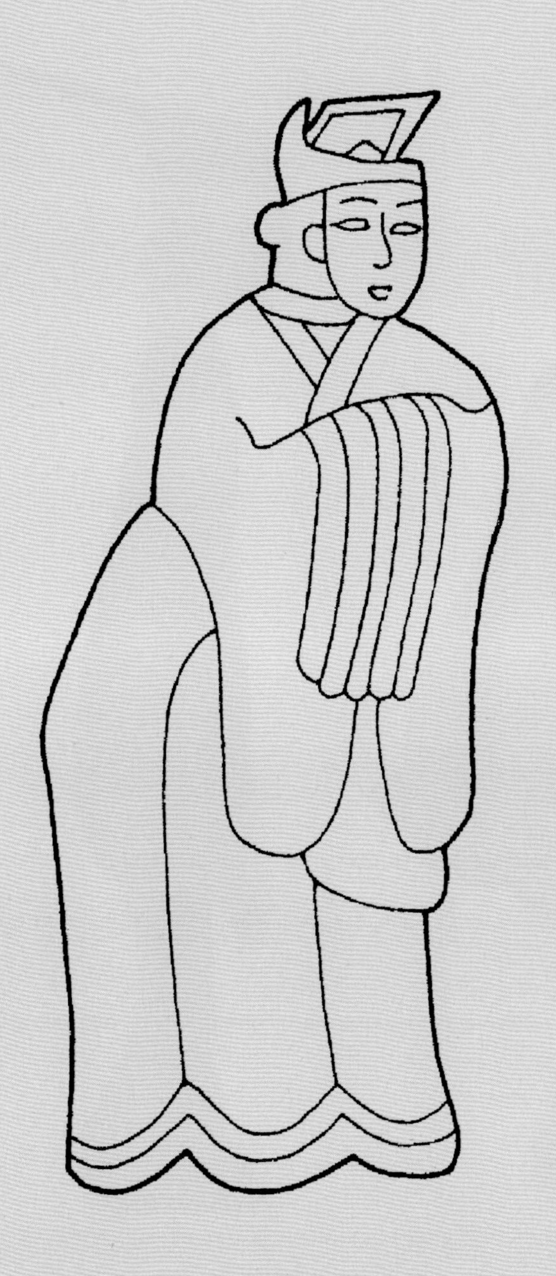

山东长清汉画像石中的着袍者

河南密县打虎亭汉画像石中的着襜褕者

“冠人”俑（仿制品）

西汉
高86厘米
湖南长沙马王堆1号汉墓出土
原件藏于湖南省博物馆

马王堆1号墓共出土着衣冠木俑两件，其中235号俑鞋底部刻有“冠人”二字。二俑形制相同，尺寸稍有差别。俑头戴长冠，冠两侧有缨，经双耳前部系结于颔下，底部有一枚；头发从前额处中分，自脑后绾至冠下梳成髻。身着上下连属的深衣，长及足，其面料为蓝色菱纹罗，领、袖及衣襟处均有锦缘。

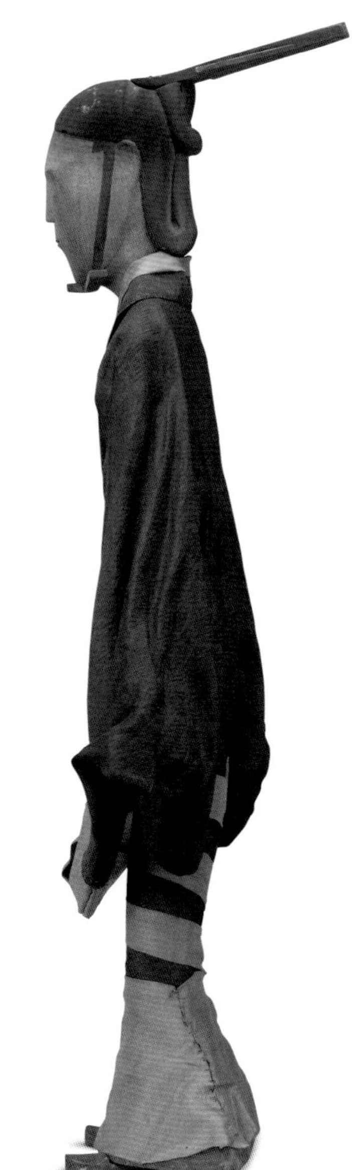

着袍者（仿制品）

东汉
纵90厘米，横65厘米
河北望都1号东汉墓

此壁画位于东汉望都1号墓前室北壁上部，画像身份为“主记史”，即主记录文书等事的官吏。画中人物头戴黑色进贤冠，跪坐于矮榻上，身着宽袖阔摆袍服，袍身显得宽大，似为襜褕。人物身旁放置砚台和水盂，为记事所用工具。

【绶】

绶（shòu），本为系官印的带子，其后将它加宽加长，成为官服上用以区别职位高低的标志。汉代一官必有一印，一印必随一绶。就社会观念而言，绶几乎成为权力和地位的象征。汉代的绶为丝织物，宽度均为一尺六寸（约合36.8厘米，此处为汉尺，下同），长度和色彩则根据官位有所不同，地位愈尊贵，绶也愈长：皇帝的绶长二丈九尺九寸（约合687.7厘米），诸侯王绶长二丈一尺（约合483厘米），公、侯、将军绶长一丈七尺（约合391厘米），以下各有等差。

佩绶者示意图：

山东汶上孙家村汉画像石中的佩绶者

江苏睢宁县双沟画像石中绶间施玉环的佩绶者

朝鲜德兴里东晋冬寿墓壁画中的佩绶者

女装

【袿衣】

汉代女性平日着长衣，有直裾的，也有曲裾的。曲裾的为深衣，深衣缀襳（xiān）髾（shāo）的为袿（guī）衣。

《释名·释衣服》记载：“妇人上服曰袿。”“上服”指的是上等之服，即盛装。袿衣是在深衣的基础上发展出来的，其特点是衣上有旒，旒又分两种：一种作飘带状，名襳；另一种作刀圭状，名髾。在汉代的袿衣上，襳髾尚不齐备，至南北朝时，“飞襳垂髾”的袿衣就装饰得很富丽了。

素纱单衣（仿制品）

西汉

衣长128厘米，通袖长190厘米，袖口宽30厘米，腰宽49厘米，下摆宽50厘米，领缘、袖缘均宽5.5厘米

湖南长沙马王堆1号汉墓出土

原件藏于湖南省博物馆

此素纱单衣为交领右衽、直裾。素纱，是没有染色的平纹方孔丝织物。单衣，在古代指不挂衬里的衣物。《说文解字》：“单，衣不重也。”郑玄注：“有衣裳而无里。”衣而无里，谓之单。这件单衣是世界上现存年代最早、保存最完整、制作工艺最精湛、重量最轻的一件衣服，在中国古代史、纺织科学技术史和服饰史上有着极为重要的地位。此件仿制品不论是材料、工艺还是重量都达到了与原物一致，是此单衣出土以来第一次完全仿制成功。

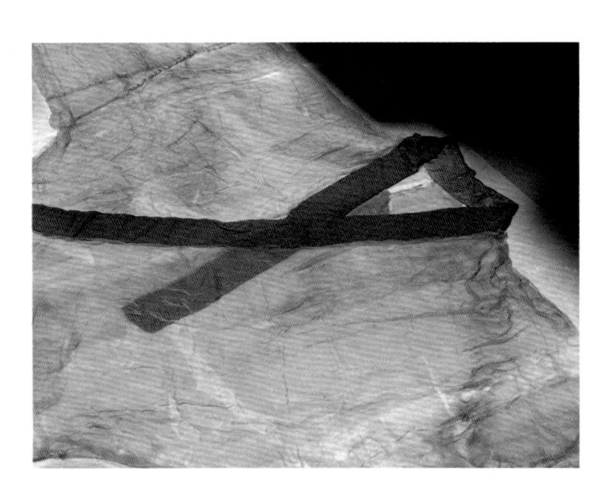

湖南马王堆1号墓T形帛画

西汉

通长205厘米，顶端宽92厘米，末端宽47.7厘米

长沙马王堆1号汉墓出土

湖南省博物馆供图

帛画用三块单层细绢拼成，顶端横裹一根竹竿，上系丝带，可以张举，为出殡时引作前导、入葬时覆盖在内棺上的“铭旌”。帛画用笔墨和重彩绘制，从上至下分天上、人间和地下三部分。天上描绘金乌（太阳）、蟾蜍（月亮）、烛龙、飞龙和司阍（天国守门神）等；人间描绘轪侯夫人在三个侍女簇拥下缓步徐行。地下描绘巨人托举大地。轪侯夫人身着色彩艳丽、花纹繁复的曲裾深衣，身后的三位侍女分别穿着黄、红、白色的曲裾深衣紧紧跟随。轪侯夫人及其侍女所穿深衣，形制与墓内所出实物一致。

司马金龙墓彩绘漆屏

北魏

通长82厘米，宽40厘米，厚约2.5厘米

山西大同司马金龙墓出土

山西博物院供图

此件文物为漆画屏风中的两块，中间由榫卯连接。板面涂朱漆，分上下四层彩绘《列女传》故事。题记和榜书处涂黄漆，其上墨书文字，是少见的北魏墨迹。漆屏自上而下第二层绘制的妇女头上梳十字形大髻，身着袿衣，下摆部位相连接的三角装饰“髾”、伸出的长长飘带“襳”都高高飘扬，鲜明地体现了魏晋南北朝时期“飞襳垂髾”的袿衣特点。

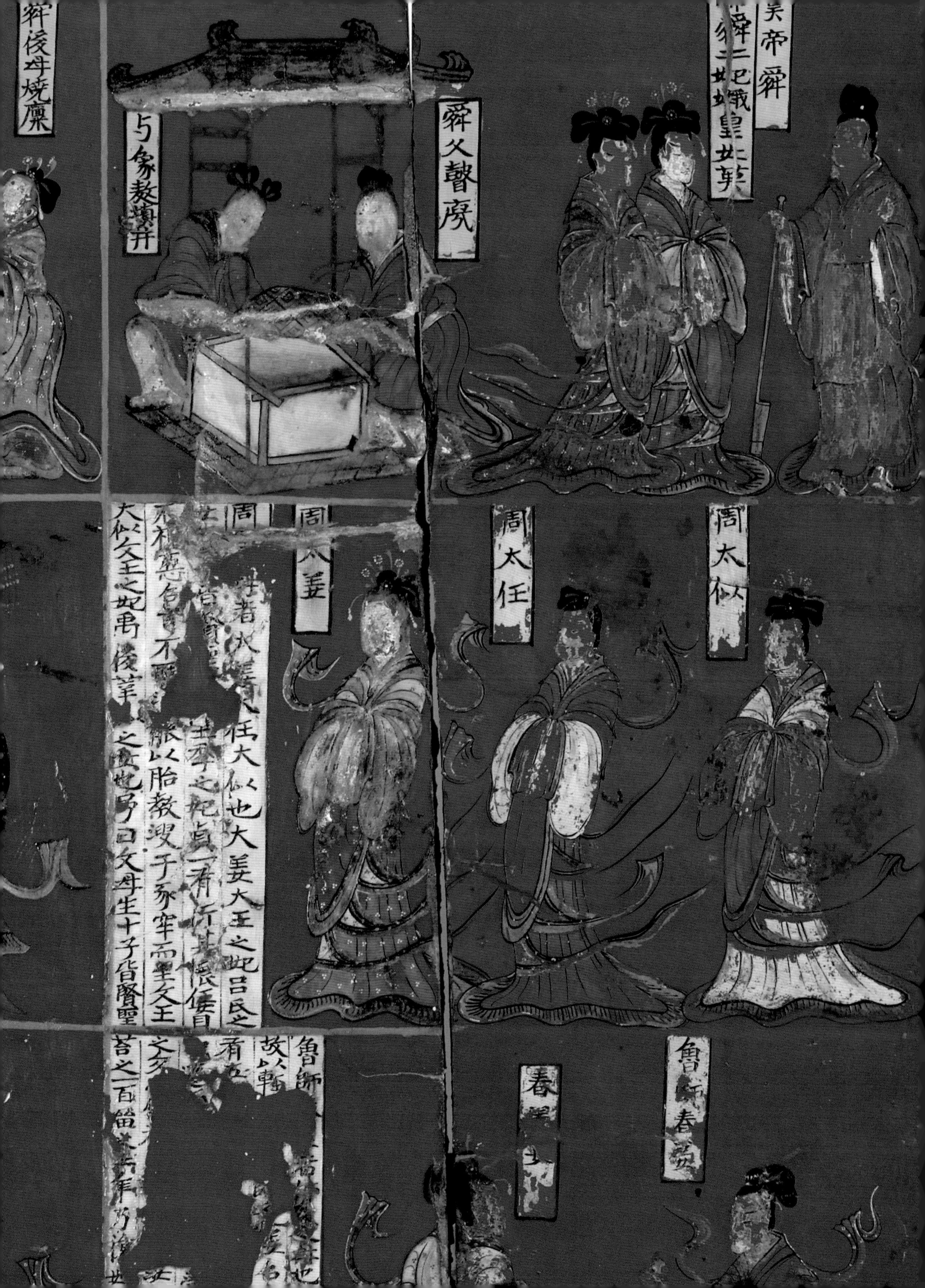

舜後母烧廩
与象敖塡井
舜父瞽叟
虞帝舜
帝舜二妃娥皇女英
周太姜
周太任
周太姒
魯師春姜

列女仁智图（仿制品，局部）

宋摹本

纵25.8厘米，横417.8厘米

原件藏于故宫博物院

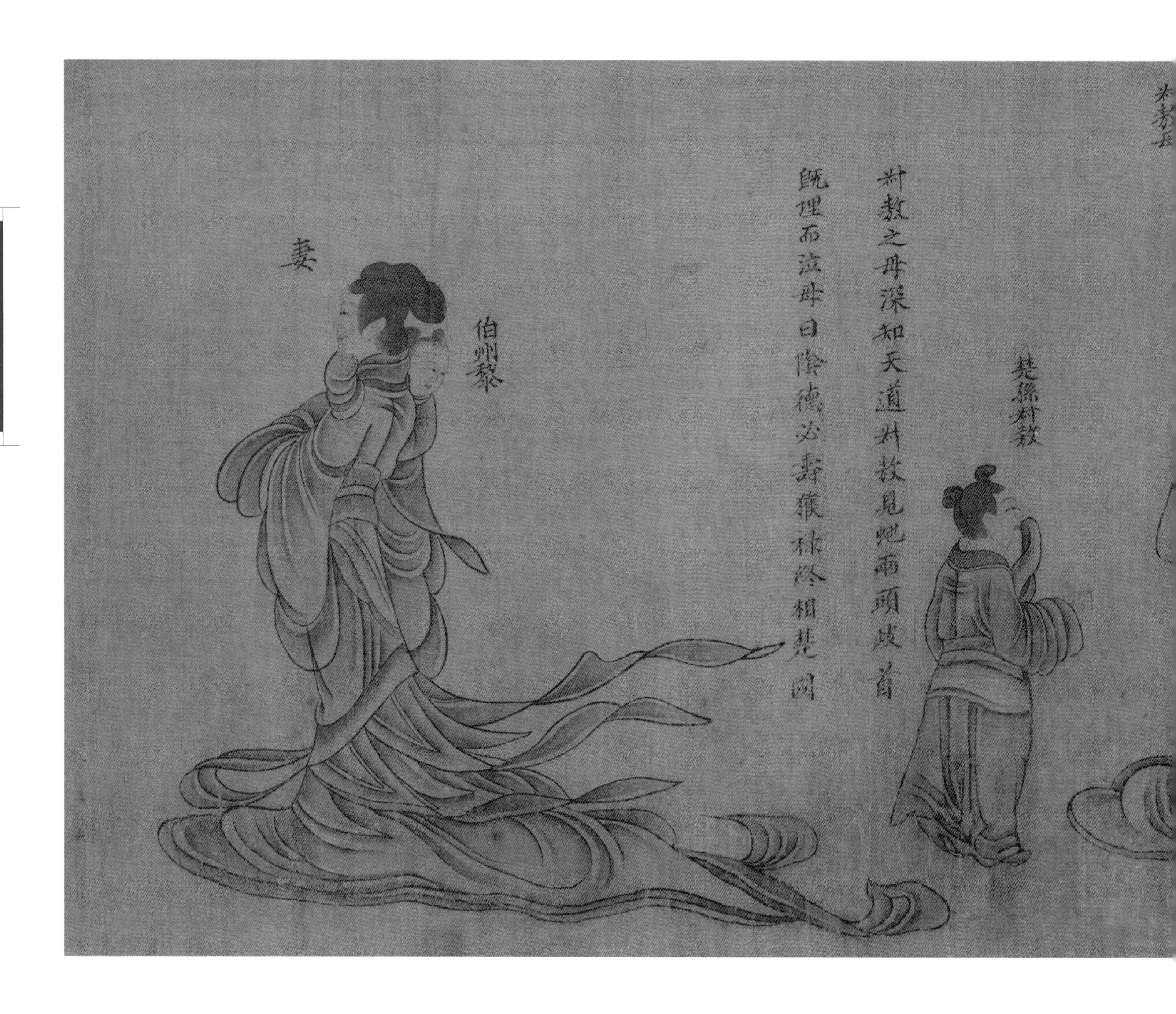

《列女仁智图》卷旧传东晋顾恺之作，此为宋人摹本。绢本，墨笔淡着色。图中突出展示了女子所着袿衣。袿衣形制为在深衣下摆部位缀襳髾，是贵妇的常服。襳髾这种装饰始于东汉，至南北朝时依然风行。《列女仁智图》中的贵妇人所着袿衣的燕尾与飘带表现得很清楚，形制仍沿自汉代。

【发式】

汉代的成年女性多梳椎（chuí）髻。《汉书·陆贾传》颜注指出：“椎髻者，一撮之髻，其形如椎。”汉代纬书《尚书帝命验》注指出：“椎，读曰锤。”可见椎髻是一种单个的、像一把锤子一样拖至脑后垂至肩背的小髻。以“举案齐眉”故事闻名的孟光，史书记载她“为椎髻，着布衣”。除椎髻外，也有将长发用簪绾于脑后的圆髻等。

南北朝时期，女性发式更加多样。北方最引人注目的是梳作十字形的发髻，南方则是加巾帼的扇形大髻。

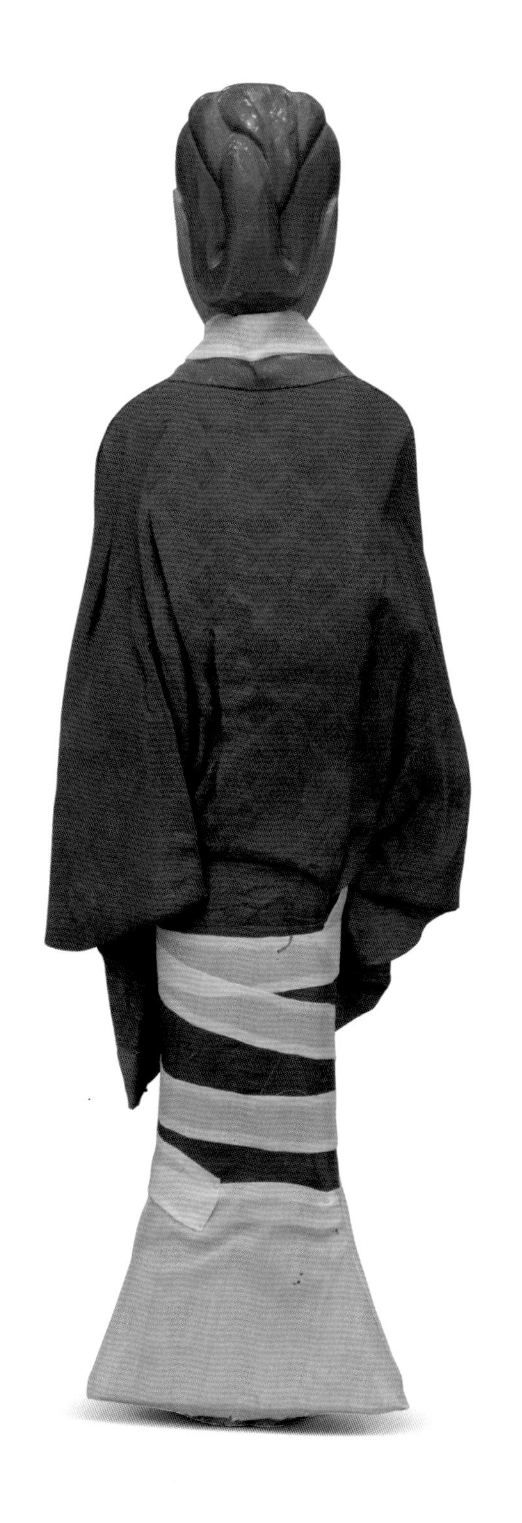

着衣木俑（仿制品）

西汉
分别高49厘米、68厘米
（原文物高度分别为72厘米、78厘米）
湖南长沙马王堆1号汉墓出土
原件藏于湖南省博物馆

马王堆1号墓共出土着衣女侍俑十件，俑身主体均为木质，头部采用圆雕技法制作，以墨色描绘头发及眉目，朱绘双唇。

展出的两件女俑复制品，其一发型为盘髻于头顶，另一个则梳椎髻。出土时女俑衣着均已残破，从残存部分观察，应系穿着上下连属的深衣，足部着丝履。

彩绘木雕女舞俑

东汉
高15.8厘米
甘肃武威磨咀子汉墓出土
中国国家博物馆藏

木俑以白粉作底，墨绘头发、眼眉和衣服轮廓，头部高高束起圆髻，上身着深色长袖上衣，下身穿浅色裙，双臂屈伸表现出舞蹈姿势。雕刻刀工简练，仅表现出舞者的大致轮廓，却能显示出舞蹈的翩翩动态，其头上的圆髻呈现出汉代特色。

彩绘十字髻女立俑

北魏
高34—53厘米
陕西西安草场坡出土
中国国家博物馆藏

此组文物为陶质，女子头上扎对称的十字形发髻，两侧余发在耳边垂下，眉目低垂，表情祥和，身着交领右衽袍，双手在身前合拢。十字形发髻是北朝妇女的代表性发型，多地均有此类形象的文物出土。

山西孝义张家庄西汉墓出土的梳圆髻陶俑

山西大同司马金龙墓彩绘漆屏，上绘女子梳十字形发髻（山西博物院供图）

扇形发髻女俑

东晋
高34厘米
江苏南京砂石山出土
中国国家博物馆藏

女俑为泥质灰褐色陶，模制。头梳扇形发髻，上加裹巾帼，额前留发半圆形。圆形脸庞，细眉凤眼，直鼻小口。上身内穿平领中衣，外穿交领窄袖长襦，下着曳地长裙，裙摆遮足，双手拢握于袖内。这种加巾帼的扇形大髻在南朝妇女中较为常见，巾帼此后也成为女性的代称。

各族服制的融合与创新

南北朝时期袴褶装通行南北，北朝服饰效仿汉式衣冠，渐具华夏仪形；而鲜卑头巾、圆领袍服等北朝服饰则逐渐演变为隋唐常服。民族交融的历史于服饰演变上可见一斑。

南北朝时，汉族士庶平日多着袴（kù）褶。褶是上衣，比袍短，袴是下衣，大口，合裆。但因大口袴行动不便，有时会将袴管向上提，并在膝部用带子缚结，称为缚袴。缚袴本不如将袴裁短，但这种式样当时却通行南北，实属一种偏爱。北朝更加流行，不仅武士可以在袴褶装外披甲胄，还可以作为朝服。

画像砖

南朝
河南邓县南朝墓出土
中国国家博物馆藏

河南邓县南朝墓中出土了大量保存完好的模印画像砖，并涂有红、黄、绿、蓝、棕、紫、黑等颜色。画像砖一砖一画一故事，内容既有宗教神话、孝子故事，也有许多反映当时社会生活的图像。此砖画内容为马匹运粮图，画中两人牵引着一匹马前行，人物上身着褶，腰束带，缚袴，即在膝部缚紧以便于行动，通称袴褶装。

彩绘执盾陶武士俑

北魏

高30.8厘米

河南洛阳元邵墓出土

中国国家博物馆藏

这件陶俑头戴兜鍪，身穿袴褶装，外罩明光铠，左手扶盾牌，右手原持兵器已失。陶俑双目圆睁，嘴角下撇，塑造出镇墓武士俑威武的形象。此武士在甲胄下穿着袴褶，便于行进和作战。

河南洛阳北魏孝子画像石棺上着袴褶装的劳动者

幅巾是东汉以来使用的一种包头布，多为劳动者使用，但在野的士人也有用幅巾的。木屐类似拖鞋。幅巾和木屐不拘礼法，为南朝人所喜爱。尤其是一些魏晋名士，裹幅巾，着木屐，服装宽松，袒肩露臂，以示标新立异。

竹林七贤与荣启期拼镶砖画（拓片）

南朝
一组高78厘米，长242.5厘米
二组高78厘米，长241.5厘米
江苏南京西善桥东晋墓出土
南京博物院供图

此件大型拼镶砖画出土于南京西善桥宫山北麓六朝砖墓中，南北两侧的墓壁上镶嵌了对称的精美画面，一侧四人。根据人物旁边的文字题榜，可以确定画面中展现的是竹林七贤及荣启期共八人。砖画采用线描为主的方法，画面上八人饮酒论道、寄情山水，展现出潇洒自如的风度。他们的穿着都非常肥大，上衣袖子的肘部做得非常宽松，腰间所系腰带长且飘逸，还有人披散衣襟，袒露出肩部，呈现出褒衣博带的魏晋风流名士形象。

南北朝时，北朝的统治者为鲜卑族，或已鲜卑化的少数民族，与本地的汉族成为民族融合的两大主角。鲜卑装的特点是：头戴圆顶后垂披幅的鲜卑头巾，着圆领或交领窄袖长袍，腰束革带，足蹑长靴。

娄睿墓壁画骑马出行图

北齐
山西太原娄睿墓出土
山西博物院供图

此壁画为山西太原娄睿墓壁画的一部分，画面描绘了墓主人骑马出行的场景。此段壁画为长卷式构图，分为几段，每段前侧两骑作引导，后面八骑跟随。有人注视前方，有人回首后望，富有动感。骑马者头戴有披幅的鲜卑头巾，外穿交领右衽袍，腰间佩剑，足蹬长靴，具有草原民族特色。

漆木屐

三国 · 吴
长20.5厘米，宽8厘米
安徽马鞍山吴朱然墓出土
朱然家族墓地博物馆供图

漆木屐为木胎，屐板呈椭圆形，趾部有一穿孔，根部有两个穿孔，为系绊带所用，绊带已腐朽。屐板原髹黑红漆，剥落严重，残存漆皮为素面。魏晋以来，文士们受到玄学、道、释学说等空谈之风的影响，崇尚虚无，放浪形骸，服饰方面袒胸露怀，喜穿不拘礼法的木屐，以示标新立异。

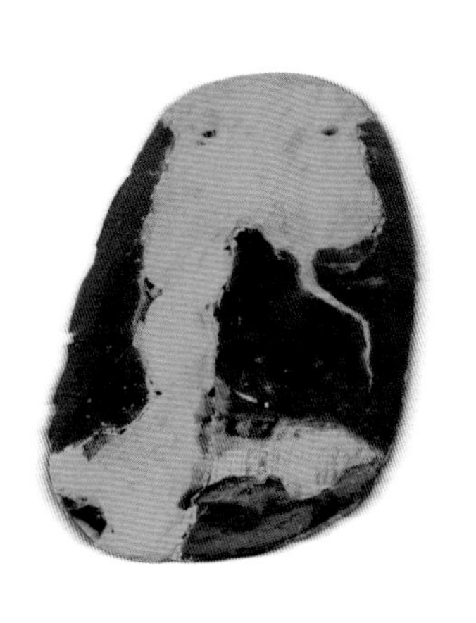

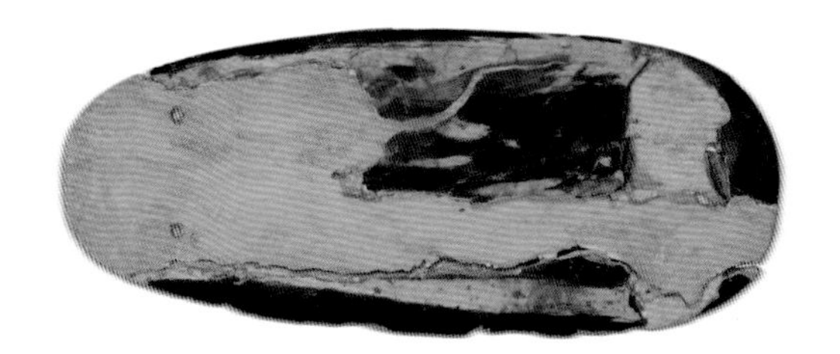

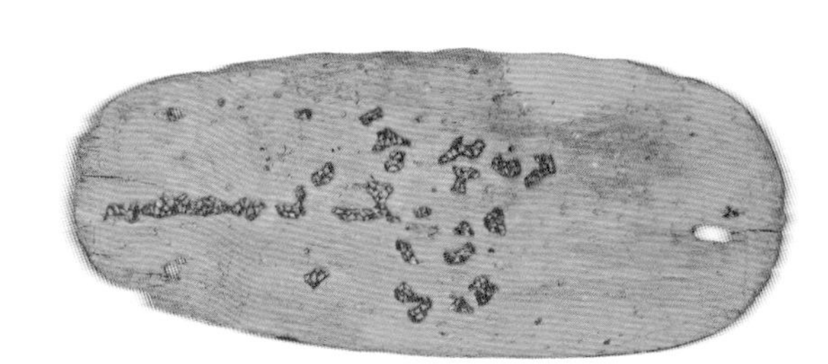
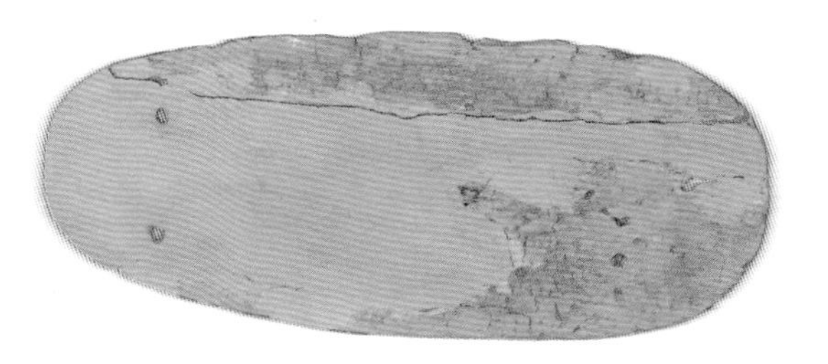

西晋时，汉族权贵的礼服为褒衣博带、高冠大履，与鲜卑装的差别很大。北魏孝文帝为了消弭鲜卑族与汉族间的文化隔阂，颁布了一系列改革条例，包括禁穿鲜卑装，改着汉装，以利于取得汉族高门的拥戴。尽管后来北齐、北周又掀起反汉化的浪潮，但孝文帝改革后的服式仍相沿未替。

皇帝礼佛图

北魏

高208厘米，宽394厘米

原位于河南洛阳龙门石窟宾阳中洞东壁

此浮雕为洛阳龙门石窟宾阳中洞东壁的壁画，原为一组《帝后礼佛图》，被盗卖出境，现藏于美国纽约市艺术博物馆。画面正中心为着盛装的北魏孝文帝，身边簇拥着官员与侍从，行走在礼佛路上。石刻上的大量人物均穿着宽松飘逸的汉族衣冠，显出雍容气度。壁画生动地表现出北魏孝文帝改革后，北方少数民族的礼服为宽松典雅的汉族衣冠所取代的情况。

孝文帝改革后所刻河南洛阳龙门宾阳中洞《皇帝礼佛图》，已有褒衣博带之风。

孝文帝改革前后人物服饰差异

（上，改革前；下，改革后）

宁夏固原北魏漆棺画中之“舜”

宁夏固原北魏漆棺画中之“郭巨”

北魏孝子石棺画像中之“舜”

北魏孝子石棺画像中之“郭巨”

隋唐五代服饰

隋唐是我国古代服装发展的重要时期。隋代对汉魏冠冕仪制的恢复，为唐代服制的完善奠定了基础。唐代疆域广大，政治的稳定、经济的发达、纺织技术的进步、对外交往的频繁都促使服装发展空前繁荣。当时的长安等城市居住有大量外国人，服饰上吸收了胡服的部分特点，发展出款式新颖、色彩绮丽、图案丰富的唐代服饰。

男装的双轨制

隋唐时南北一统，男装却分成两类：一类继承了北魏改革后的汉式衣冠，用作礼服。另一类则是继承北齐、北周时的圆领袍，并将鲜卑头巾改造成幞头，用作常服。此后，我国的男装就由汉魏时的单一体系变成两个体系并存的双轨制，这两套体系并行不悖、相互补充，组合成一个整体。

【冕服】

冕服仍是隋唐时最尊贵的礼服。汉代与之前的冕服仅用于“祀天地、明堂”。隋代在“元会临轩”时亦用冕服。到了唐代，虽然从名义上说冕服的使用范围有所扩大，但因为太隆重了，实际上应用不广。

冕服是帝王、诸侯们参加祭祀盛典时所穿礼服。采用上衣、下裳分开的服制，分别织或者绣上十二章纹饰。《历代帝王图》中描绘的13位帝王所着衮冕服大致相同，没有按照其时代来绘。

隋文帝头戴十二旒冕冠，冠两侧垂天河带，身着玄色右衽交领大袖冕服，左右肩可见日、月两章，领和袖口饰卷草纹镶边；下着绛色及地裙；腰系朱色镶玉革带，下系韨，绶带垂于中部；脚穿如意头赤舄。身旁侍从头戴平巾帻，上罩漆纱笼冠，着交领右衽袍，足穿黑色歧头履。

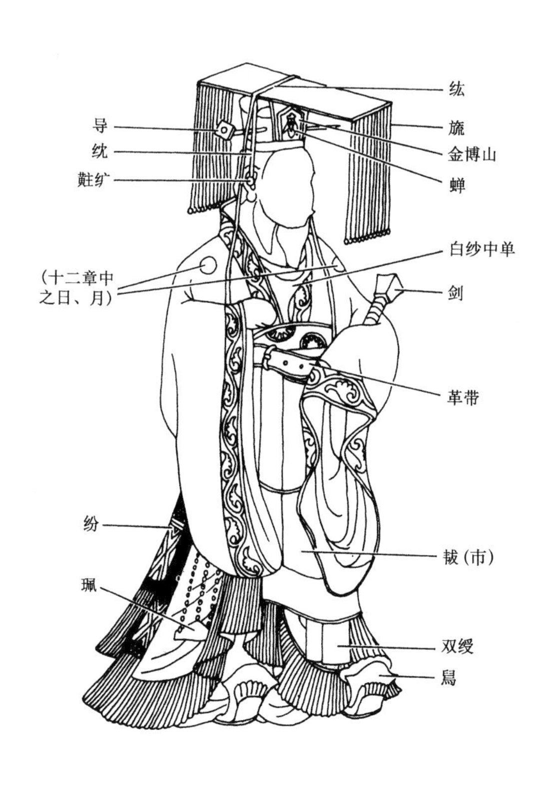

《历代帝王图卷》中着冕服的隋文帝

帝王图（仿制品）

唐

长102.8厘米，宽137.5厘米

甘肃敦煌莫高窟第220窟

原件藏于敦煌研究院

壁画位于敦煌莫高窟第220窟，画面展现了前来问疾于维摩诘的帝王和大臣形象，帝王身着冕服，周围环绕头戴介帻、身穿朝服的随从大臣，前方有两位头戴介帻、身穿袴褶的掌扇人。此图中帝王身着较为完备的衮冕服，头戴冕冠，上身穿宽袖交领上衣，下身着裙裳，腰间系玉带、佩绶，身前系有蔽膝。

【通天冠】

唐代皇帝着朝服时，一般戴通天冠，是等级最高的冠帽。汉代时又叫高山冠，“前有高山”，即前部有高起的金博山，上面饰有蝉纹，后来这部分变成“圭”形，并且逐渐缩小。唐代有时在其中加饰珠翠，更加富丽堂皇。宋、明通天冠基本造型与唐代一脉相承。

《送子天王图》是唐代吴道子根据佛典《瑞应本起经》创作的纸本墨笔画，也有说法认为此为宋人摹本。全图分为三个部分，描绘了佛教始祖释迦牟尼降生以后，其父母净饭王和摩耶夫人抱着他去朝拜大自在天神庙，诸神向他礼拜的故事。画面中怀抱婴儿的天王头戴通天冠，冠前饰金博山，上面附蝉。身前有市，身侧垂绶及组玉佩，显示出其身份的尊贵。

《送子天王图》中戴通天冠的天王

通天冠的演变

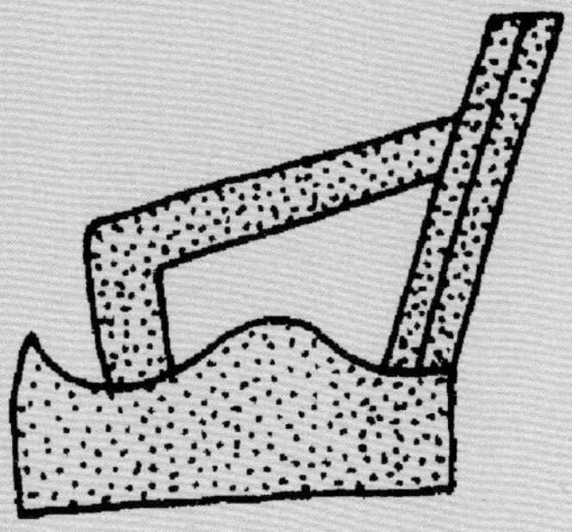

1. 东汉：四川武侯祠画像石

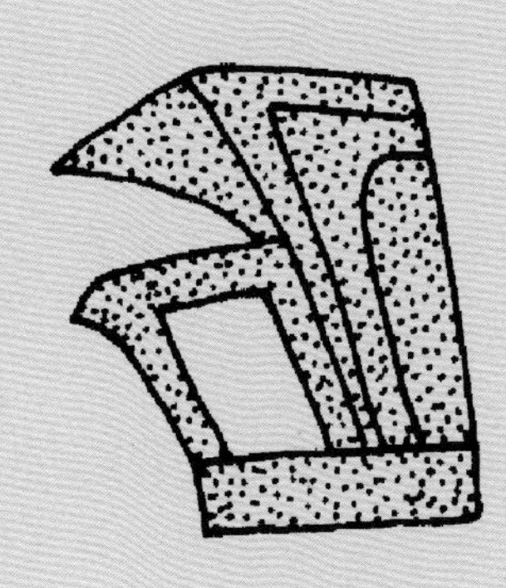

2. 北魏：河南洛阳龙门宾阳洞《皇帝礼佛图》

3. 唐：新疆柏孜克里克石窟壁画

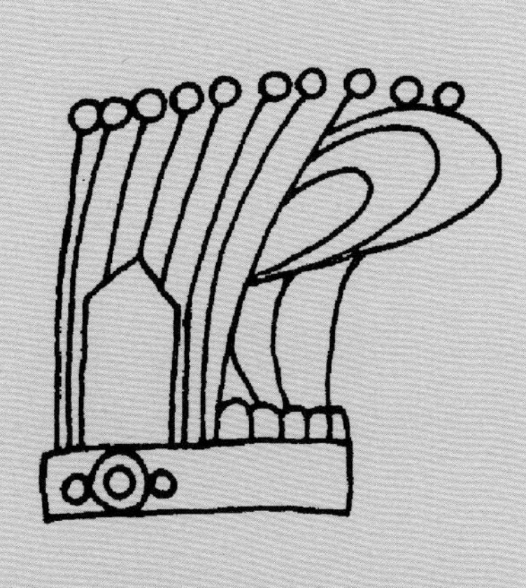

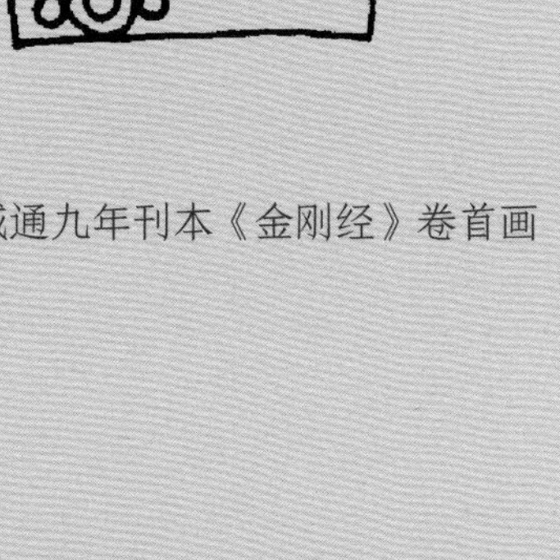

4. 唐：咸通九年刊本《金刚经》卷首画

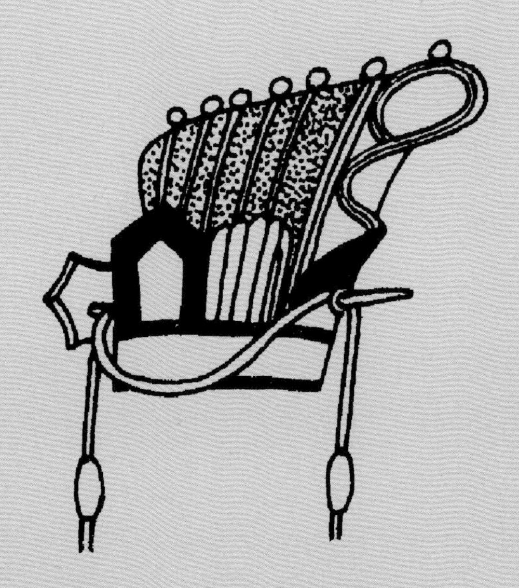

5. 北宋：武宗元《朝元仙仗图》

6. 明：北京法海寺壁画

【进贤冠、鹖冠】

隋唐出土的镇墓俑中有的模仿文、武官员形象，戴进贤冠或鹖冠。唐代的鹖冠上饰鹖雀而不插鹖羽，与前代鹖冠之寓意相同而造型各殊。

唐代戴进贤冠和鹖冠的陶俑图

陕西乾县唐章怀太子李贤墓出土

陕西咸阳唐越王李贞墓出土

戴鹖冠三彩俑

唐

高100厘米

陕西西安独孤思贞墓出土

中国国家博物馆藏

此俑立于束腰台座上，眉头紧锁，眼神凌厉。头戴鹖冠，身着交领宽袖袍，外罩裲裆铠；双手交握于胸前，袍领与裲裆铠前片施白色釉，袍底白色，裙缘为白色百褶边。

古代武官佩戴鹖冠，象征无往不胜。鹖，“鸷鸟之暴疏者也，每所攫撮，应扑摧碎衄”。北魏武士鹖冠上的鹖鸟栖息于冠顶，唐代鹖冠则把冠耳变作两只鸟翅型，鹖鸟作展翅俯冲的姿势，造型高大，冠后还有包叶，颇为生动，造型似雀。

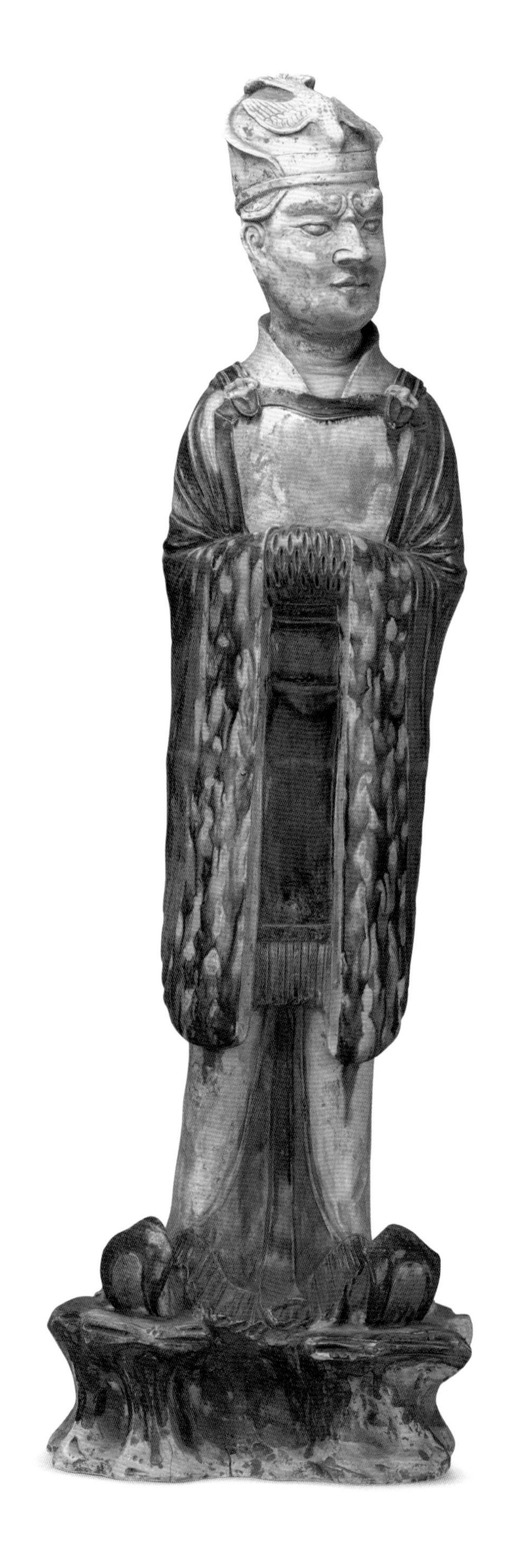

戴进贤冠彩绘俑

唐

高70.5厘米

陕西礼泉郑仁泰墓出土

中国国家博物馆藏

此俑头戴进贤冠。外罩裲裆甲，内穿红色广袖袍，双手交握。下着白裳，足蹬高头履。

【武弁大冠】

唐代的武弁大冠由笼冠和平巾帻组合而成，平巾帻较平上帻后部加高。笼冠则将原来的软弁加工为圆筒形的硬壳。

章怀太子墓在墓道东、西壁中段狩猎(东壁)和马球(西壁)之后，各绘有一幅由六人组成的客使图，亦称礼宾图、迎宾图。东壁的客使图，画面中共有六位人物，前面三位头戴武冠，身着广袖长袍，腰系绅带，手持笏板，足登岐头履。三人所着为朝服(又称具服)，这种着装在唐墓壁画中极少见。

该图中三位人物头戴武冠，又称“武弁大冠”“繁冠”“建冠”，为汉代武将所戴之冠。《续汉志》：“武冠一曰武弁大冠，诸武官冠之。”《晋书·舆服志》：“武冠一名武弁，一名大冠，一名繁冠，一名建冠，一名笼冠，即古之惠文冠。或曰赵惠文王所造，因以为名；亦云惠者，蟪也，其冠文轻细如蝉翼，故名惠文。”但汉代武弁大冠用很细的缌制作，做好后再涂以漆，内衬赤帻。后来在一些文学作品中，武弁也指代武官。到了唐朝，武弁的使用人群已经不仅局限于武官，还包括了皇帝近侍等人。

《客使图》中头戴武冠的人物形象

【常服】

隋唐时期的常服受到南北朝以来胡服、鲜卑服的影响，创制了裹幞头、着圆领袍衫、穿乌皮靴的新形式。圆领袍衫一般为窄袖，衣长在膝下踝上，齐膝处设横襕（lán），以示下裳之意。

十八学士图

明摹本

纵37.8厘米，横755.3厘米

中国国家博物馆藏

唐朝男子官服，一般头戴乌纱幞头，身穿圆领窄袖袍衫，衣长至膝下踝上，常在齐膝处设横襕，以示下裳之意。腰系革带，脚穿乌皮六合靴。上到皇帝，下到厮役，样式几乎相同，只有材料、颜色和带极装饰差别。

唐太宗时建文学馆，收聘贤才，以杜如晦、房玄龄、于志宁、苏世长、姚思廉、薛收、褚亮、陆德明、孔颖达、李玄道、李守素、虞世南、蔡允恭、颜相时、许敬宗、薛元敬、盖文达、苏勖（旭）十八人并为学士，图卷描绘十八学士身着唐代常服，加注其职务、名号、籍贯。

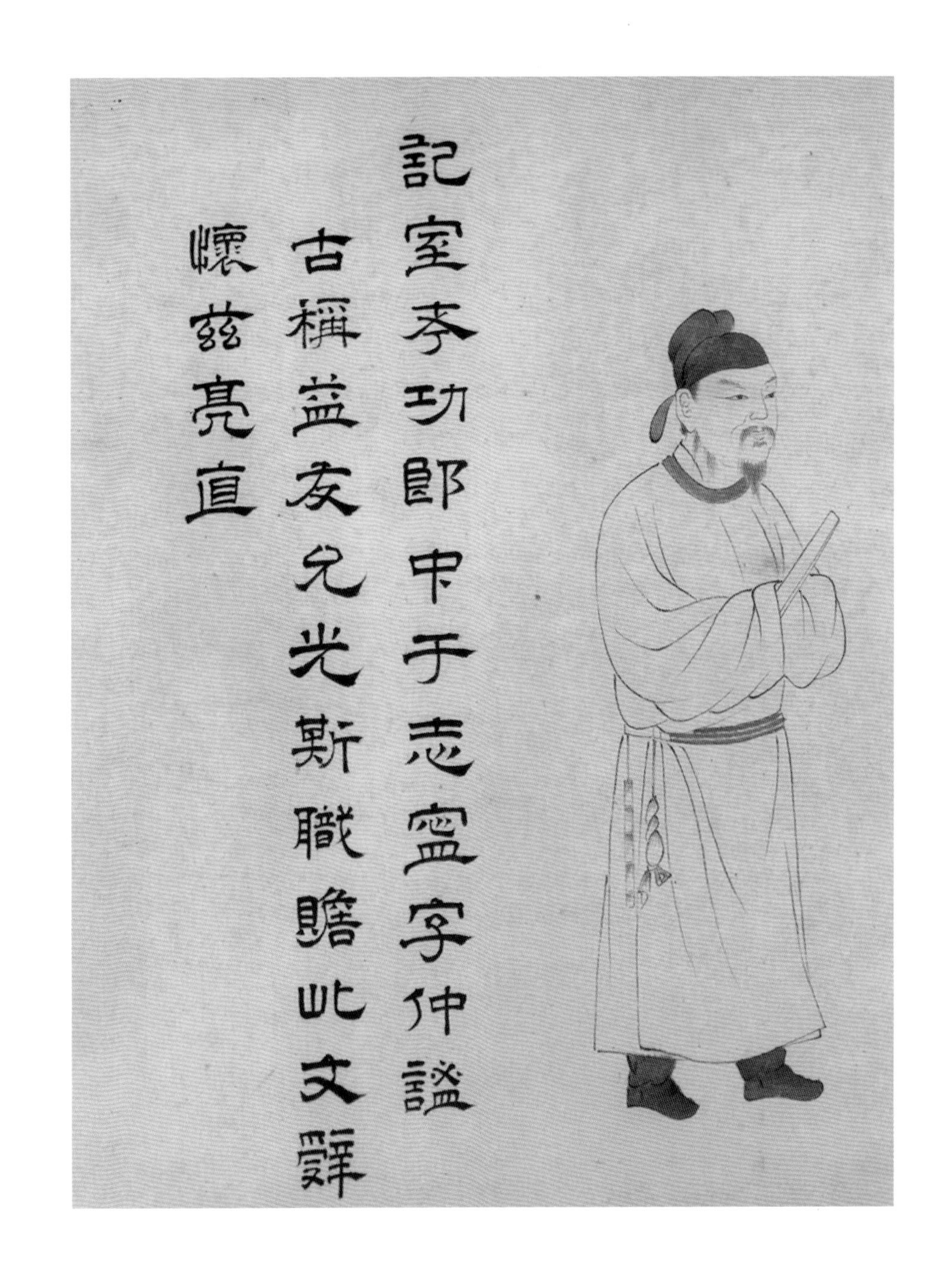

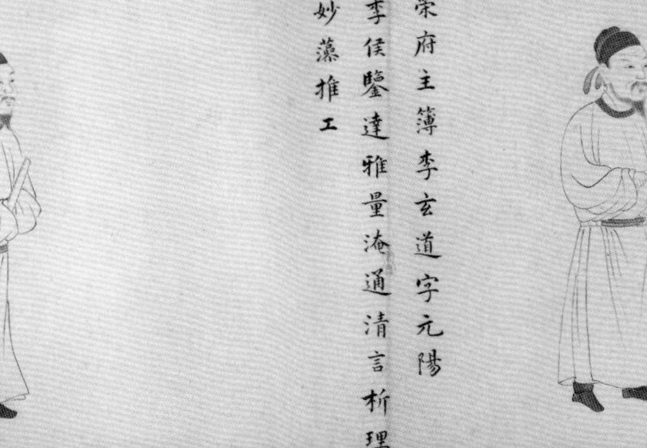

供奉內殿之人不能蒙御賜此妖書為三桼前身士楨頼此名見記載尚有
閣卿學朝局之人為筆墨因非尋常書畫可比矣　天台柯[illegible]題

老手秦[illegible]志藝文類載有士楨東事剩言一卷
續草一卷黃雲[illegible]頃[illegible]目上載[illegible]目并云士
楨別號[illegible]湖太學生中書舍人[illegible][illegible]酌
中書[illegible]紀述其[illegible]事[illegible]詳
[illegible]如下狀[illegible]生光作[illegible]東嘉趙士楨[illegible]
士楨[illegible]者太[illegible]歷任文華殿中書舍人每
[illegible]病[illegible]
[illegible]
[illegible]
及[illegible]病[illegible]死[illegible]
起云　歲在[illegible]秋日[illegible]

明制文殿閣設中書舍人初司書寫誥敕
繼選用書學生出身不由科舉而文藝有素
長者亦因之為捷徑輔以援引遂至雜流
進身之捷徑然必有徵長者之識善書於
能也以是權貴偶儻之士頗出其中趙
士楨善書類妖書之案雖未成獄案
而舉其國往足以見風尚了南羽鍾靜
之時之傑矣卷中諸人名稱官職
之案因證服飾之殊別既舉閻本更
有足資考訂者惜余衰邁不能從事
於此有意乎
遐翁葉恭綽

軍諮祭酒蘇壹字世長
軍諮談劇超然辯悟匡色于廷
匪躬之故

天策府文學褚亮字希明
希明倜儻瀟洒情寄博總九流
詞高六藝

天策府學士姚思廉字簡之
志苦精勤記言實錄臨危殉義
餘風勵俗

大學博士陸元朗字德明

王府記室參軍事虞世南字伯施
儒行揚聲雕文絕世網羅百氏
兼包六藝

天策府參軍蔡允恭字克讓
綺歟達學蔚有斯文冰霜比映
蘭桂同芬

王府記室參軍事顏相時字師古
六藝文籍三冬經史家擅學林
人遊書市

東虞州錄事參軍劉孝孫字德祖
劉君直衛存交守信雅度難追
清文遠振

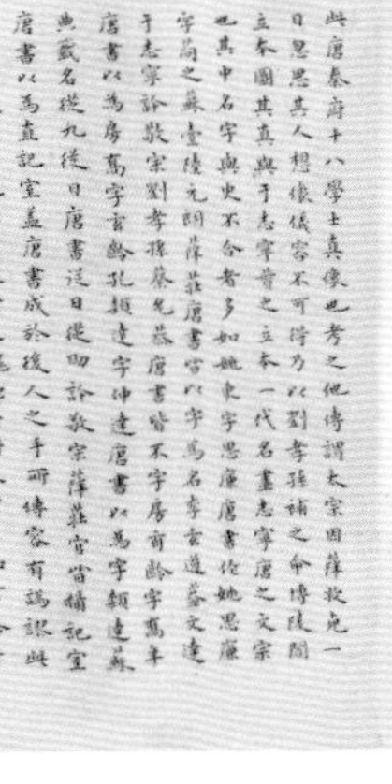

【幞头、巾子】

隋唐常服中戴幞（fú）头，它是在鲜卑头巾的基础上改进而成。幞头有四脚（即一幅头巾的四个角），两脚系于髻前，两脚结于脑后。唐人在裹幞头之前，先在髻上罩巾子；巾子的形状影响幞头的外观。同时幞头脚由软变硬，由下垂变成翘起。制幞头的材料由罗縠（hú）变成漆纱。到了宋代，还在幞头内衬以“木山子”，幞头脚内插铜丝或铁丝。于是本是一幅软巾的幞头，就变成一顶硬壳的帽子了。

鲜卑头巾到幞头的演变

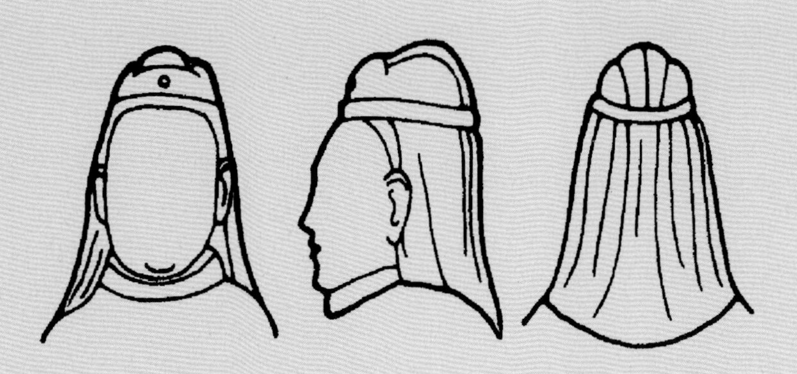

1. 后垂披幅的鲜卑头巾（河北吴桥北齐墓出土陶俑）

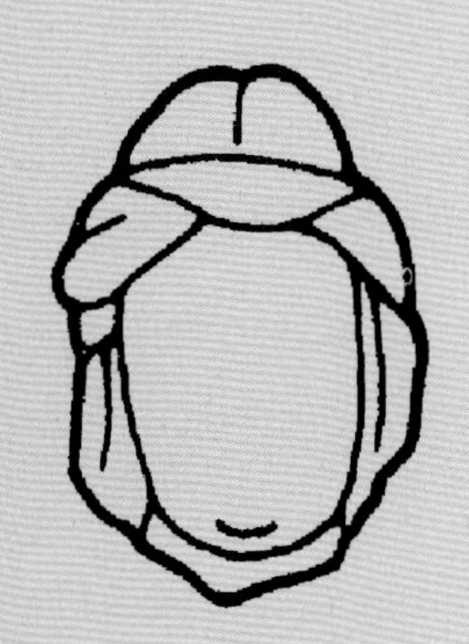

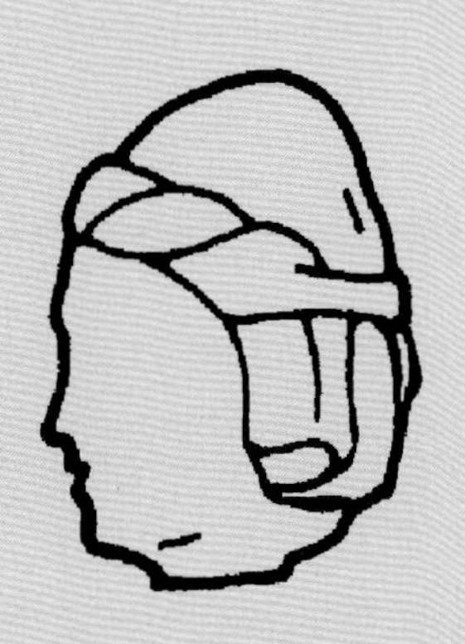

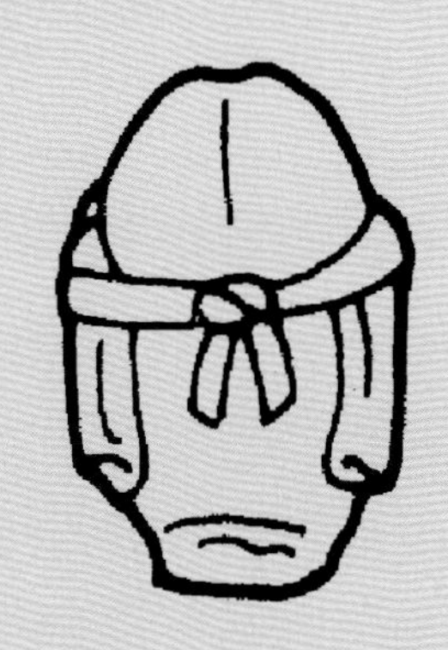

2. 披幅被扎起（河北吴桥北齐墓出土陶俑）

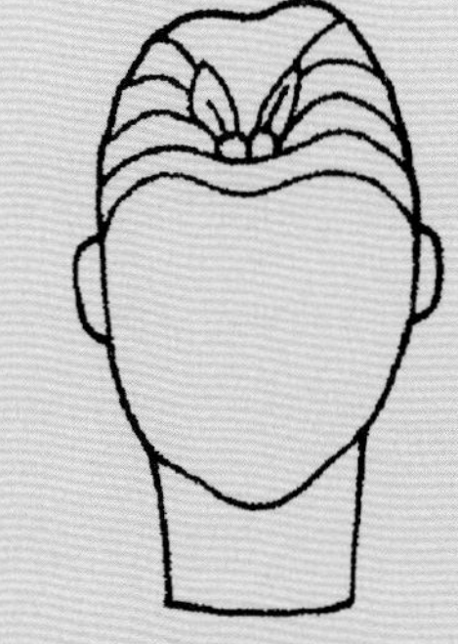

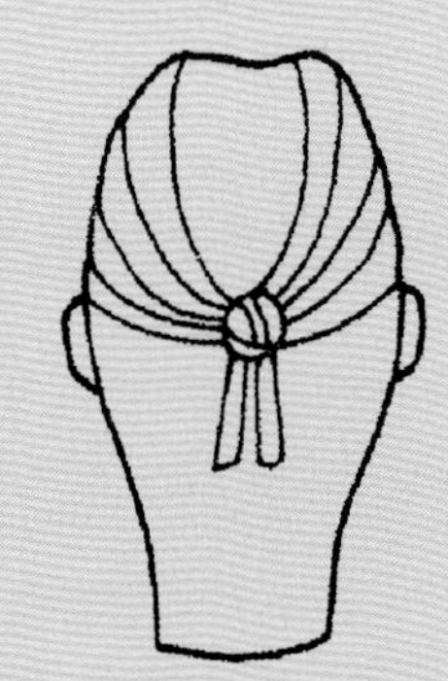

3. 幞头内未罩巾子，显得低矮。
（陕西三原隋李和墓出土陶俑）

唐代软脚幞头的裹法

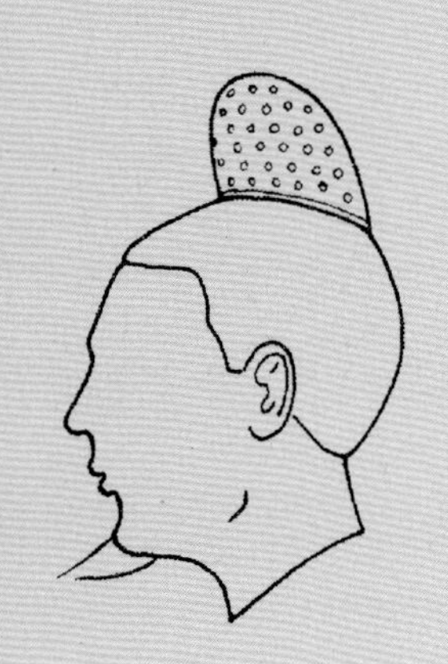

1. 在髻上加巾子

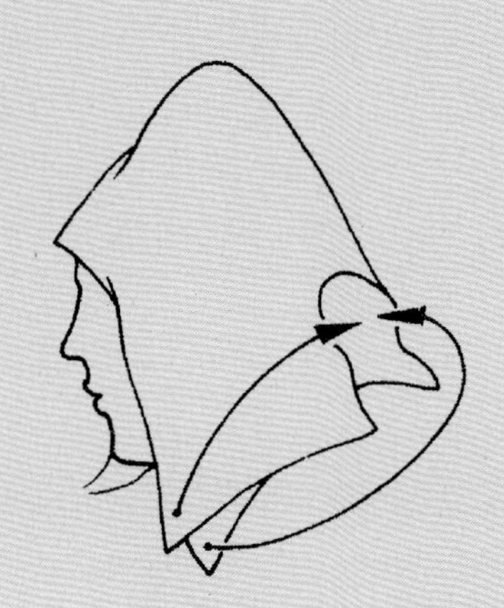

2. 系二后脚于脑后

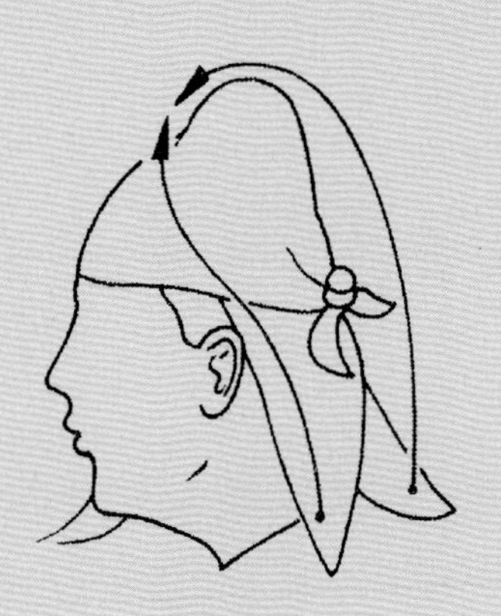

3. 反系二前脚于髻前

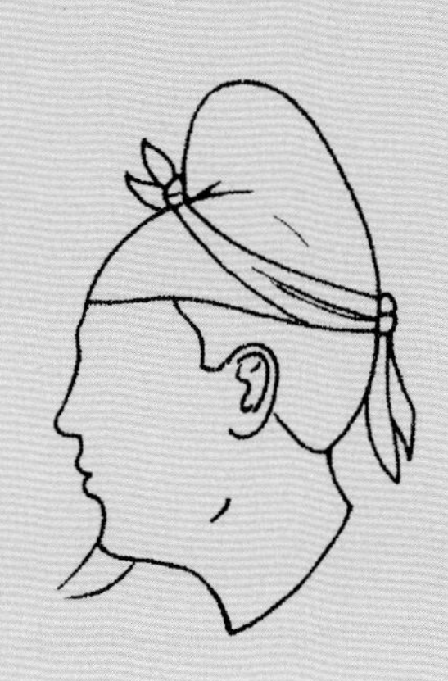

4. 完成

巾子

唐

高11.5厘米，宽16.4厘米

新疆阿斯塔那唐墓出土

新疆维吾尔自治区博物馆供图

巾子也称网帻，是裹在幞头中用以固定发髻的饰物，唐代十分流行。这两件文物或用丝葛、麻线等材料编织成网状后用骨胶涂刷成型，表面再经过涂漆处理。巾子为棕黑色，表面光滑，前脸短，后身长，有椭圆形蜂窝小孔，边缘用麻线加固，十分工整。下脸两侧上端有双孔，以便于簪子穿过固定在发髻上。巾子上再束幞头，因此巾子的形状会影响幞头的外观。小孔既具有通风透气的作用，又增加了它的美观，很有文化特点，为研究古代服饰和手工业发展提供了可贵的资料。

戴幞头拱手男俑

唐

高26.9厘米

中国国家博物馆藏

此男俑头戴前踣（bó）式幞头，着窄袖交领胡服，双手交握于胸前，腰下有一绾结，似为胡服的下摆向上绾至一起。

唐代幞头是男子常服中不可缺少的组成部分，上至皇帝下到平民，日常生活都要裹幞头，就算相扑表演几乎全身赤裸，也要裹幞头。

戴幞头彩绘骑马俑

唐

通高34.1厘米

中国国家博物馆藏

此人俑整体彩绘略微脱落，头裹前踣式幞头，身着红色窄袖交领袍，系腰带，骑于马上，右手抬起；黑马白鬃，十分醒目。

戴幞头彩绘骑马俑

唐

高27厘米

陕西西安鲜于庭诲墓出土

中国国家博物馆藏

此人俑坐于马鞍上，手持缰绳状，头裹圆头幞头，面容微笑祥和，身着窄袖圆领袍，内套半臂，马匹体型健硕，面部描绘非常逼真。

彩绘泥塑胡俑头（仿制品）

唐

通高26厘米

新疆阿斯塔那出土

头部泥塑彩绘，木身削制。此俑深目高鼻，面部留有虬髯，头部缠裹皂罗软脚幞头，两条幞头脚垂于脑后。

唐代幞头的演变

1. 平头幞头 唐贞观十六年独孤开远墓出土俑

2. 硬脚幞头 唐神龙二年李贤墓石椁线刻

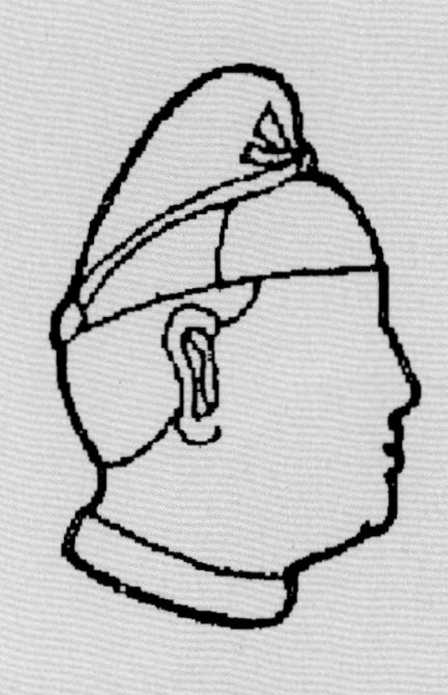

3. 前踣式幞头 唐开元二年戴令言墓出土俑

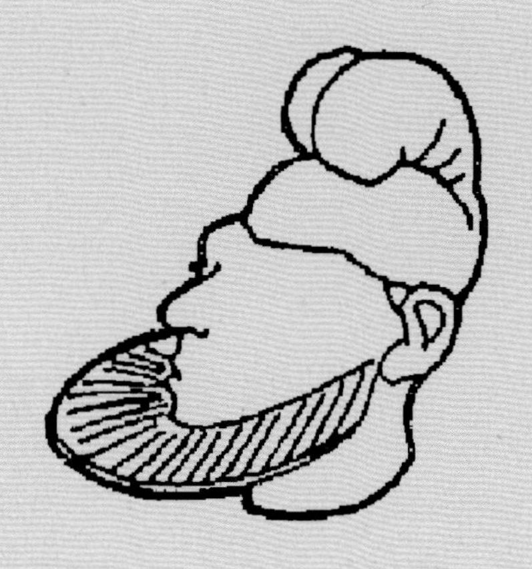

4. 圆头幞头 唐天宝三年豆卢建墓出土俑

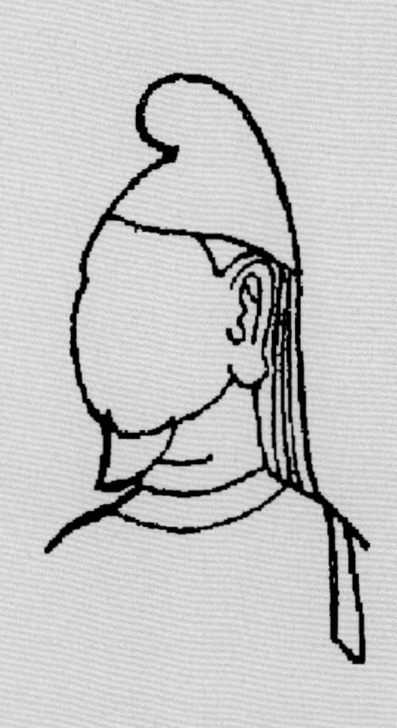

5. 长脚罗幞头 莫高窟第130窟盛唐壁画

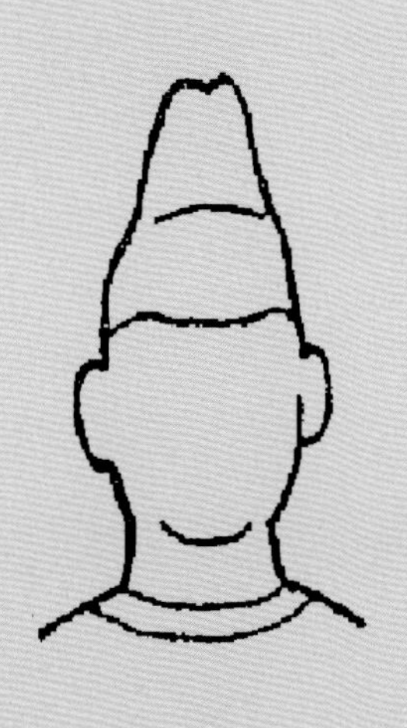

6. 衬尖巾子的幞头 唐建中三年曹景林墓出土俑

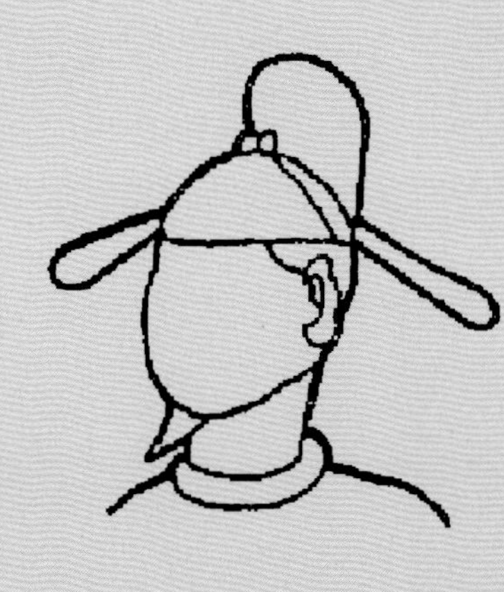

7. 翘脚幞头 莫高窟藏经洞中所出唐咸通五年绢本佛画

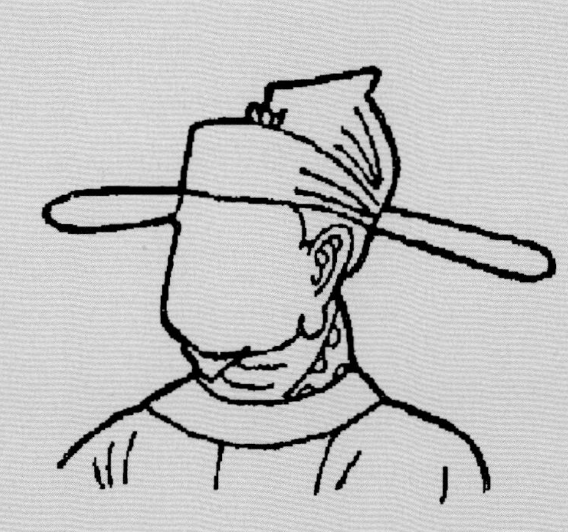

8. 直角幞头 莫高窟第144窟五代壁画

女装

隋代女装多小袖高腰长裙，裙系到胸部以上。唐代女装的基本构成是裙、衫、帔。初唐女装衣裙窄小，盛唐开始流行『大髻宽衣』，中唐以后日益褒博，五代服饰渐趋俏丽。

唐代女装加肥的趋势

1.初唐 甘肃敦煌莫高窟第375窟壁画

2.初唐 陕西唐永泰公主墓壁画

3.盛唐 甘肃敦煌莫高窟第205窟壁画

4.盛唐 甘肃敦煌莫高窟第130窟壁画

5.中唐 甘肃敦煌莫高窟第107窟壁画

6.晚唐 甘肃敦煌莫高窟第9窟壁画

7.晚唐 甘肃敦煌莫高窟第192窟壁画

【帔】

帔（pèi），又名帔子或帔帛，像一条长纱巾，绕于后背垂在两臂之间。下垂部分可垂于臂弯，可用手捧在胸前，也可固定在裙子系带上，形式多样。

伎乐供养人像（摹本）

隋

纵67厘米，横115厘米

甘肃敦煌莫高窟第390窟壁画

原件藏于敦煌研究院

图中前端进香的贵族妇女着大袖衣，外披披风，衣领外翻，侍从婢女及乐伎穿小袖衫，高腰长裙，腰带下垂，肩上施帔帛，发式上平而较阔，就像戴帽子一样，额部鬓发剃齐，是继承北周以来“开额”旧制。

三彩女立俑

唐

高26.8厘米

陕西西安独孤思贞墓出土

中国国家博物馆藏

女俑头梳双刀半翻髻，身穿黄色小袖衫，绿色高腰长裙，拱手而立，帔帛一端捧于手中，应为初唐时期少女的形象。

着帔帛女俑

唐

高24厘米

中国国家博物馆藏

此对女俑头部梳高髻（盘桓髻），着窄袖小衫，高腰长裙，垂至鞋面，足穿翘头履，裙子有简单条纹装饰，肩部施帔帛，双手交于身前。

拱手女俑

唐

高36厘米

中国国家博物馆藏

此女俑身穿圆领宽袖袍衫，高腰长裙曳地覆足，双手拱于胸前，面庞丰腴，头梳盛唐式高髻（抛家髻），为典型的盛唐盛装女俑。

唐代衣裙的款式，从初唐到盛唐，呈现由窄小到宽松的发展趋势。唐高宗后期至睿宗时期，服饰开始宽大，显得身材丰腴，发型多高髻，式样更加丰富。盛唐以后“风姿以健美丰硕为尚”，流行大髻宽衣，中唐以后服饰越来越肥。

【半臂】

半臂为一种短袖的上衣，可套于裙、衫之外，也可穿在外衣以内，一般有袖口齐平和袖口加褶两种，常用较好的织物制作。

着半臂彩绘女俑

唐

高31.4厘米

中国国家博物馆藏

女俑头梳双环髻，身着窄袖袒胸贯头式衫，外套红色半臂，手执绢帕，下着及地长裙，胯处绾结一带于腿前。

初唐女子服饰沿袭隋朝，衣衫窄短，下至腰部或脐部；裙形瘦长，腰高及胸部，下可曳地。

彩绘击马球俑

唐

均高35厘米

陕西西安韦洞墓出土

中国国家博物馆藏

模制灰陶，个别部位手制，而后组合。彩绘部分有所脱落。唐代流行打马球，几人所乘坐骑身形高大健硕，姿态生动。图右侧的女子，头绾高髻，上身穿窄袖衫，外罩半臂，下身着长裙，其装束体现出初唐女服纤长柔美特征。

着半臂女侍俑

唐

高48厘米

陕西西安鲜于庭诲墓出土

中国国家博物馆藏

女俑头梳倭堕髻，身穿圆领窄袖袍衫，内着半臂，腰间系带，下穿浅色分裆直腿裤，两手拱于胸前，脚穿乌皮靴。

唐代妇女因身份不同，发型有所区别，梳倭堕髻者，多为身份较高的侍女，可为女主人的贴身侍女。另外女着男装的现象在唐代较为普遍，多着圆领窄袖袍或翻领胡服，腰间束带，穿乌皮靴。

着半臂三彩女立俑

唐

高45.2厘米

陕西西安土门村出土

中国国家博物馆藏

女俑面庞丰腴，头梳倭堕髻，上着绿色窄袖衫，内套半臂，下为蓝色高腰曳地长裙，足穿翘尖鞋，蓝白相间的帔帛绕两肩垂于后背。

半臂为类似短袖的罩衣。唐代可将半臂穿于衫外，也可以套在外衣里面，肩部呈现出半臂轮廓。盛唐以后，因以丰腴为美，穿半臂的人就逐渐减少。

半臂的样式：

袖口平齐的半臂 陕西唐永泰公主墓壁画

袖口带褶的半臂 湖北武昌何家垅188号唐墓出土的陶俑

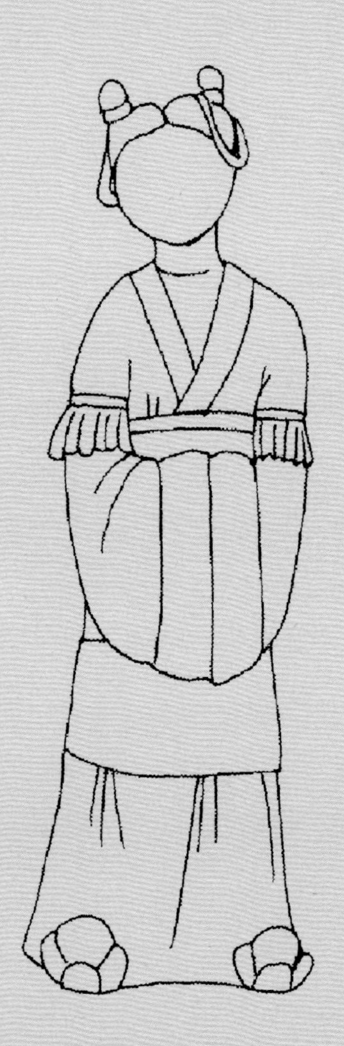

袖口带锦缘的半臂 陕西西安唐韦顼墓石椁线刻人物

【袍袴】

唐代前期女性有着胡服或男装的。其中有两种情况：一是上层女性为了猎奇，偶或一试；二是由于穿这种服装行动便捷。唐代宫内执杂役的宫女叫“袍袴（kù）宫人”，官宦人家将使女呼为“袍袴”，以便与穿裙、衫的女主人相区别。

男装女俑

唐

高19厘米

陕西西安西郊土门出土

中国国家博物馆藏

此俑头戴幞头，面庞丰腴，脸颊涂红，身穿黄釉圆领广袖袍衫，长至足上，腰束革带，双手拱于胸前，是较为典型的女着男装。

“袴”即为今天的裤子，上袍下袴是唐代男装的标准装饰，现在出土的壁画、俑中发现很多女着男装形象，身份主要是侍女，身穿男装胡服，翻领或圆领窄袖袍衫，腰间束带，下穿窄口裤，足穿尖头鞋或软靴，有的还佩戴高顶尖帽或幞头。着袍袴的女性，一般手持盒、盘、乐器等物件为主人服侍，且站在着女装的宫女后部，应为身份低微之故。

袍袴在各图中均居主人之后

陕西乾县唐永泰公主墓石椁线刻

陕西富平唐李凤墓壁画

陕西礼泉唐新城长公主墓壁画

彩绘泥塑双髻侍女俑（仿制品）

唐
高31厘米
新疆阿斯塔那出土
原件藏于新疆维吾尔自治区博物馆

此俑左臂环绕腰间，右臂上举，右手搭右肩，呈站立姿态。其发束双髻，额间饰花钿，上身穿浅绿色圆领窄袖袍，腰间系黑带，下身着袴，足蹬红履。从装束看，此俑身份应为婢女，即文献中所见之“袍袴”。

【女子发式】

隋唐五代女性盛行高髻，不仅以假发补充，还做成脱戴方便的假髻，即“义髻”，髻上插上发钗、簪、步摇簪、梳篦（bì）等。其髻式繁多，根据出土的形象资料并与唐段成式《髻鬟（huán）品》等文献对比，可知其名的约有十几种。

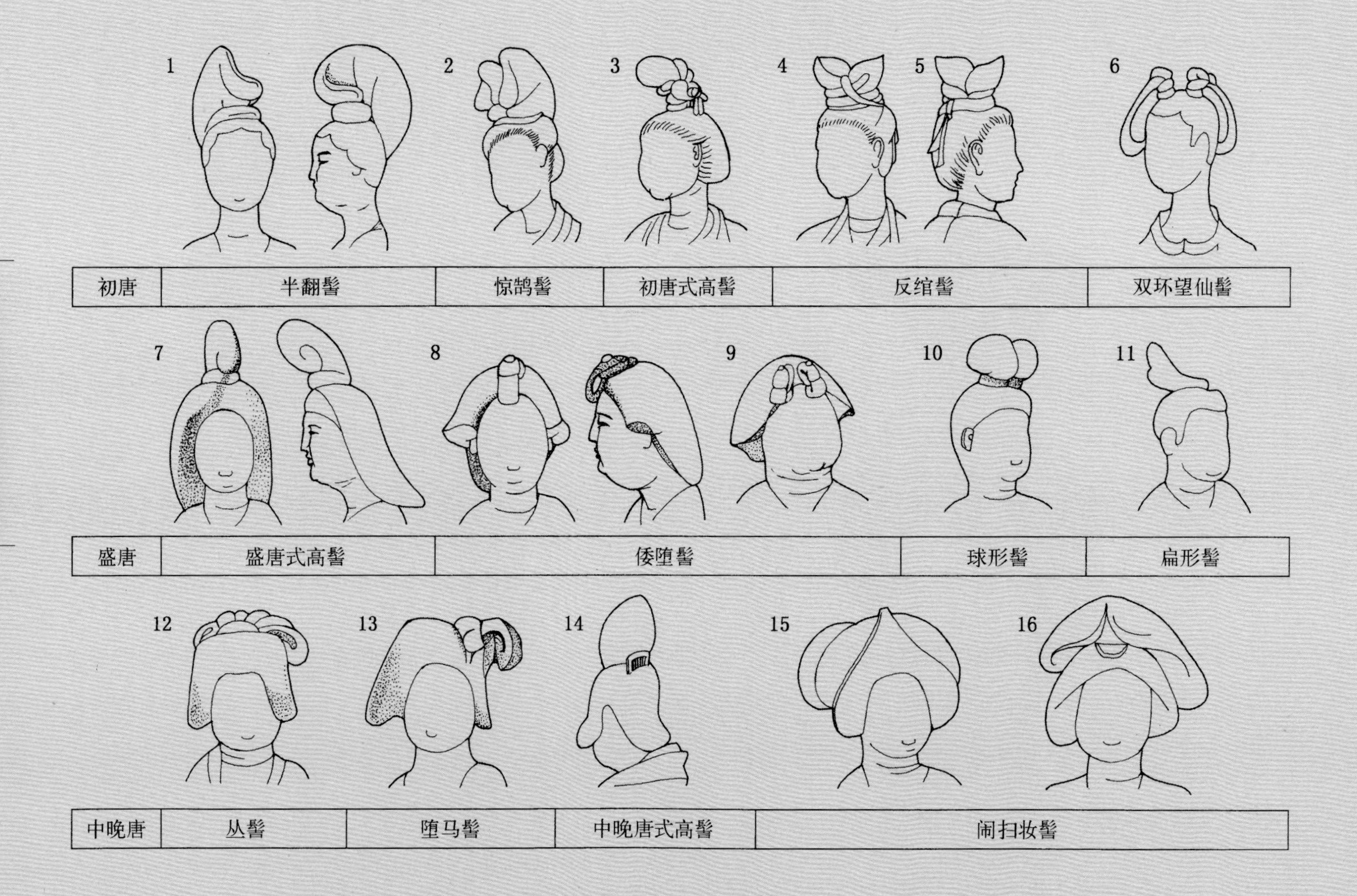

唐代女性髻式

水晶钗

隋

长3厘米，宽2厘米

陕西西安李静训墓出土

中国国家博物馆藏

该组钗为隋代女子头饰，钗体为水晶制成，通体晶莹、打磨光滑、线条流畅。头钗用于女子发型的固定和装饰，也可用于固定帽子。贵族少女李静训墓出土的此组水晶钗体现出隋代首饰制作工艺，具有审美价值。

银镯

唐

最大直径6厘米，宽2.5厘米

河南陕县铁路区出土

中国国家博物馆藏

此组银镯为唐代首饰，一组两件，镯体呈环形，具有一定宽度，中间有一条装饰性突起，两端有缺口，可根据佩戴者的腕部宽度进行调节。银镯款式简洁，做工精致，品相较为完好。

【妆容】

唐代女子面部化妆浓艳，《妆台记》等书记载有“桃花妆”“酒晕妆”等多种妆容。在面部除了施用一般的粉、泽、口脂等，还要涂翠眉、涂黄粉、贴花钿、点妆靥（yè）、抹斜红。至五代、北宋，此风犹炽。

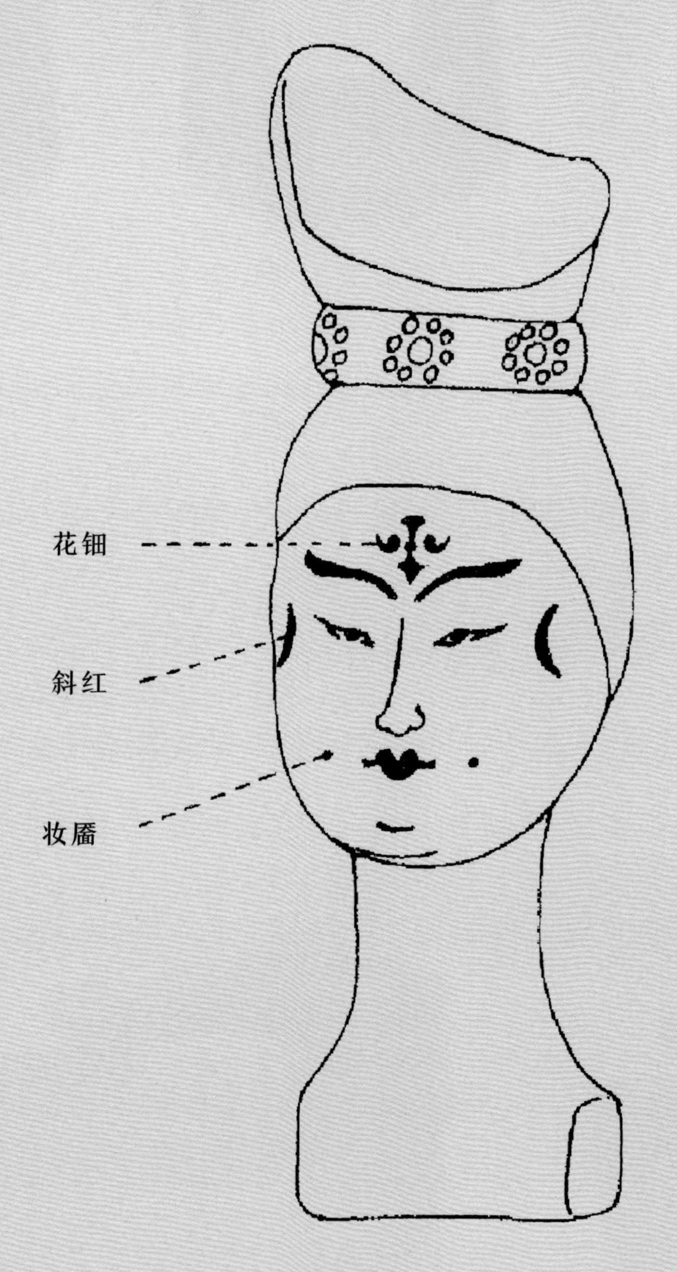

唐代女子面部装饰的部位

梳半翻髻的女俑头（仿制品）

唐

通高26厘米

新疆阿斯塔那出土

原件藏于新疆维吾尔自治区博物馆

头部泥塑彩绘，木身削制。女俑头梳高髻，髻上饰卷草纹样；面部傅铅粉、抹胭脂，画粗眉，额间饰花钿，鬓边绘斜红，口涂唇脂，妆容为盛唐时期风格。

彩绘仕女屏风画（局部）

唐

纵67.3厘米，横71.5厘米

新疆阿斯塔那张礼臣墓出土

新疆维吾尔自治区博物馆供图

此幅图为绢本设色，是屏风画《弈棋图》中的一部分，绘于对弈者的右侧。图中的侍女发束高髻，簪花，身穿圆领浅赭色印花长袍。侍女眉毛描画得较为浓阔，额上描绿色花钿，也称翠钿，脸颊大面积覆有胭红，浓艳的妆容极具时代色彩。从花钿和服饰式样上看，与其他侍女有明显不同，也许是一位身份较高的贴身侍女。

曹议金夫人供养像（仿制品）

五代

纵133厘米，横96.8厘米

甘肃敦煌榆林窟第16窟

原件藏于敦煌研究院

此壁画为供养人曹议金夫人像，位于榆林窟第16窟后室甬道北侧。女供养人梳高发髻、戴桃形冠，上插金钗步摇，后垂红结绶，鬓发包面，脸上赭色晕染，额中贴梅花，双颊贴花钿，耳垂耳珰，项饰瑟瑟珠，身穿弧形翻领、紧口窄袖、红色长袍，肩披巾帛，衣领和袖口上绣以精美的凤鸟花纹。供养人身后有三名持伞、持物的侍女跟随。

女供养人像（仿制品）

五代

纵202厘米，横249厘米

甘肃敦煌莫高窟第61窟

原件藏于敦煌研究院

五代至宋，河西节度使曹氏开启和重修了一批洞窟，第61窟是最大的曹家窟，绘有众多供养人像。图中所绘供养人均为曹氏家族中地位较高的女性。她们面中部有赭色晕染，额中和脸上多处贴花钿。花钿是古人装饰在额间、眉眼间、面颊或下颌等处的各种彩色图样，唐宋时期是妇女装饰花钿的鼎盛时期。此幅壁画中贵族女子面部多处贴有花钿，是当时流行妆容的反映。

女供养人像（仿制品）

五代

纵226厘米，横110厘米

甘肃敦煌莫高窟第98窟

原件藏于敦煌研究院

敦煌莫高窟第98窟是五代归义军节度使曹议金的功德窟。壁画中女供养人为曹议金家族的贵妇，头上饰钿头钗，颈戴珠宝项链，身着大袖衫裙，肩上施帔帛，足蹬圆头履。人像面中部以红色晕染，眉心、额角、嘴角两侧有多处花钿妆饰，可见女子面部的化妆和妆饰日趋繁复。

宋辽金西夏元服饰

宋代结束了五代十国割据的动乱局面，社会经济得到一定程度的发展。『程朱理学』占据了宋代的思想统治地位，影响了宋代的生活方式与审美标准，在服饰上表现为一种简朴、内敛的倾向。与此同时，和两宋并存的辽、金、西夏等少数民族政权，在社会、经济、文化上皆与中原汉民族之间产生了交融，汉服胡化和胡服汉化是民族交融在服饰上最明显的体现。元代服饰则更多地保留了北方草原游牧民族的特色，并受到汉民族的影响而建立了冠服制度。

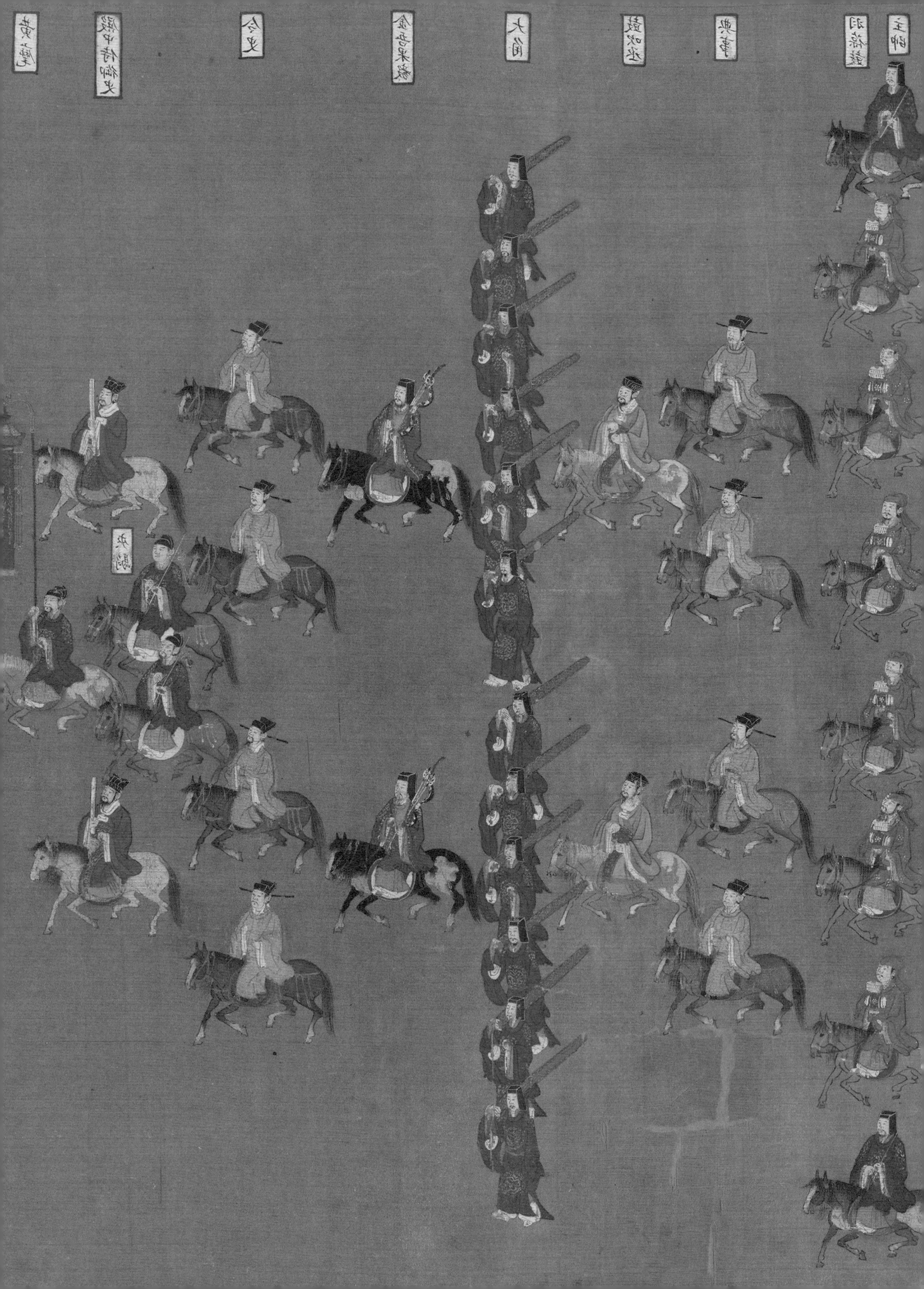
主帥
羽葆鼓
典事
鼓吹丞
大角
令史
殿中侍御史

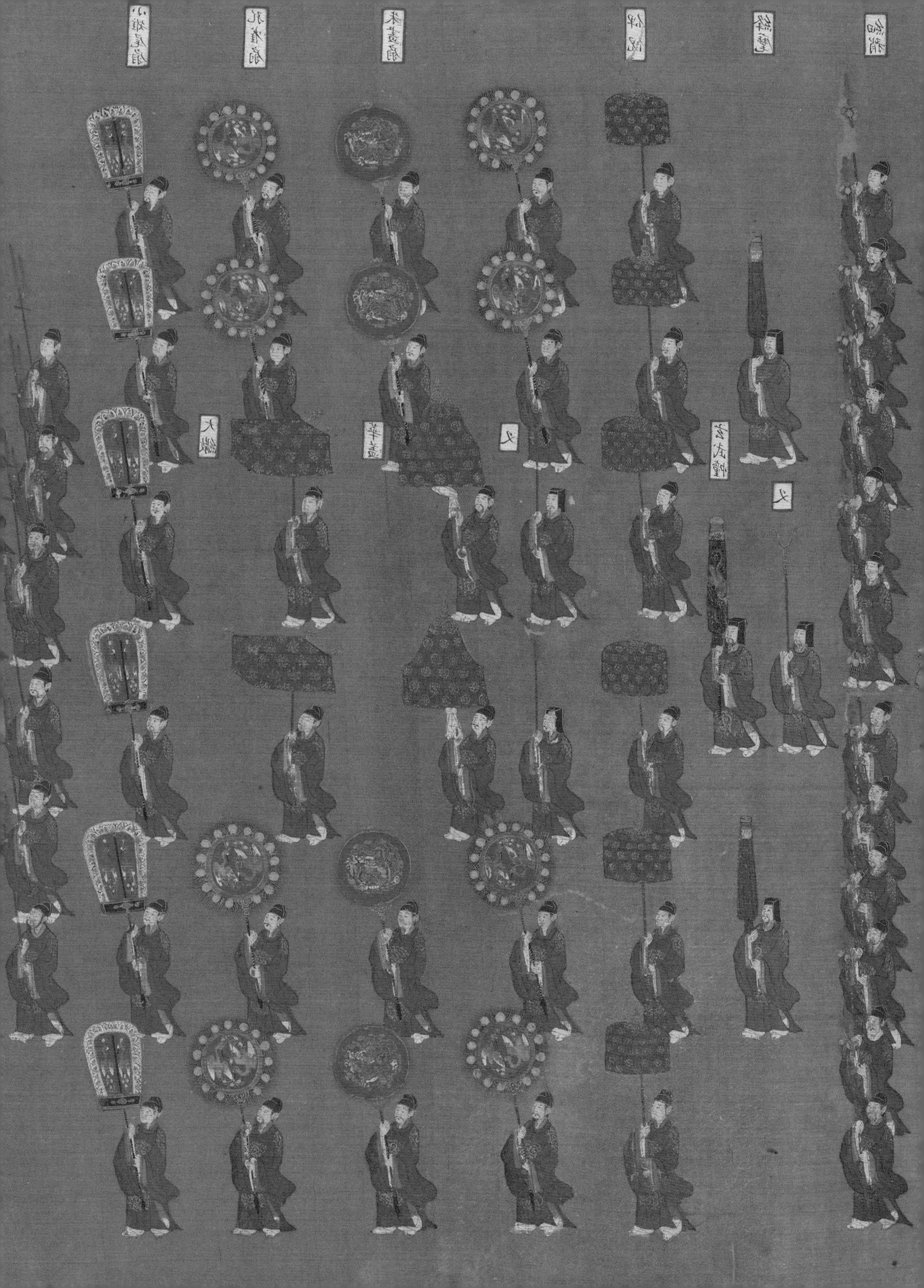

宋代服饰·男装

宋承唐制，有传统式样的祭服、朝服，同时又崇尚礼制，故宋代对冠冕服制进行了修订。冕服、朝服形制与前代相似，但公服则与隋唐常服形似，由此使宋代的朝服与公服有了较大区别。士人服饰则呈现一种雅净内省之风，庶民百姓穿着亦有一定规范。

【朝服】

宋代朝服承隋唐形制，但五代时已“颇以常服代朝服”，到了宋代这类服装多成具文，备而不用。

女孝经图（仿制品，局部）

宋

纵44厘米，横898厘米

原件藏于故宫博物院

图中帝王戴通天冠，着朝服。

朝服，一般意义上可以理解为朝会之服，是古代帝王百官除祭服以外最高等级的礼服，它虽然也可以用于祭祀场合，但主要还是用于君臣朝会。宋代朝服为朱衣朱裳，即绯色罗袍裙，衬以白花罗中单，束以大带，再以革带系绯罗蔽膝，方心曲领，白绫袜黑皮履。六品以上官员挂玉剑、玉佩。另在腰旁挂锦绶，用不同的花纹作官品的区别。

宋代朝服制度基本上承袭唐及五代旧制，与前代的主要不同在于方心曲领。虽然宋代方心曲领乃承唐代朝服方心曲领而来，但形制已完全不同。北朝至唐的方心曲领是在中单上衬起一半圆形的硬衬，使领部凸起，宋代方心曲领是以白罗做成上圆下方（即一个圆形领圈，下面连属一个方形）的饰件，形似锁片，套在项间起压贴作用，防止衣领壅起，寓天圆地方之意。此物对后世影响颇大，至明代还在使用。

图中的帝王着朝服，侍臣却皆戴幞头，着常服。对服制显然已经没有通盘的严格要求。

【公服】

公服指“公事之服”，即官吏用于君臣的日常会见或于衙署办公时穿着，为官吏正服，低朝服一等。公服是官吏区别于庶民的重要标志之一。宋代公服延续了隋唐常服，形成了着公服也戴幞头、穿长袍、系革带、穿靴子的服制。

着公服的宋太宗立像

此为宋太宗着公服立像。画中太宗头戴展脚幞头，两展脚极长，身着圆领淡黄襴袍，袖极宽阔。虽与唐代常服有相近之处，但精神面貌已大不相同。

大驾卤簿图卷

元

纵51.4厘米，横1481厘米

中国国家博物馆藏

古代帝王出行时的车驾次第被称为“卤簿”，并根据活动的重要性分为大驾、法驾、小驾和黄麾仗四等。大驾卤簿则用于最重要的典礼场合。本卷据推测为在宋绶《卤簿图记》基础上完成。此段所选人物或戴展脚幞头，或戴漆纱笼巾，或戴平巾帻，身着圆领袍衫，腰束革带，脚穿乌皮靴，是典型的宋代公服形制。

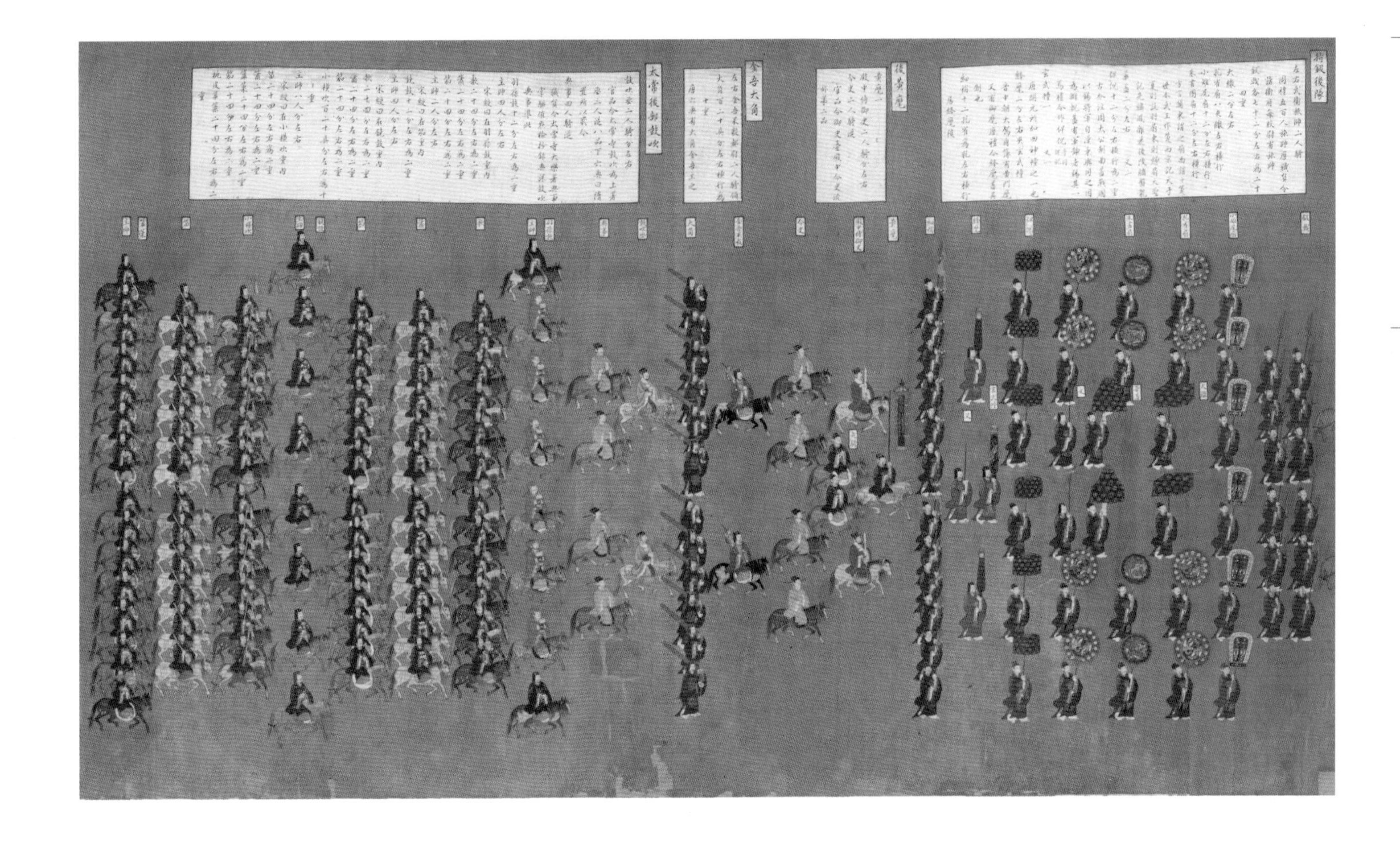

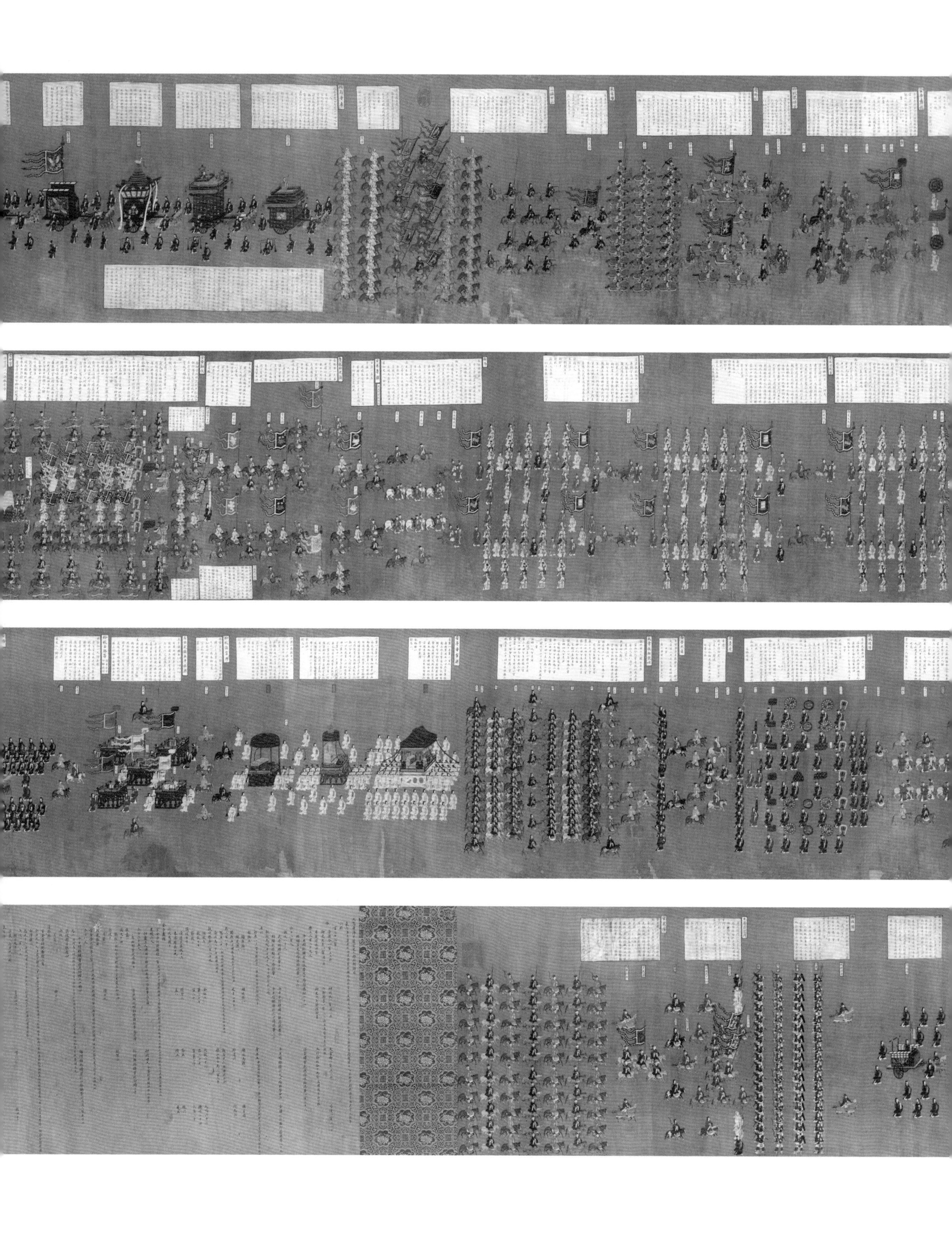

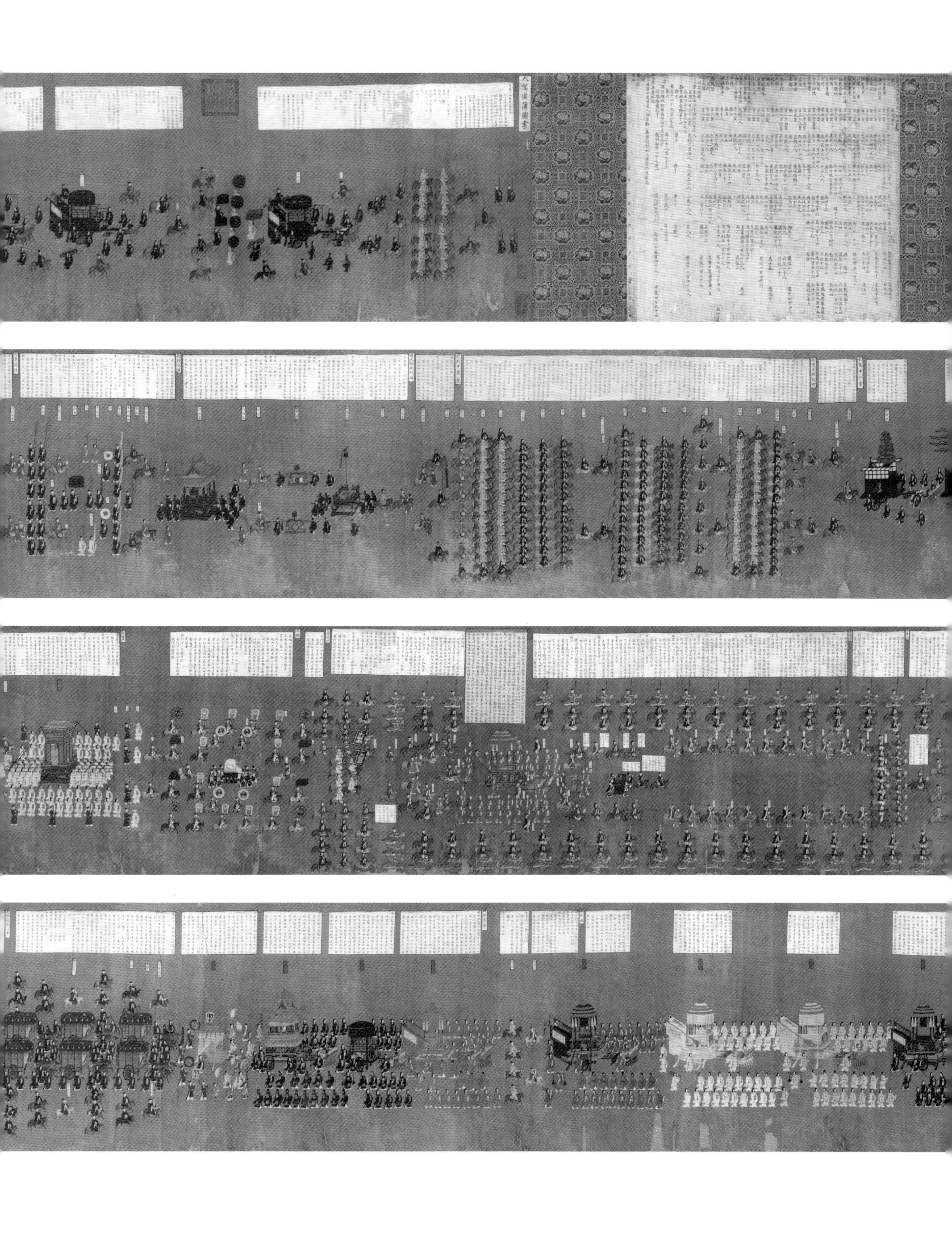

【常服】

宋代官员的常服实际上也是一种官服，戴展脚幞头，系装金、犀銙的革带，平民皆不可穿着。宋代还有其他各式幞头，如局脚、交脚、朝天以及无脚等。日常生活中，宋代男子多戴巾，如士人戴的东坡巾、劳动者戴的扎巾等。

宋代幞头样式

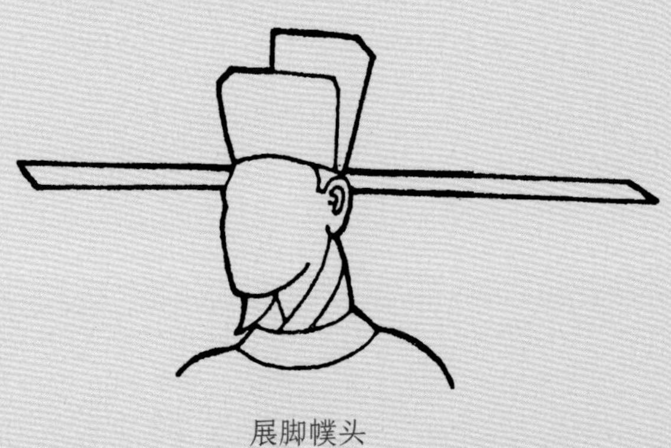

展脚幞头
宋哲宗坐像

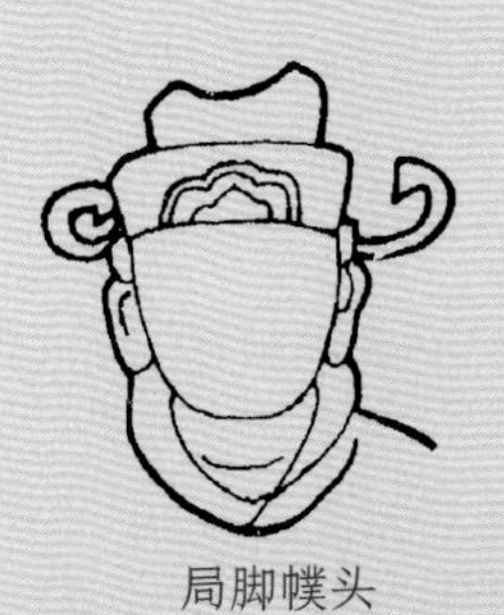

局脚幞头
河南白沙宋墓壁画

交脚幞头
河北宣化辽墓壁画

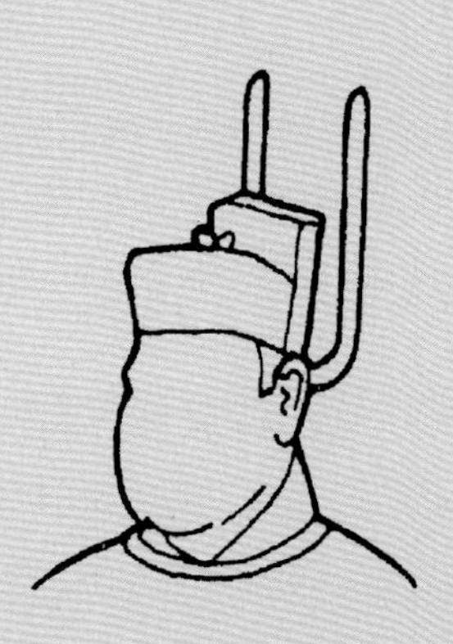

朝天幞头
山西高平开化寺宋代壁画

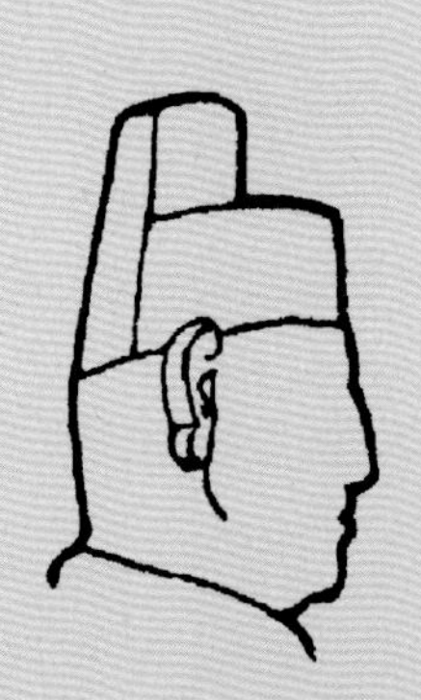

无脚幞头
河南巩县宋永熙陵石人

扎巾

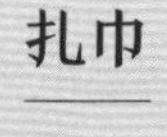

戴扎巾的男子
宋《中兴祯应图》

会昌九老图（仿制品，局部）

宋

纵29厘米，横870厘米

原件藏于故宫博物院

此卷描绘的是唐会昌五年（845年）白居易居洛阳香山时与友人在东都履道场相聚的情形。图中老者皆戴东坡巾，与台北故宫博物院藏元赵孟頫所画苏轼像册中的巾子相同。宋代巾子为高耸的长方形，戴时棱角对着前额正中，外加一层前面开衩的帽墙，天冷时可以翻下来保暖。宋代遗老的代表性服饰就是交领大袖的宽博袍衫及造型高而方正的东坡巾。东坡巾相传为文学家苏东坡创制，明代的士绅还常戴用。

中兴四将图

宋

纵26厘米，横90.6厘米

中国国家博物馆藏

“中兴四将”指宋室南渡过程中的四位战功卓绝的将领，具体人物尚有出入。据此画现有榜题所示，四将依次为“刘鄜王光世”“韩蕲王世忠”“张循王俊”及“岳鄂王飞”。画中四将或戴头巾或戴幞头，皆着圆领窄袖袍，腰束革带，脚着靴。四将各有一武官侍从，身着便装，有的在便装外加捍腰。

仪仗俑

宋

均高41厘米

河南方城宋墓出土

中国国家博物馆藏

此组男俑出土于河南南阳方城县范氏家族墓，石质，表面施有彩绘，现可见部分残存朱色，大部分颜色已脱落，男俑身份为低级小吏或侍从。三人均戴高头巾，身着圆领长袍，腰间束带，脚上穿靴，其中两人手似有持物，已佚，仅存一棍；另一人手捧方奁。

宋代男子家居常穿直掇（duō），或外加背子。直掇为大襟交领衣，因腰间无横襕，直通上下，故名。背子为对襟、直领，有短袖的，也有长袖的。

头戴东坡巾、身着直掇的苏轼立像

听琴图（仿制品，局部）

宋

纵146厘米，横51厘米

原件藏于故宫博物院

此幅描绘官僚贵族雅集听琴的场景。由于作品上有徽宗题名与画押，一般被认为是赵佶所画。后经学者考证，画作应为宣和画院画家描绘徽宗赵佶宫中行乐的作品，而图中抚琴者，正是赵佶本人。

画中赵佶身着背子，居中端坐，凝神抚琴，前面坐墩上两位纱帽官服的朝士对坐聆听，左面绿袍者笼袖仰面，右面红袍者持扇低首。

背子又称“褙子”，是隋唐时期流传下来的短袖式罩衣。宋代背子演变成长袖、腋下开衩的长衣服。在辽宋时期十分流行，并且一直沿袭到明清时期，关于背子的特征及形制，男女各有不同，甚至各个时期不同阶级所穿着的款式也各有不同。背子的整体形制大体有三个类别：一种是对襟开胯式，这是最为典型的背子样式，也是公众比较熟知的背子样式；还有一种是斜领加带式，衣长到脚面，窄袖长至手腕，腋下开衩处或者后背垂有两条系带；第三种是直领长袖，宽松，没有系带，形似大袖衫。

根据背子的衣长，大体分为长背子和短背子两种，长背子有长至脚踝与裙齐长的，短背子也有短至齐膝甚至膝上的，男女皆有人穿着，但是劳动人民一般穿短背子，利于劳动，而贵族官员等阶级则一般穿着长背子。

宋代服饰·女装

宋代女装上衣有襦、袄、衫、背子、半臂、背心等形制，下装以裙为主，整体风格趋于修长，飘飘曳地，显得风姿绰约，与晚唐、五代宽绰的服式有别。

彩绘泥塑侍女像（仿制品）

北宋

均高160厘米

原件藏于山西晋祠圣母殿

此为山西晋祠圣母殿中的女侍者彩塑，头梳高髻，上穿窄袖襦，下为长裙，肩领披红绿色帔帛，绕身前披于肩上或抚握于手中，身前佩有宋代宫廷女官用于区分等级的“玉环绶”。晋祠彩塑可能因其作为神像供奉，依据较早时期的服饰样式而作，仍有五代十国的影子。

穿衫裙侍女俑

宋

高20厘米

河南方城宋墓出土

中国国家博物馆藏

此女俑出土于河南方城县范氏家族墓，双鬟垂肩，上身着右衽襦，下穿百迭裙，双手交叉垂于身前。从服饰发髻看，此俑应为官绅贵族家中的侍女。

【背子】

宋代女性，多在外层穿直领对襟的背子，长袖、长衣身，两腋开衩，有的长至膝部，也有拖到脚面的，穿上后显得亭亭玉立。

穿背子女俑

宋
均高36.5厘米
河南方城宋墓出土
中国国家博物馆藏

两女俑出土于河南南阳方城县范氏家族墓，皆为年纪稍长的仆妇，姿态恭谦。一女俑面容丰润，头顶高髻，外罩对襟窄袖背子，下着长裙，双手捧圆形器皿。另一女俑头顶高髻，身着对襟窄袖背子，足穿云履，呈站立姿态，双手笼于袖内，持一巾。

女子束发砖雕

宋

长37.5厘米，宽11.3厘米

河南偃师酒流沟宋墓出土

中国国家博物馆藏

此画像砖描绘了一名妇女束发的场景，上身穿窄袖短背子，露出格子纹抹胸，下着长裙，一侧系有佩饰；身材苗条，侧身而立，双手举起正在结发，头戴山口冠，是当时北宋妇女的典型装扮。宋代女装一扫唐代宽阔华丽之气，代之以清新质朴的风尚。

背子在宋代男女皆可穿，男子一般当便服或衬在礼服内，女子则当作常服或常礼服穿，隋唐背子是半袖短衣，宋代背子为长袖、长衣，腋下开衩，领型有直领对襟式、斜领交襟式、盘领交襟式，以直领式为多。背子初期短小，后来加长成为标准样式。

歌乐图

宋

纵25.5厘米，横158.7厘米

上海博物馆供图

《歌乐图》描绘的是宋代宫廷歌乐女伎演奏、排练的场景。九名服饰统一，戴白角团冠，穿红色长背子的女性手中分别持笛、鼓、排箫、琵琶等不同乐器，其间站着两名矮小女性，戴簪花直脚幞头，着交领长袍和背子外套圆领袍，左侧中年男性乐官戴朝天幞头，手抱琵琶进行合奏。

背子是中国古代汉族服饰中流行时间较长的一种服饰，盛行于宋明时期。隋唐时期的背子袖子是半截的，衣身不长。而在宋代长袖、长衣身、对襟成为背子最常见的款

式，着时罩在襦袄之外，直领，两腋开衩，下长过膝。女性着背子的形制主要以对襟直领为主，前襟没有襻纽，袖子有宽窄两种样式，有长短两种衣长，最短至膝上，最长至足踝。

宋代男子从皇帝、官吏、士人到商贾、仪卫皆穿背子。妇女从后、妃、公主到一般妇女也都穿。男子一般把背子当作便服或衬在礼服里面的衣服来穿。而妇女则可以当作常服(公服)及次于大礼服的常礼服来穿。

宋代背子的普及性和实用性极高，基本所有不同阶级的民众都可穿着，但是服装制度也比较繁杂，年龄、身份、性别、职业等的不同都可以从其穿着的背子上面反映出来。

【霞帔】

霞帔出现于宋代，原为宫中后妃礼服中所佩，继而遍施于命妇，后来民间也广泛使用。霞帔多用金线刺绣，绕项披于胸前，垂至膝部以下，底端系坠子。依佩带者身份的不同，帔坠有玉、金、银各类，其中不乏工艺精品。

系霞帔的宋代皇后

金帔坠

辽

长11.2厘米，宽9.5厘米

内蒙古出土

中国国家博物馆藏

两件佩坠为金质，鸡心型，分别錾刻凤鸟与双龙纹。

宋代宫廷后妃着常服和外命妇着礼服时，在身上披霞帔，为两条锦缎，分别自身后披挂在两肩上，由身前垂下，末端连接并挂一枚金玉坠子以保持平整。因均为正式场合穿配，宋代的霞帔较唐代没有了灵动之态。

玉帔坠

【冠式】

宋代女性喜戴冠，式样不一，名目和形制繁多。有的为后妃在隆重场合所戴的礼冠，如凤冠、九龙花钗冠、仪天冠等；有的为贵族女性所戴，如珠冠、重楼子花冠；有的为民间女性所喜戴的，如山口冠、巾帼上簪花的花冠；有的为年轻女性所爱，如团冠等。

女子戴冠示意图

重楼子花冠
《招凉仕女图》

团冠
河南白沙宋墓壁画

山口冠
河南偃师酒流沟宋墓砖雕

花冠
河南偃师酒流沟宋墓砖雕

花冠
宋《杂剧人物图》

【缠足】

据传缠足始于五代，但北宋尚不普遍，南宋时才流行开来，甚至村妇也缠，对女性健康造成莫大伤害。

纺车图（仿制品，局部）

北宋

纵28厘米，横233厘米

原件藏于故宫博物院

此图表现的是北宋缠足风气盛行前的农村妇女形象。画面中一位中年村妇坐于木凳之上，左手怀抱婴儿，正在哺乳，右手持纺车手柄，作转动之势。画中女性的双脚都是天足，并没有缠足。

当然这不能说明宋代女性不缠足，因为北宋已经有了一些关于女性缠足的记载。陶宗仪《南村辍耕录》卷十“缠足”条下说：“熙宁、元丰以前，人犹为者少。近年则人人相效，以不为者为耻也。”到了南宋，缠足才广泛地流行，我们在南宋画家李嵩的《货郎图》中就可看到女性缠足的例子。但即使如此，缠足也没有完全普及，而且还有时人对此进行质疑，如南宋末年学者车若水在《脚气集》指出：“妇人缠足，不知起于何时。小儿未四五岁，无罪无辜，而使之受无限之苦。缠得小来，不知何用。”

货郎图（仿制品，局部）

南宋 李嵩

纵26厘米，横121厘米

原件藏于故宫博物院

这是一幅人物风俗画卷，表现的是南宋妇女缠足后的形象。

图中出现的两位女性均已缠足，位于画面中货郎的左右两边，是两名被孩童围绕的母亲形象，她们各自只身带着多个孩子。左侧妇女头披盖头，身着襦裙，身体微曲向前带孩童挑选货郎篮中物品。右侧妇女梳高髻，披盖头，着衫裤，右手抱着还在吃手的幼童，左手伸向前方货郎处。

辽金西夏元服饰

辽、金、西夏为与两宋并存的三个少数民族政权，辽以契丹族为主，金以女真族为主，西夏以党项族为主。三个少数民族政权虽与两宋对立，战争不断，但客观上促进了中原汉民族与边疆少数民族的交融，服饰制度明显受到中原汉民族的影响。

元代蒙古人服饰与汉人不同，起初无等级之分。进入中原之后受其影响，对服饰作出了相应的等级规定，逐步有了严格的穿着规范。

【髡发】

就发式而言，契丹、女真、党项、蒙古各族皆髡（kūn）顶，余发或散垂或扎辫，形制不一。

各族髡发示意图

1—5 契丹族
6 党项族
7—9 女真族
10 蒙古族

1. 河北宣化下八里2号辽墓壁画

2. 内蒙古敖汉旗四家子镇3号辽墓壁画

3. 内蒙古库伦旗奈林稿1号辽墓壁画

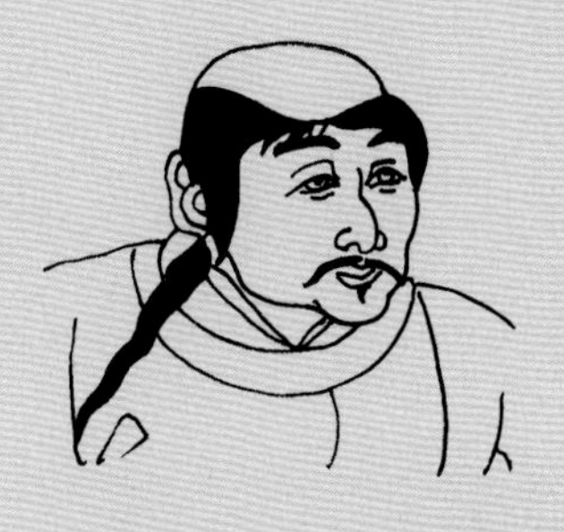

4. 内蒙古巴林左旗辽墓壁画

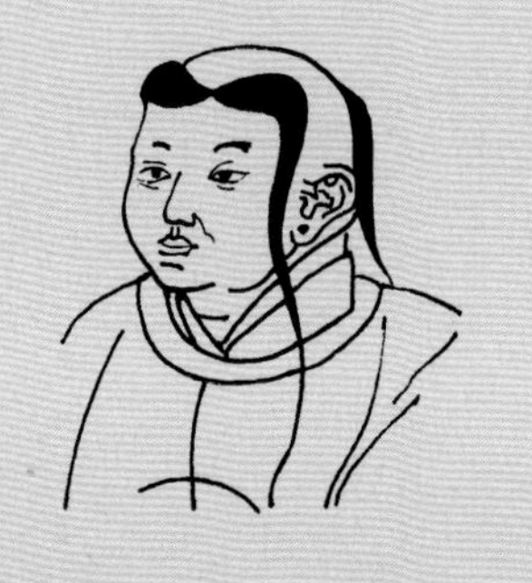

5. 内蒙古库伦旗奈林稿2号辽墓壁画

6. 甘肃榆林窟第29窟西夏壁画

7. 山西大同云中大学2号金墓壁画

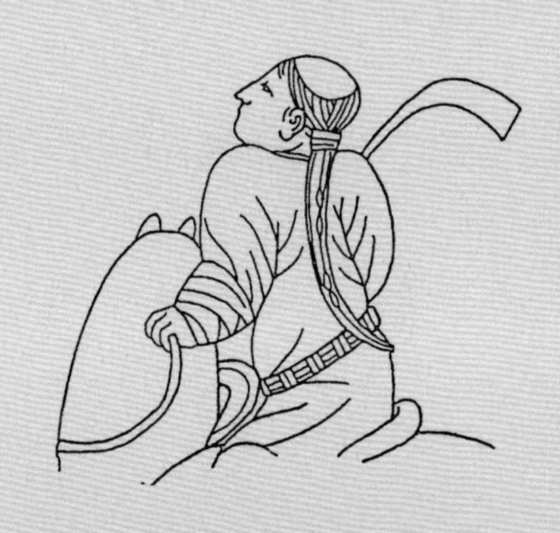

8. 陕西侯马金代董海墓砖雕

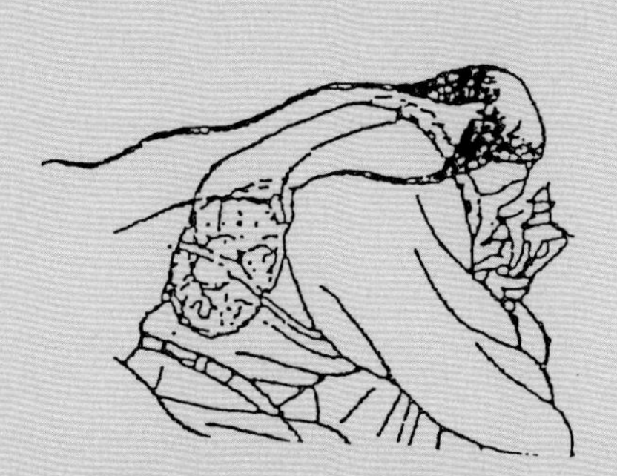

9. 金代张瑀《文姬归汉图》

10. 故宫博物院藏元代陶俑

【辽、金服饰】

辽代职官公服名“展裹”，常服名“盘裹”，都是一种窄袖袍，足穿靴。所戴头巾名“塌鸱（chī）”，顶部呈圆形，与前有一折的宋式幞头不同。金代大体沿袭此制，因契丹与女真的发式皆不束髻之故。

辽、金女性着团衫，直领左衽，长拂地。她们戴的圆顶帽，辽代称“瓜拉帽”。穿团衫戴瓜拉帽的辽代女子，与穿盘裹戴塌鸱巾的辽代男子，彼此的服装互相协调。

此外辽、金还穿一种“吊敦裤”，腰上有背带，裤脚下连有袜子；也有不连袜子，而在裤口加上蹬脚带的。

河北宣化下八里辽墓壁画中着盘裹、头戴塌鸱巾的男子。

北方少数族髡发（模型）

契丹族髡发

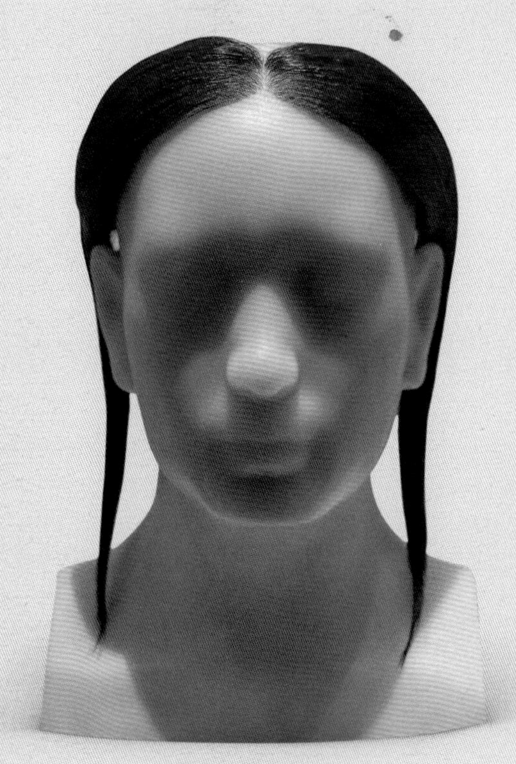
党项族髡发

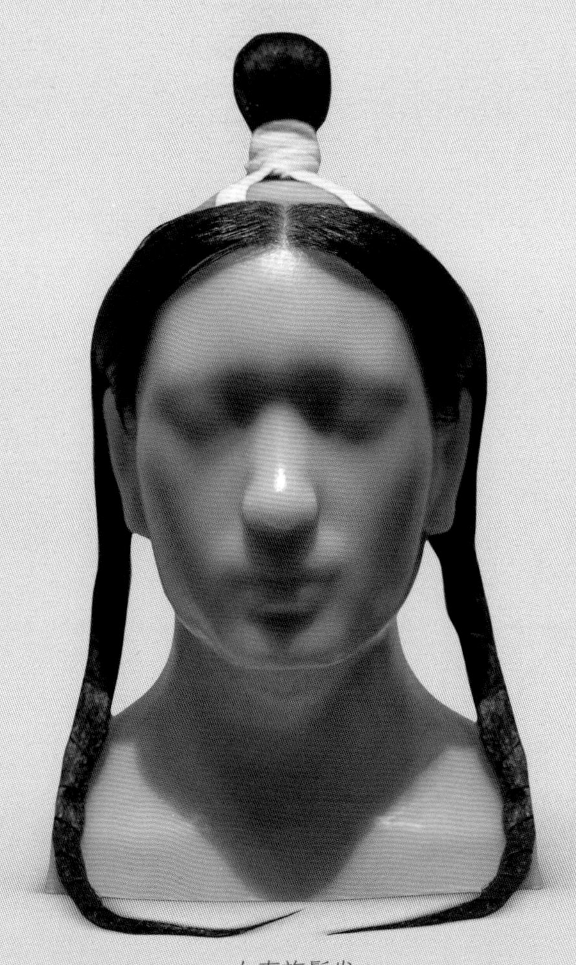
女真族髡发

蒙古族髡发

卓歇图（仿制品，局部）

（传）五代 胡瓌

纵33厘米，横621厘米

原件藏于故宫博物院

辽代男子的发式，按契丹族的习俗多作髡发。早在一千多年前，髡发就是某些少数民族常用的发式。契丹族髡发的式样，从传世《卓歇图》《契丹人狩猎图》《胡笳十八拍图》等作品中可以看到，一般是将头顶部分头发全部剃光，只在两鬓或前额留少量余发作为装饰。有在左右两耳前上侧单留一撮垂发的，有在左右两耳后上侧留一垂发，两侧垂发与前额所留短发连成一片的，有在左右两耳前上侧留一撮垂发与前额所留短发连成一片的，有在左右两耳前后上侧各留一撮垂发，顶与前额均不留发的。所垂均为散发。我国东北地区的女真族、西北的回鹘族和吐蕃族男子也都有髡发的风俗。

画中大多数人物留髡顶、脑后垂双辫的发式或佩戴方顶黑巾。

花珠冠

金
冠高14厘米，冠缘内径17.5厘米
黑龙江阿城金墓出土
黑龙江省博物馆供图

此冠为女墓主人所戴。冠内为铁丝编织的蜂窝状六角形胎网，用皂罗衬里。冠表以皂罗盘绦小菊花为地，构成上中下三层覆莲瓣纹，每瓣莲纹用丝线钉穿珍珠饰边，共计用珠约500余颗。

塌鸱巾

金
通高13.4厘米，左右宽约17厘米
黑龙江阿城金墓出土
黑龙江省博物馆供图

此物出土时戴于男墓主人头顶，以皂色罗折裁缝制成半圆顶巾。耳后左右对称缝缀一对口衔莲花的玉天鹅，所起的作用与宋代幞头上的巾环相类。按《金史·舆服志》记载，金代常服之制，巾用像纱的皂罗制作而成，上结方顶，折垂于后，顶下两角各缀方罗，方罗之下各有长六、七寸的附带。由此可见，墓主人所戴塌鸱巾即金代常服。

彩绘赶车人俑

辽

高38厘米，宽15厘米

中国国家博物馆藏

赶车人俑身着圆领右衽窄袖深裾长袍，腰束带，脚着靴，髡顶，左右两耳前上侧保留一撮垂发，前额无留发，右手上举，呈扬鞭赶车状。

内蒙古库伦旗2号辽墓壁画中穿团衫戴瓜拉帽的女性

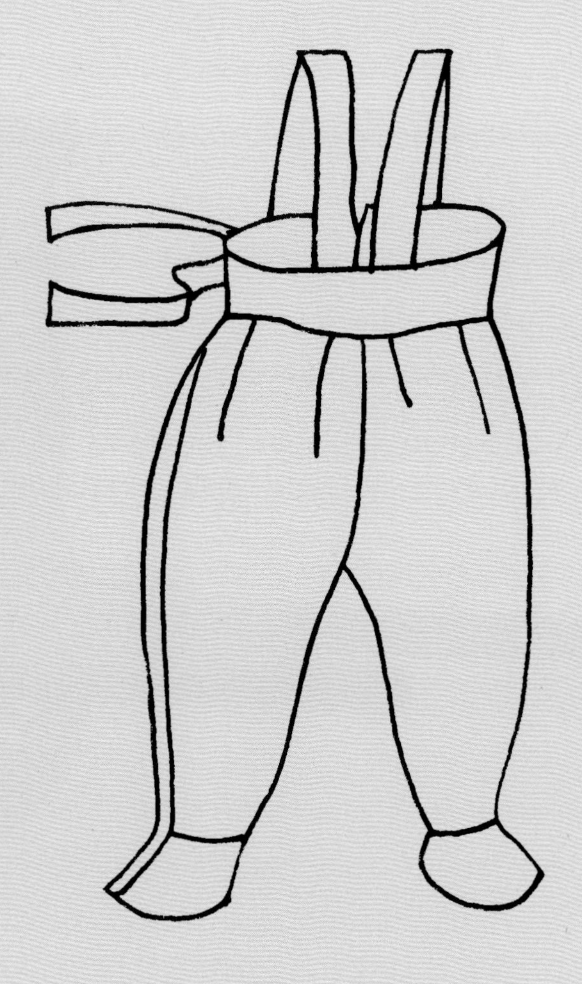

内蒙古巴林右旗床金沟5号辽墓出土的吊敦裤

吊敦裤

金

裤通长124厘米，腰高46厘米，

裤腿长80厘米，裤脚宽20厘米，

腰宽60厘米，胸围111厘米

黑龙江阿城金墓出土

黑龙江省博物馆供图

此裤为女墓主人所穿，腰上边齐于两腋之下，裤筒下口套带蹬于足底；以棕褐色菱纹地绣团花为面料，衬黄色绢里，内絮丝绵。上部横幅接裤腰，后腰开腰，两侧边钉三副黄绢襻带。腰下缝接连裆裤筒，绣工精巧，针法丰富细密。裤筒后沿边用辫股钉倒绣“内省”二字，此类吊敦裤男女皆可穿。

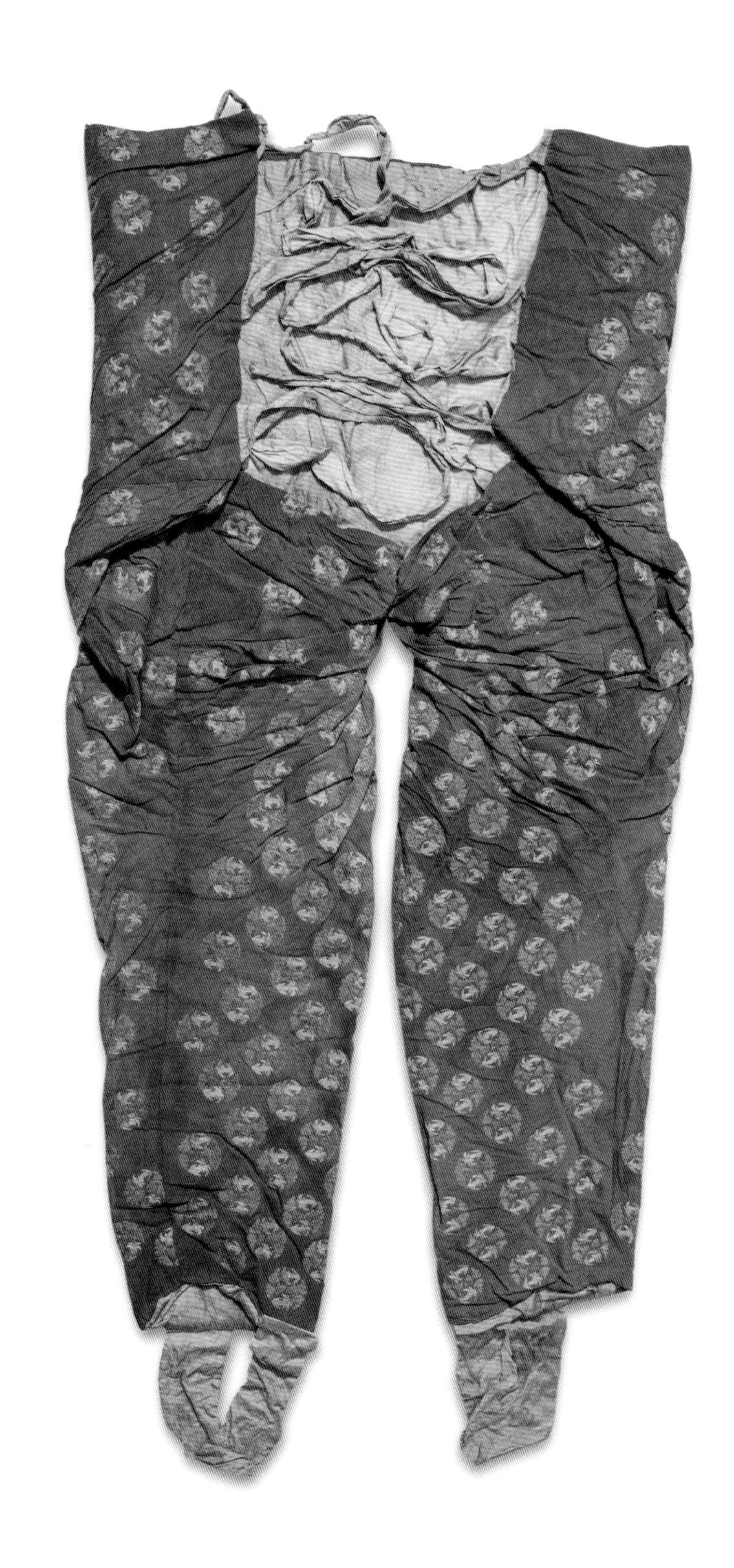

甘肃安西榆林窟壁画中的西夏贵族女供养人

立凤金钗

辽

分别长10厘米，10.5厘米

中国国家博物馆藏

此组首饰为金质，均为辽代的装饰性配件。金凤钗上为腾云飞翔的凤鸟形象，一组两支，插于鬓发两侧。金手镯为环形，有缺口，镯体雕刻有对称的花鸟纹。金耳坠呈摩羯形，鱼身龙首，口下衔有珠球，下腹和鱼尾雕刻出水波纹，极富动感，是辽代较有代表性的装饰形象。此组首饰雕工精美、造型独特，具有较高的艺术价值，凤和摩羯形象的使用，彰显了使用者身份的尊贵。

花鸟纹金手镯

辽

宽1.5厘米，直径7.5厘米

中国国家博物馆藏

摩羯形金耳坠

辽

高5厘米，宽4.5厘米

中国国家博物馆藏

【西夏服饰】

西夏男子戴尖顶重檐毡帽，女子戴桃形冠，着交领长衣，下系细褶裙。

供养人像（仿制品）

西夏

纵100厘米，横100厘米

甘肃安西榆林窟第29窟

原件藏于敦煌研究院

此画像为榆林窟第29窟南壁门东侧“西夏国师说法图”（局部），画中人物形象较大者为供养人，中间的小童为前者的儿子，后三身较小者为侍从，一长二幼。据榜题所示，此两身供养人应为窟主“沙州监军使赵麻玉”的两个儿子，皆为西夏武官。两供养人双手合十，第一身供养人头戴略带尖顶的起云镂冠，冠后垂带，身着红色圆领窄袖襕袍，腰围黑色宽边抱肚，由宽带连接，余带下垂与下袍齐，另束革带，脚穿尖形黑靴；第二身供养人头戴黑冠，冠后垂带，身着红色圆领窄袖长袍，上有团花，腰束革带，脚着尖形黑靴，装束与前者略有不同，但非一般士兵，应为比前者级别低的武官；中间小童身着圆领长袍，髡顶。年长侍从头挽髻，身着短衫、细腿裤，麻鞋；年幼侍从一着圆领长袍，一着短衫窄裤，两者皆髡顶，身份低下，衣着简朴。

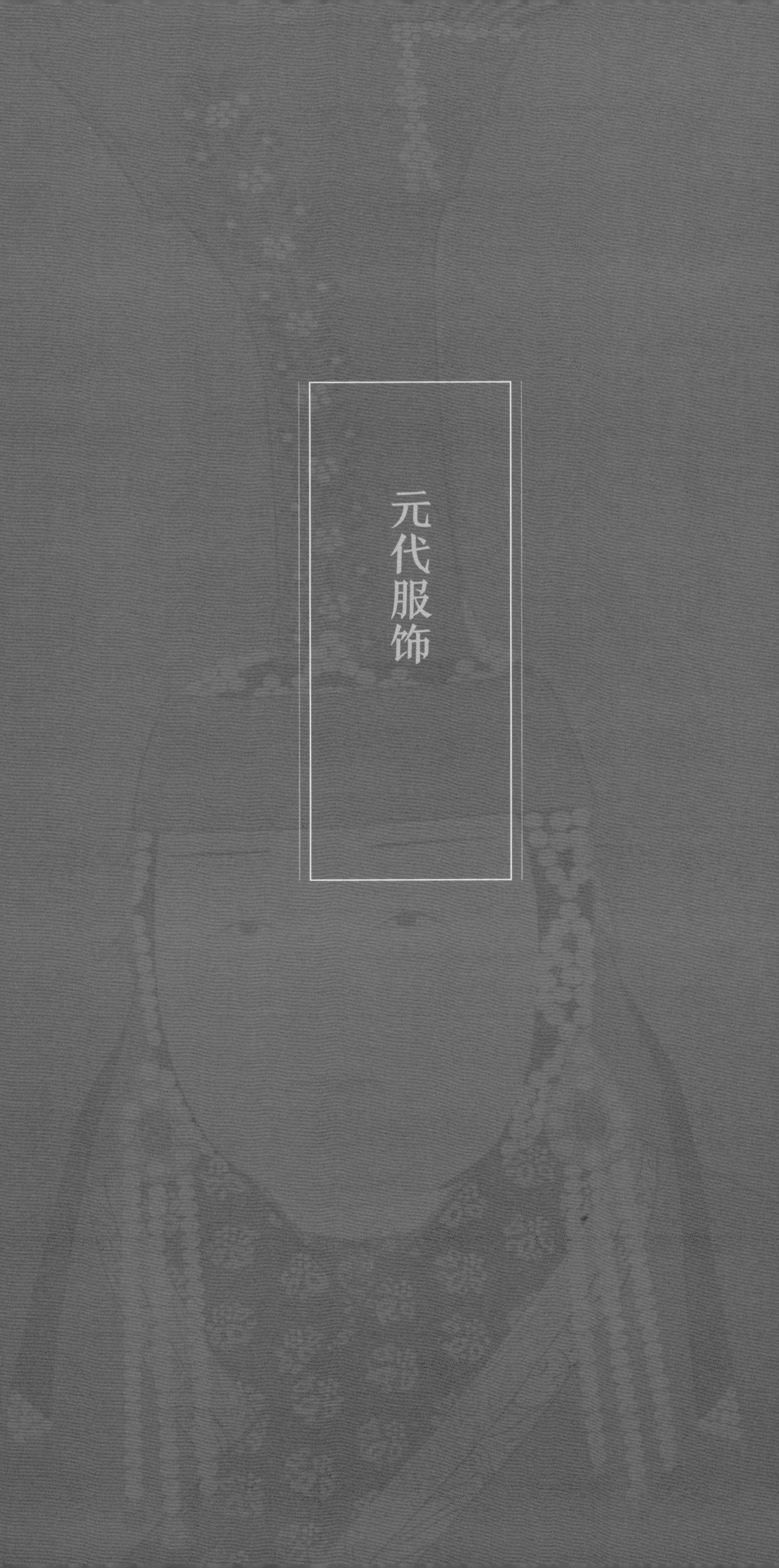

元代服饰

【冠帽】

元代蒙古族皆剃“婆焦”，又名“不狼儿”，即将头顶四周一圈头发剃去，将前发剪短散垂，两旁的头发绾成发鬟，垂于两肩，或合成一辫，拖于后背。头上戴的是“冬帽而夏笠”，冬帽为暖帽，笠则有钹笠、幔笠，贵族可装金、玉或嵌宝石的帽顶。

元刊《事林广记》插图，床上所坐二人之戽斗笠或放在身旁或由侍童捧持。

元世祖画像

明

纵67.5厘米，横44厘米

中国国家博物馆藏

元世祖画像头戴银鼠暖帽，垂辫环，身着质孙服。按照元代服制，银鼠暖帽应配合银鼠袍、银鼠比肩，属于帝王大朝会质孙服冬服十一种之一。质孙服为元代宫廷特有的服饰，其上衣与下裳相连，是朝廷重大庆典或宴会时的着装，上至帝王，下至乐工卫士皆服，但有明显的等级区别，并分冬夏两季。皇帝冬季有十一等，夏季十五等；贵族及官员冬季分九等，夏季分十四等。质孙服为专用服装，不可随意穿着。

元武宗画像

明

纵43厘米，横30厘米

中国国家博物馆藏

元武宗画像头戴钹笠，帽顶饰有红宝石，垂辫环，身着质孙服。元代贵族所戴笠帽常于帽顶装饰宝石或珍珠，皇帝帽顶则以金镶底座，内嵌宝石。帽珠常由枣形大珠和圆形小珠相间串成，其材料有多种，如玛瑙、琥珀、玉、珊瑚等。帽子样式有严格规定，民间不得擅自仿造。

戴钹笠人俑

元
高30厘米
陕西西安李家村出土
中国国家博物馆藏

此俑胎质为细泥灰陶，呈站立状。人物头戴圆顶宽檐笠帽，身穿右衽宽领掩襟窄袖长袍，长至脚踝，腰间束带，足蹬长筒靴。人俑形象体态丰腴，为典型的元代蒙古人形象。

戴暖帽陶俑

元

高29厘米

陕西西安曲江池出土

中国国家博物馆藏

此俑胎质为细泥灰陶，表面原有彩绘，已部分剥落。陶俑呈站立状，双手笼于袖内，头戴瓦楞帽，形似簸箕，帽顶有结带，发辫为两束，分垂于双耳后。立俑身着右衽斜襟长袍，长及脚踝，足穿长筒靴，腰间束带，左侧系小香囊，右侧佩剑。身份应为侍者。

有身份的蒙古贵族女性戴罟（gǔ）罟冠，正式名称叫“孛黑塔”。其底部为一个小兜帽，将发髻塞入，有缨以系于颌下。兜帽下面围抹额，名“速霞真”。兜帽之上为中空的圆筒，但顶端是方的，上面再安翎管，插朵朵翎。

戴罟罟冠的拖雷汗夫人

元世祖后像

元

故宫博物院供图

罟罟冠为宋元时蒙古族贵妇所戴的一种礼冠。也写作故故冠、固姑冠、鹧鸪冠或罟眾冠。这种冠是用桦木皮或竹子、铁丝之类的材料作为骨架，从头顶伸出一个高约二三尺的柱子，柱子顶端扩大成平顶帽形，外裱皮纸绒绢，插朵朵翎，另饰金箔珠花。孟珙《蒙鞑备录》：“凡诸酋之妻则有顾姑冠，用铁丝结成，形如竹夫人，长三尺许。用红青锦绣，或珠金饰之。”陈元靓《事林广记·后集》卷：“固姑，今之鞑旦回回妇女戴之。以皮或糊纸为之，朱漆剔金为饰，若南方汉儿妇女则不戴之。”冠顶另插细枝若干，并饰有翠花、绒球、彩帛、珠串或翎枝，行动时飘舞摇曳。所用饰物亦有等级，视戴冠者身份而定。宋·彭大雅《黑鞑事略》徐霆疏证：“霆见故姑之制，用画（桦）木为骨，包以红绢金帛。顶之上，用四五尺长柳枝，或银打成枝，包以青毡。其向上人，则用我朝翠花或五采帛饰之，令其飞动。以下人，则用野鸡毛。”

【服装】

元代男子穿的交领窄袖长袍常在腰间打细褶，用红、紫色帛拈成线横向缝纳，使腰间紧束，以便弓马，称辫线袄子。还有衣服上部前后缀以方形图饰的，名“胸背”，实为明代官服上补子的前身。蒙古贵族女性多穿传统的宽大袍服，也称“大袖衣”，袖口收窄，长曳地。民间多着团衫，汉族女性则多循中原裙衫旧制。

元刊本《事林广记》中着辫线袄子者

安西榆林窟中戴罟罟冠、穿交领长袍的蒙古贵族女性。

陶俑

元

分别高29厘米，26厘米

陕西西安江庆村132号墓出土

中国国家博物馆藏

两俑呈站立状，面容丰满，动态自然。女俑头绾圆髻，身着左衽交领窄袖长衫，腰束一带，下着拖地长裙，裙摆两侧各有两道垂褶，衣着形制应为承继宋代汉族的服饰传统。男俑髡顶，余发拢成辫子垂于后背，身着右衽交领窄袖长袍，束腰带。

彩绘拱手女陶俑

元
高20厘米
陕西西安曲江池出土
中国国家博物馆藏

此俑为女立像，表面施彩，部分已剥落。立俑双手笼于袖内，头发中分后盘髻，上衣下裙，上衣内着左衽斜襟窄口长袖衫，外套对襟半臂，下穿红色及踝长裙，裙摆两侧各有四道垂褶，足穿尖头靴，为侍女形象。

明代服饰

明初恢复汉唐传统，承袭唐宋的幞头、圆领袍衫、玉带，奠定了明代官服的基本风貌，并制定了明确细致的服装仪制，以补子、纹样、佩绶、服色、牙牌等来区分官员品级。由于明代政府重视农业，推广植棉，棉布得到普及，普通百姓的衣着也得到了改善。

酒
東西南洋貨物俱全

男装

【冕服】

明初恢复汉唐传统，制定各种祭服、朝服、公服。但明太祖认为："此礼太繁。祭天地、宗庙服衮冕，社稷等祀服通天冠、绛纱袍，余不用。"而明人说："冕服亦不常服。""郊天、祀祖俱服通天冠。"祭祀天地和祖先不穿冕服，而是穿戴通天冠、绛纱袍。

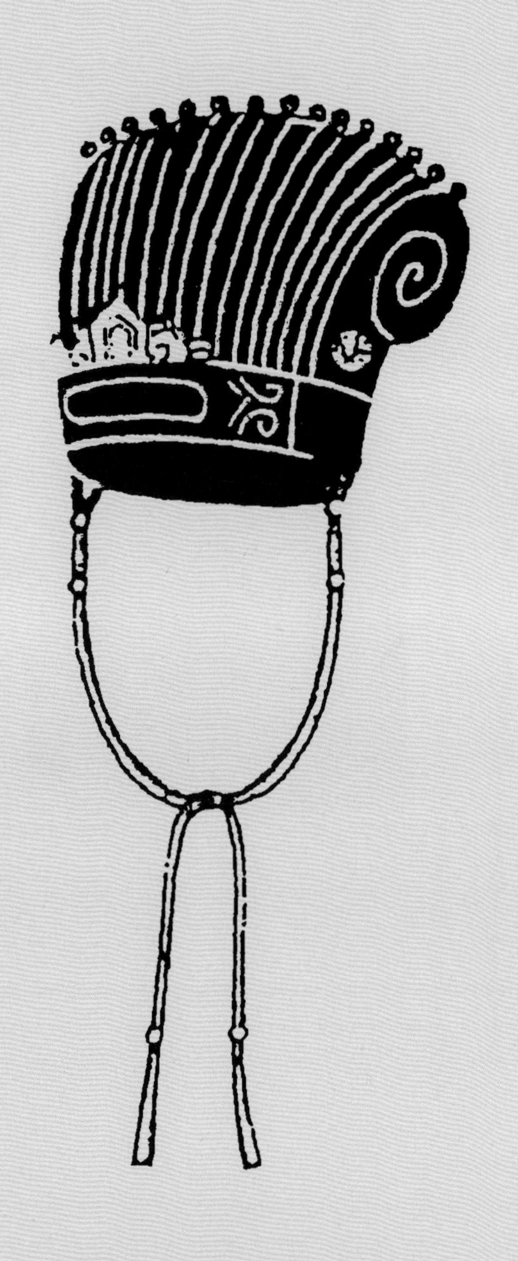

明《中东宫冠服》中的通天冠

九旒冕

明

冠武直径17.6厘米，高17.9厘米

綖板长49.4厘米，宽30厘米

山东邹城明鲁荒王朱檀墓出土

山东博物馆供图

冕冠始于周代，是中国古代帝王最为隆重的冠式，主要由冠武和綖板两部分构成。旒冕最高等级为天子十二旒，王公九旒。朱檀为朱元璋第十子，封鲁荒王。

旒冕中隐含着许多对帝王及佩戴者的警示和告诫，如旒正悬于眼前，有“非礼勿视”之意；佩戴不可来回晃动，遮蔽视线，要品行端正，不能左右摇摆；“充耳”悬于耳边，取“塞耳以止听，充耳不闻”，不可轻信谗言之意图。此九旒冕是目前出土的明代唯一冕冠实物。

陇西恭献王李贞像

明

纵197厘米，横155厘米

中国国家博物馆藏

李贞为朱元璋之姊曹国长公主之夫，陇西恭献王一世。图中李贞着右衽交领宽袖冕服，两肩臂处各绣有一蟒，手持笏板拱手于胸前。头戴九旒冕，每旒有九珠，綖板前圆后方，寓意天圆地方，上层玄色表示天，下层用纁色表示地，向下略微倾斜，警示带冕者虽身居高位，也要谦卑恭让。腰前为蔽膝，腰系大带，外佩玉带，身后有大绶，图中可见玉佩垂于腿边，足穿云头赤舄。冕服上可见龙、山、火、华虫、宗彝、黻（bì）纹。

【衮服】

皇帝常服明初定为戴乌纱折上巾，着盘领袍，饰团龙纹。衮服本指衮冕服，极隆重，明英宗时将衮冕服的十二章加于常服上，成为其后皇帝视朝时通常穿着的礼服，自此皇帝常服改称“衮服”，成为定式。

着皇帝常服的明宣宗像

明

故宫博物院供图

黄缂丝“十二章纹”皇帝衮服（复原件）

明

身长135厘米，通袖长250厘米

北京明定陵出土

十三陵特区办事供图

此为定陵出土的万历缂丝衮服的复原件。通体缂丝，形制为盘领，大袖、窄袖口。衮服上织有十二章和十二团龙纹，十二章包含了至善至美的帝德；十二团龙分别缂织在前后身及两袖部位，每一团龙又单独构成一组圆形图案，中心为一条蛟龙，两侧为八吉祥纹样。在黄色的底料上还织有“卍”字、“寿”字、蝙蝠和如意云纹，象征皇帝万寿洪福。

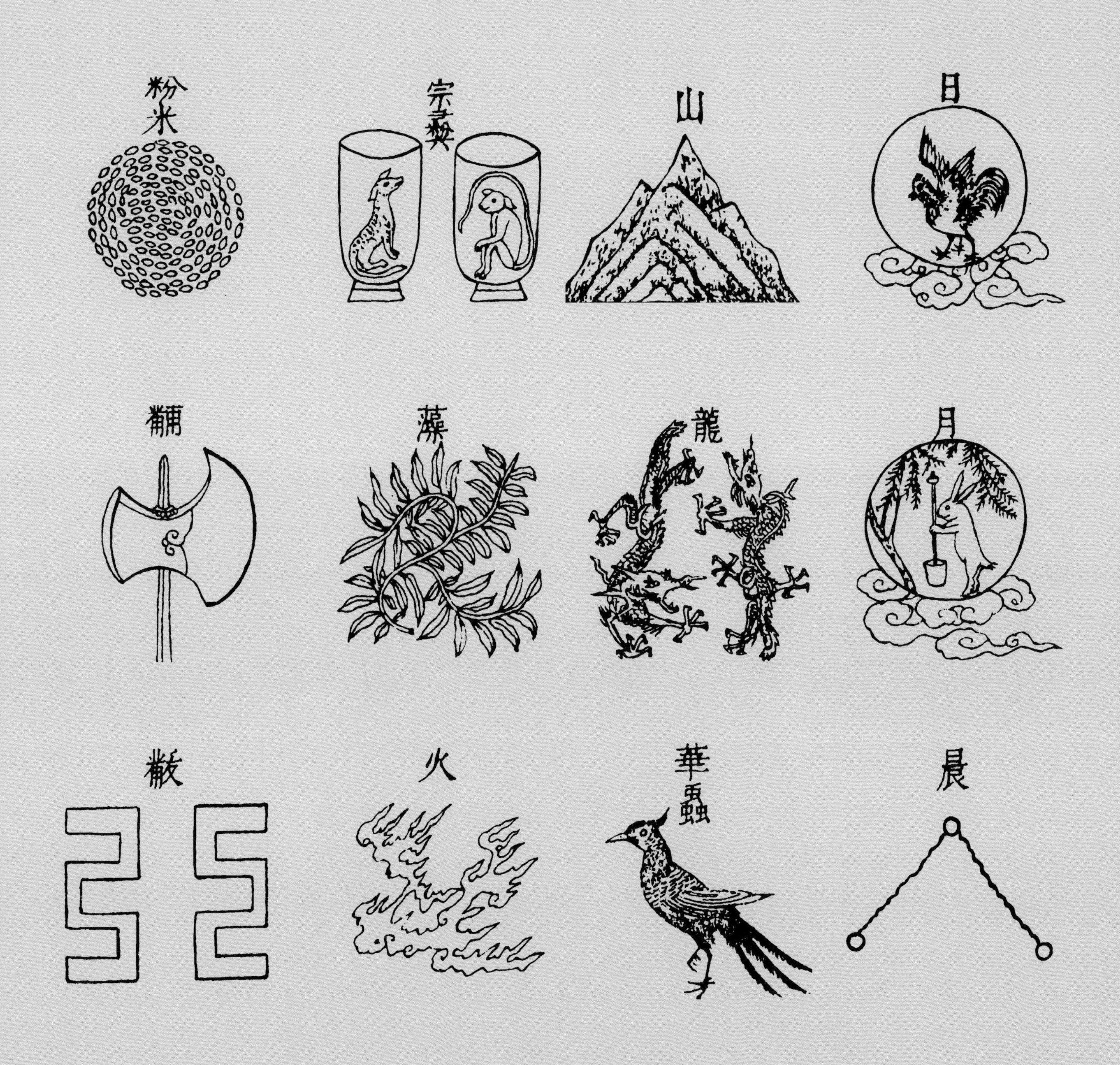

明《三才图会》中的十二章纹

明世宗像

明

故宫博物院供图

此画无款。画中明世宗头戴乌纱翼善冠，身着衮服，端坐于宝座之上，构图具有强烈的典制色彩。

此种衮服在定陵中出土过完全相同的实物，因墨书标签残存“衮服”字样，故知其名。其形制为盘领，大袖，窄袖口，领右侧钉纽襻（pàn）扣一对。全身分作五大片：两袖、前片（包括大小襟）和后片。总的来看为常服加上“十二章纹”而成，即日、月、龙、星辰、山、华虫、火、宗彝、藻、粉米、黼、黻。这种袍式衮服在南薰殿旧藏帝王像中是明英宗后出现的。

乌纱翼善冠

明

通高25厘米

北京明定陵出土

十三陵特区办事处供图

明初乌纱帽效仿唐代幞头，以铁线为展脚，弯曲向下，之后逐渐变宽，到中期造型高耸端重，帽后插两翅，平直且较宽，多为椭圆形。皇帝常服所戴之乌纱帽，称为翼善冠，折角由早期的尖角变为较圆的弧顶，到明穆宗时，加上二龙戏珠金饰，龙身各处有宝石镶嵌，折角用金缘边。

金丝翼善冠

明

通高25厘米

北京明定陵出土

十三陵特区办事处供图

翼善冠由金丝编制而成，分前屋、后山、折角三个部分，后山处镶嵌二龙戏珠。二龙昂首相对，中间嵌一火珠。龙须及龙身上的鳞片清晰而生动，龙身盘绕在后山上，尾部上翘贴于折角，使金冠浑若天成。目前，明代的金丝翼善冠在我国仅此一顶。

【官服】

明代官员的官服有公服和常服两种。公服为重大朝会时穿着，除了戴展脚幞头外，其他方面与常服区别不大。常服为日常穿着，由乌纱帽、圆领袍、革带等组成。

乌纱帽类似宋代的幞头，但明代幞头外涂黑漆，脚短而阔。除依品级规定服色外，明代常服还在胸前及背后缀补子，补子上的图案文官用禽，武官用兽，各品级所用鸟兽不同，以示差别，故常服又名补服。

革带上的带銙（kuǎ）一品用玉，二品用犀，以下各有等差。腰带一般须装銙十八枚，因此带围的长度超过腰围，要用衣上的纽扣攀挂，并不扎紧。革带上还悬有牙牌、垂牌穗。

玉带（复原件）

明
通长146厘米
北京明定陵出土
十三陵特区办事处供图

明代玉带多用于帝后礼服和一、二品文武官员的朝服，用羊脂玉和碧玉制成。此玉带腰围正中的长方形玉銙，与左右竖式窄条形的小玉銙合称为“三台”；左右两侧各排有三块桃形玉銙名为“圆桃”，圆桃之后又各有一小块竖式窄条形的玉銙，分称“辅”“弼”。辅弼之后，在前半圈革带的左右尾端分饰有前为方形，后为弧形的长条形玉銙，名为“鱼尾”。在圆弧状的一端套有鎏金银包头，其上各嵌红宝石两块、蓝宝石一块。玉带的后半圈饰方形玉銙七枚，依次排列。

沈度像

明

纵142.7厘米，横92.4厘米

钱镜塘捐赠

南京博物院供图

沈度（1357年—1434年），字民则，号自乐，华亭（今上海）人，官翰林修撰，侍讲学士，是“台阁体”书法的代表人物，与其弟沈粲并称为“大小学士”。

画像中的沈度头戴乌纱帽，身着红色圆领袍，袍上绘仙鹤补，腰上有革带，上有玉质带銙，一侧悬牙牌及牌穗，为典型的一品文官常服。

赠南京锦衣卫指挥使李佑像

明

纵165.3厘米，横98厘米

中国国家博物馆藏

明代文武官员在常朝、视事时穿常服。明太祖诏复衣冠如唐制，规定官员常服用乌纱帽、圆领袍、束带、黑靴。常服也被叫作“补服”，之所以叫补服是由于胸前的“补子”，但是在明初二十年里，服制中是没有补服的，一直到洪武二十四年（1391年），补服才跻身服制之中。

乌纱帽，在明初的时候效仿唐代幞头，以铁线为展脚，弯曲向下，之后逐渐变宽；到明代中期，乌纱帽造型高耸端重，帽后插两翅，平直且较宽，多为方形或椭圆形。

画像所绘者李佑，生于永乐九年，弘治中卒，字启兹，李景隆次子，岐阳王孙，后赠南京锦衣卫指挥使。画中身着红袍，白鹇补，表示李佑为五品官员。此画列岐阳世家文物编目第十七。

沈度独引友鹤图

明

纵39.9厘米，横95.9厘米

南京博物院供图

此图为绢本设色手卷。画面展现了身着一品文官常服的沈度手提革带，望向山间的仙鹤，仙鹤回望沈度，似在与其应和的场景。受固定形制影响，革带的围度超过腰围，并不扎紧腰部，且需用衣上纽扣攀挂。站姿的沈度仍需手持革带，足以显示其围度之宽。

仙鹤补　文官一品　　锦鸡补　文官二品　　孔雀补　文官三品　　云雁补　文官四品

白鹇补　文官五品　　鹭丝补　文官六品、七品　　鸂鶒补　文官六品、七品　　黄鹂补　文官八品、九品并杂职

鹌鹑补　文官八品、九品并杂职　　练鹊补　文官八品、九品并杂职　　獬豸补　文官风宪衙门

白泽补　公、侯、伯、驸马　　麒麟补　公、侯、伯、驸马　　狮子补　武官一品、二品　　虎补　武官三品

豹补　武官四品　　熊补　武官五品　　彪补　武官六品、七品　　犀牛补　武官八品　　海马补　武官九品

明《三才图会》所绘补子

牙牌

明

长15.7厘米，宽7.1厘米，厚1.6厘米

山东博物馆供图

此牙牌象牙质，一面刻“衍圣公”三字，一面刻“朝参官悬带此牌，无牌者依律论罪，借者及借与者罪同。出京不用。”侧面刻“柒佰柒拾叁号”。牙牌上方有一穿孔，可穿线悬挂，使用时系于腰间，以备查验。明代皇城宫城门禁森严，有严格的检查制度，牙牌就是为了方便在京官员上朝（朝参）、出入禁城而设的。

【赐服】

赐服是指本色官服以外作为特殊恩赏的服装。明代隆重的赐服为蟒、飞鱼、斗牛等服，这几种纹样都与龙纹相近。蟒纹为四爪，仅比五爪少一爪；飞鱼类蟒，有鳍、鱼尾；斗牛则在蟒头上增一对牛角。也有的官员在未达高品之前，就特许着用超出其品级的官服，亦称赐服。

王鏊像

清

纵161.6厘米，横96.1厘米

南京博物院供图

王鏊（1450年—1524年）字济之，号守溪，晚号拙叟，官拜户部尚书、武英殿大学士，明代名臣、文学家。

此画像为清人绘王鏊像，画中的王鏊头戴展脚幞头，神情不怒自威，身着蟒服，衣上绣过肩蟒、行蟒、海水纹、云纹，腰间挂革带，上有白玉带銙，悬牙牌。蟒服为明代赐服中规格最高的一种，蟒纹为四爪，仅比五爪的龙纹少了一爪。身着蟒袍自然显示出穿着者深获恩宠、身份尊贵。

太保袭临淮侯李言恭像

明

纵179厘米，横106.5厘米

中国国家博物馆藏

图中李言恭头戴乌纱帽，身着红色圆领右衽宽袖袍，胸前为斗牛补，左手持玉带。李言恭为开国元勋李文忠八世孙。

明代赐服为不在本品官服制度之内，蒙恩特赏的常服，有蟒、飞鱼、斗牛三种纹饰，蟒如龙，但减一爪；飞鱼是一种龙头、有翼、鱼尾形的神话动物；斗牛为蟒头上加一对牛角。

【明代士庶服饰】

明代劳动者多着衣、裤，作短装。士人平日多着袍、衫。便装中的直掇为交领大袖长袍，又名道袍。因背部中缝上下直通，故又名直身。曳撒也是一种交领长袍，后身为整片，前身分为两截，中腰有襞（bì）积，即横向的褶皱，下作竖褶，近似元代的辫线袄子。

明代士庶沿袭元代瓜拉帽之制，可戴小帽，由六块三角形罗帛拼合而成，六瓣合缝，又名六合一统帽。戴帽之前须先在髻上罩网巾，也有的劳动者只戴网巾。还有一种有帽檐的大帽，式样与元代的毡笠相近。士人平日戴头巾，这时的头巾是一种高帽，因披幅不同，有方巾、东坡巾、纯阳巾等多种。

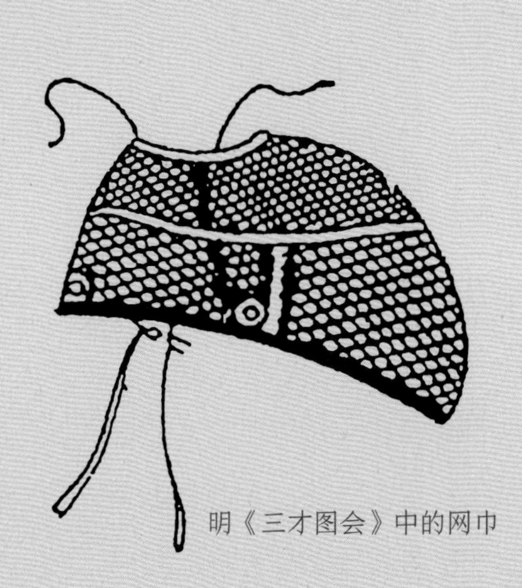

明《三才图会》中的网巾

明《天工开物》中的戴网巾者

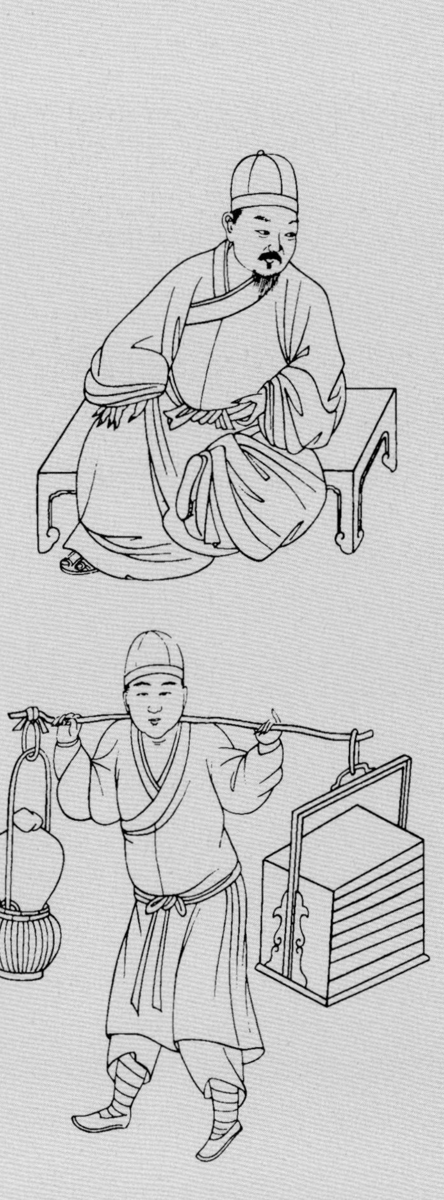

明《御世仁风》中的戴小帽者

明《皇都积胜图》中市街上的戴小帽者

明宪宗调禽图

明
纵67厘米，横52.8厘米
中国国家博物馆藏

此图绘明宪宗于宫廷御花园内逗弄禽鸟的场景。宪宗头戴窄檐大帽，据记载称为“青花纻丝窄檐大帽”，为一种帽檐上翻的便帽，帽顶呈圆弧尖形，上镶嵌有金银顶座和宝石，沿袭了蒙元贵族的帽顶形制，身着右衽窄袖暗云纹曳撒。

南都繁会图

明

纵44.2厘米，横348.7厘米

中国国家博物馆藏

此图通过描绘明代南京城中林立的店铺与熙熙攘攘的街头，反映出明代南京繁华的都市景象。画中共描绘了1000多个职业不同、身份不同的人物，所选部分人物以戴巾子的庶人居多，兼有戴小帽或笠帽的商贩，以及戴乌纱帽的官员，反映了明代士庶多戴帽的风俗及帽式多样的情况。

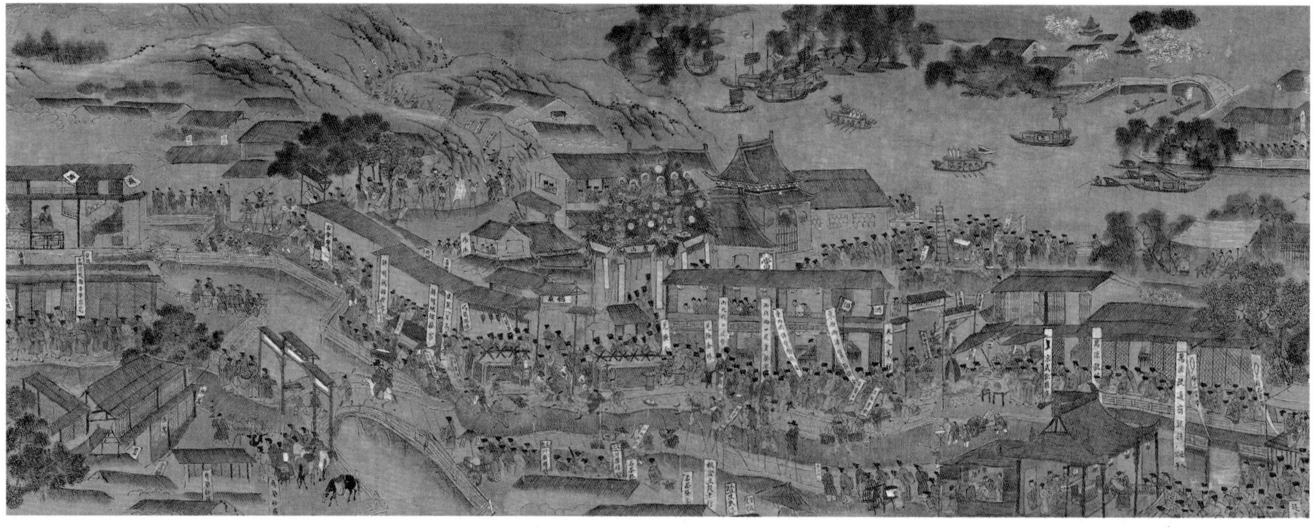

木行
酒
酒
東西兩洋貨物俱全
天之美禄
五谷豐登
京式靴鞋店
萬源號

明《汝水巾谱》中的头巾样式

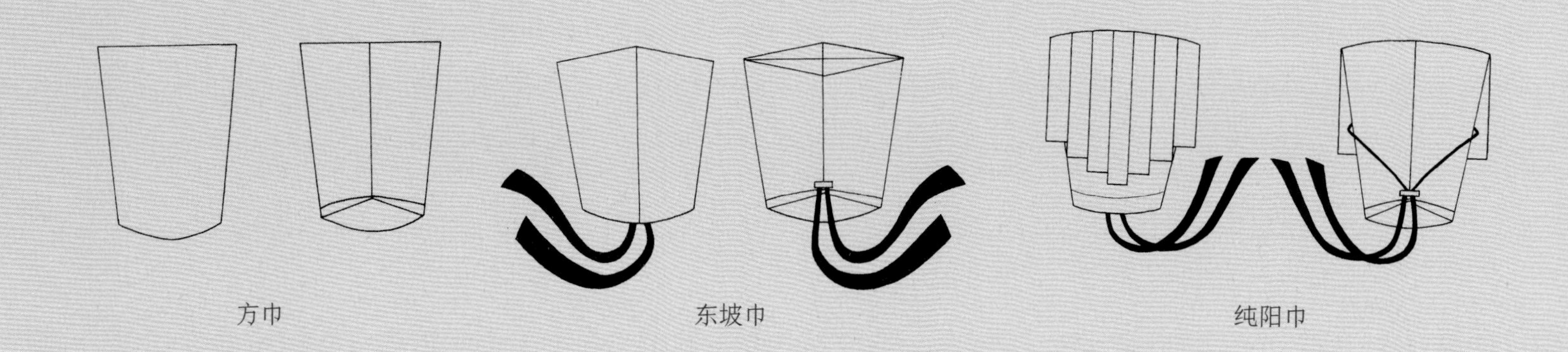

方巾　东坡巾　纯阳巾

戴周子巾者

明《葛一龙像》

戴华阳巾者

明《夏完淳像》

山东邹城明鲁王墓出土的曳撒

明人夫妇画像

明
纵158.5厘米，横137.7厘米
中国国家博物馆藏

图中人物均着便服。中间男子穿青色暗云纹道袍，领部加白色护领，头戴方巾，腰间系带，由身前两侧垂下穗；身后两侧家眷，额头扎包头，头戴金线梁冠，缀金玉头饰，身着竖领左衽大袖衫，下穿马面裙。旁边绘两侍女，穿竖领左衽衫。竖领长衫是明代女子外套款式之一，命妇穿着时常在胸背缀上本品级补子。

明人画像

明

纵169.3厘米，横95.8厘米

中国国家博物馆藏

画中男子头戴黑色头巾，身着蓝色直裰，交领大袖、衣身宽大，腰前有两条系带垂下，衣领、袖口和下摆有黑色镶边，两侧打褶。双手在身前合拢，端坐于椅上，椅背上搭一条彩色织物。此类蓝色四周镶黑边的直裰也称蓝袍，多为儒生所穿。

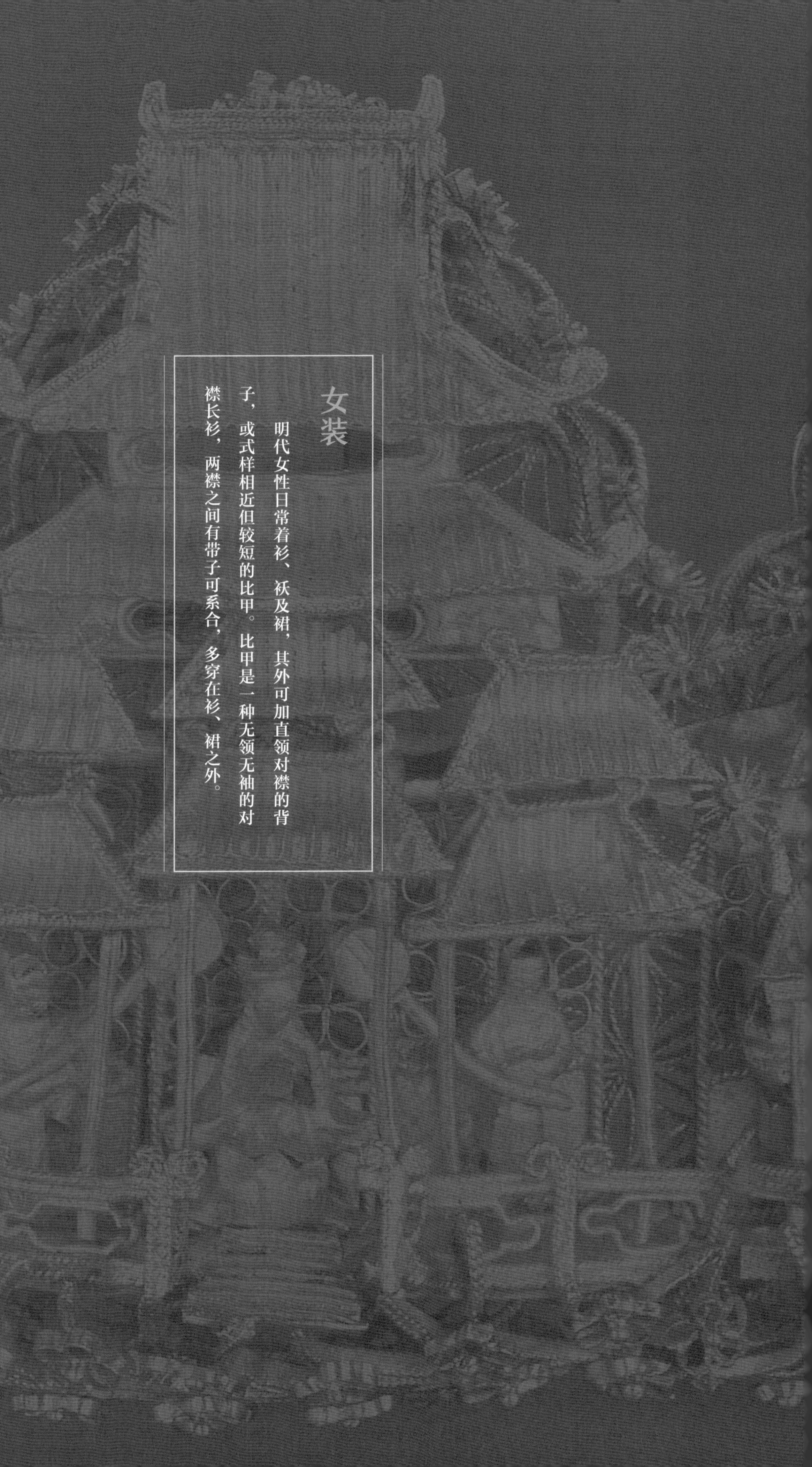

女装

明代女性日常着衫、袄及裙，其外可加直领对襟的背子，或式样相近但较短的比甲。比甲是一种无领无袖的对襟长衫，两襟之间有带子可系合，多穿在衫、裙之外。

明人绘人物图卷

明

纵29.7厘米，横485.6厘米

中国国家博物馆藏

画中描绘女子在庭院内外纺织、制衣、游玩等画面，衣着为士庶女子较为常见的装扮。一般头部多绾各式发髻，饰各式金玉头面，上衣有交领右衽上襦，下为高腰长裙，乐伎多高腰裙，再搭云肩于肩头，披帔帛；侍婢多为窄袖圆领袍。

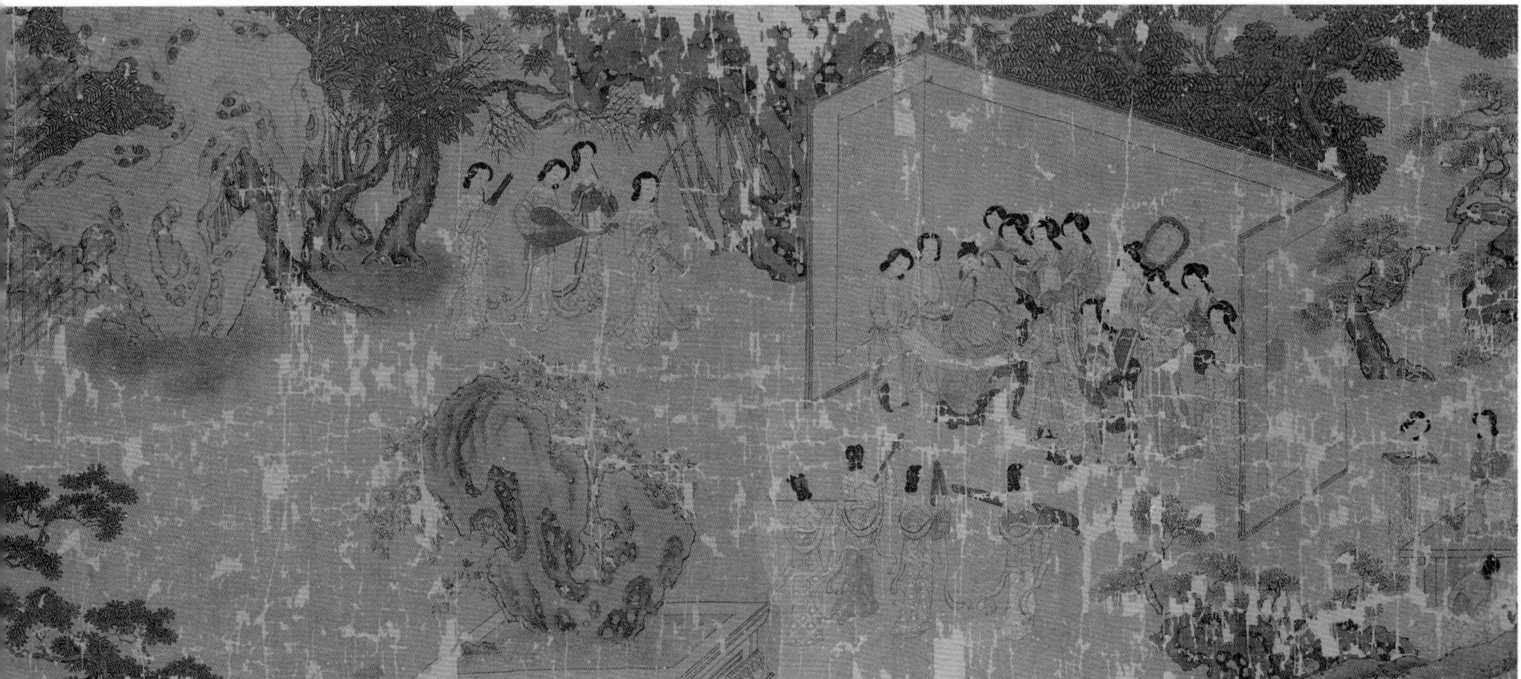

【冠饰】

冠是明代区分命妇等级的主要标志。皇后、皇太子妃所戴之冠称为凤冠，定制为九龙四凤，各衔珠滴，遍饰宝钿花，点翠地，左右各三博鬓，仍承袭宋代翠（duǒ）肩冠之形制。其他品阶命妇所戴之冠称为翟（dí）冠，较凤冠简化，各品阶头饰不同。

孝端皇后凤冠

明

通高48.5厘米，冠高27厘米

直径23.7厘米，重2320克

北京明定陵出土

中国国家博物馆藏

明神宗孝端皇后凤冠，以漆竹扎成帽胎，覆以丝帛面料。凤冠正面最上一圈饰九条等大的腾云金龙，均口衔珠滴，珠滴由两颗珍珠与两颗宝石穿插而成，龙脚下镶嵌一排八颗宝石。与金龙穿插对应的为八只金凤，金凤亦口衔珠滴，凤下镶嵌四排宝石，三排在冠盖，一排在前沿，上两排嵌宝石八颗，下两排嵌宝石七颗，宝石周边均以珍珠圈成花纹。凤冠后侧正中亦有衔珠滴金凤一只，两侧各嵌一颗宝石，下嵌五颗，底部左右各饰点翠地嵌金龙珠滴三博鬓，共六扇，每扇博鬓嵌有龙两条，宝石三颗，行走时博鬓会展开。冠后沿有五颗宝石，冠顶有七颗。这件凤冠冠上嵌有宝石百余颗、珍珠五千余粒，华丽贵重。

凤冠是皇后接受册封、谒庙、参加朝会时的礼帽。明代凤冠通常有两种形制，一种是后妃所戴，冠上除缀有凤凰外，还有龙等装饰。另一种为普通命妇所戴，较凤冠简化，上面不缀龙凤，仅饰以珠翟、花钗，称翟冠，但民间也有不作区分而统称为凤冠。

临淮侯夫人史氏像

明

纵207.6厘米，横120.1厘米

中国国家博物馆藏

在明代，上至皇后，下至品官之妻，依照典制，都可以戴冠，根据身份品级的不同，头冠上所装饰的饰件有等级的差别。自皇后以下至皇妃、皇太子妃、亲王妃、公主们，头冠上都使用金凤簪，但只有皇后和皇太子妃因为是正妻，头冠可以被称为凤冠，而嫔妃、亲王妃和公主们所用的头冠就只能被称作是翟冠。郡王妃以下及品官之妻的头冠，也被称为翟冠，但不可以用金凤簪，只能用金翟簪。

史氏为临淮侯李言恭原配，生于嘉靖二十三年，卒于万历二十年，年五十有一。此画像列岐阳世家文物编目第二十八。

画中史氏头戴翟冠，冠顶用金翟簪一对，口衔珠结。身着蟒服，外着红色大衫及云霞翟纹霞帔，束玉带。

明人绘三人群像

明
纵140厘米，横104厘米
中国国家博物馆藏

图中所绘前排夫妇，男穿盘领右衽宽袖袍，鹭鸶补，头戴乌纱帽，腰束革带，足蹬黑靴；女头戴翟冠，穿红色圆领衫，翟鸟纹补，施霞帔，霞帔上绣鹭鸶及如意云纹，底部挂多边形坠子。后排其母头戴翟冠，额头扎包巾，饰有珍珠、金花等；身着青色圆领衫，鹭鸶补，霞帔金地及如意云纹绣瀏鶒，底部挂坠子。

明后期服饰多有逾制现象，常佩戴比本身级别高的翟冠、补子、革带等。

【鬏髻】

鬏髻(dí jì)为明代已婚女性着正装所戴。原指发髻本身，在女性戴冠和包髻的影响下，后特指加在髻上的发罩。鬏髻起初用头发编成，明中叶以后多用金银丝制作。其上再插戴前后分心、挑心、顶簪、头箍等饰物，形成以鬏髻为主体的整套头饰。

银丝鬏髻

明
高9厘米，底径11厘米
江苏无锡华复诚夫妇墓出土
无锡博物院供图

鬏髻是明代女子戴在发髻上的装饰。此件鬏髻用细银丝编结而成，表面鎏金，因氧化而发黑，上小下大，整体呈牛角状。发罩左侧编成"福""寿"字组成的图案，右侧做成长条形镂空钱纹装饰，四周留有插簪用的小孔，出土时孔内还插有簪饰。

金丝鬏髻

明

高8.5厘米，底径11.1厘米

无锡博物院藏

鬏髻是明代女子戴在发髻上的发罩，是明代首饰中非常重要的一项。此件鬏髻由细金丝编结而成，两侧做成长条状镂空钱纹装饰，顶部向后收分，略成弧形，似牛角状。前后左右编结时均留有小孔，用以插簪饰。此种形制的鬏髻是明朝常见的样式，崔溥《漂海录》中即有“则宁波府……以北，圆而锐，如牛角然。或戴观音冠饰，以金玉照耀人目”的记载。

秦锡璋夫人像

明

纵126厘米，横77厘米

中国国家博物馆藏

䯼髻一词始见于元曲，元代说的䯼髻指的是挽成某种样式的发髻。䯼髻一开始指的是发髻本身，但在戴冠和包髻的影响下，䯼髻后来发展成裹以织物。到明代中期，随着经济的发展和风俗的侈靡，又兴起金丝银丝编结的䯼髻。

䯼髻作为明代已婚妇女的正装，家居、外出或会见亲友时都可以戴。

画中人物为秦锡璋夫人，头戴䯼髻，顶上方一支金顶簪，上方两侧插两支口衔珠结的金翟簪，左右四对花头簪，下方一金钿儿，两边一对金掩鬓，耳戴一对金耳环，形成一整套䯼髻头面。

戴鬏髻女像

明

纵154厘米，横91厘米

中国国家博物馆藏

明代妇女一般不单独戴鬏髻，围绕着它还要插上各种簪钗，形成以鬏髻为主体的整套头饰。鬏髻正面上方插一支大簪，名挑心。据《云间据目钞》说“头髻”“顶用宝花，谓之挑心”。因为此簪饰于髻心，而且其背面装有斜挑向上的簪脚，是由下而上插入的。画中妇女所戴鬏髻应为在发髻之外包裹织物，前方插一佛像簪用以固定，材质应为金或银镀金。耳戴金葫芦耳环。身着酱色袍，补子为白鹇补，为五品文官夫人。

明宪宗元宵行乐图

明

纵36.6厘米，横630.6厘米

中国国家博物馆藏

此卷描绘明宪宗朱见深元宵时节在皇宫里游玩的各种场景。卷中宪宗形象均头戴大帽，帽顶镶宝石；着不同颜色的右衽交领曳撒，有饰云肩、通袖襕和膝襕的，有在胸背处饰方补；人物或坐或立。

后妃命妇扎包头，戴尖顶鬏髻，并插头面首饰，髻顶插挑心；穿交领右衽上衣，有的胸背两肩饰云肩，两肩至袖口饰通袖襕，有的领部加白色护领，缀金纽扣以纽系；衣袖稍

窄，袖口有白色袖缘；下身穿裙摆宽大的马面裙。

皇子皇女衣服形制与成人基本相同，明代儿童有剃发习俗，十岁开始蓄发，皇室子女也循此例。小皇女头上大部分头发都剃光，仅在头顶两侧各留一绺，用红带扎成两个小发鬏，图中各场景中可见皇子皇女剃发和刚留发的形象。

内使们穿右衽交领曳撒，头戴内官的官帽，圆顶，后有山。

新年元宵景圖
上元嘉節九十春光之始新
正令旦一年美景之初桃符
已換醮祭爵荼醉舊歲椒觴
頻酌肆筵鼓樂賀新年萬盞
明燈象馬人魚異樣一天星
月堦除臺榭輝煌賀郎擔担
表年年節節之高樂藝呈工
願歲歲時時之樂感召和氣
御溝水泮冰紋明媚春光曉
岸柳垂金線燈毬巧製數點
銀星連地滚鰲山高設萬松
金闕照天明紅光焰射斗牛
墟綵色飄揺銀漢表樂工呈
藝聚觀濟濟多人爆熚聲宏
驚喜娃娃仕女殿閣樓臺金
閃爍園林樹木綠參差鮑老
傀傻遍體曳番紅錦綉薦燈
晃耀一池揺動碧玻璃萬國
来朝賀喜豐年稔歲四夷賓
服頌稱海晏河清鑫斯慶衍
神孫聖子樂榮昌宗社奠安
萬載千秋崇禮義長瞻化日
雍熙永享昇平之福系之賛
曰
新正吉慶多禎祥玉樓金殿
皆燈光瑶池熬府奏仙樂椒
觴滿勸分瓊漿異樣裝成綺
羅裹星月交輝淨如洗年年
良夜尚歡娱歲歲豐登樂無
比御溝冰泮春融早羯鼓聲
催競天曉鰲山光焰翠雲浮
金闕巍峩勝蓬島瑶天萬顆
燦銀星玉橋柳色扶踈青濟
濟人觀藝呈巧連天爆響無
時停華盖中天萬象新祥光

楼阁人物金簪（分心）

明

长12厘米

江西南城县朱厚烨墓出土

中国国家博物馆藏

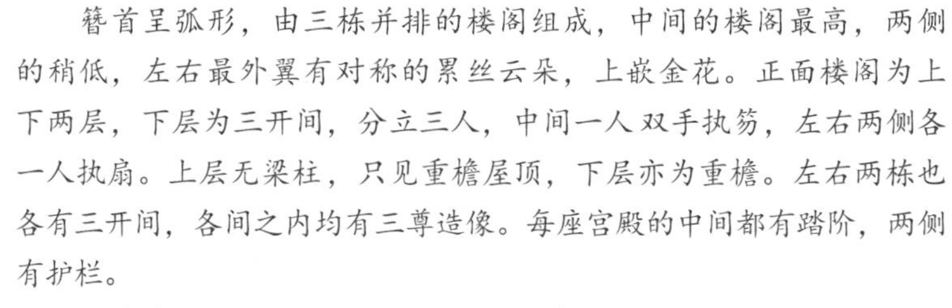

簪首呈弧形，由三栋并排的楼阁组成，中间的楼阁最高，两侧的稍低，左右最外翼有对称的累丝云朵，上嵌金花。正面楼阁为上下两层，下层为三开间，分立三人，中间一人双手执笏，左右两侧各一人执扇。上层无梁柱，只见重檐屋顶，下层亦为重檐。左右两栋也各有三开间，各间之内均有三尊造像。每座宫殿的中间都有踏阶，两侧有护栏。

此簪簪足向背后平伸，应为平插式簪。又据其中间高、两边低的带弧度的造型特点，应属明代头面中的“分心”，即从䯼髻的前沿或后沿底部正中插入，簪两侧的云朵延伸出来恰好能罩住侧面鬓角。

“永乐廿二年”立凤金簪

明

均长24厘米

江西南城县朱厚烨墓出土

中国国家博物馆藏

立凤金簪一对，簪首为一只金凤，立于一片祥云的顶端，簪足为扁形，顶端侧弯，接于祥云底部，将金凤高高托起。金凤挺胸而立，双翅扬起，尾羽以优美的弧线向上翻卷，除头部以金叶制成外，其余部分均以极细的金丝累制而成，细致地刻画出凤冠和凤羽。簪足上刻有“银作局永乐二十二年十月内成造九成色金二两外焊二分”字样。祥云上立舞凤的金簪造型辽金时期已经出现，湖南临澧新合元代窖藏也有类似的金簪出土，但其凤凰脚下为摩羯鱼，独具特色。

楼阁人物金簪

明

均长20厘米

江西南城县朱厚烨墓出土

中国国家博物馆藏

簪首累丝楼阁人物两排，周围缀有流云，楼阁内有5人，女主人坐正中，主人两侧分别有两仕女。扁菱形状簪脚，底部较尖。此簪有两件，图式对称，分插左右两边，属于明代头面中的“掩鬓”。

古代男女都可带簪，其用途有二：安发和固冠。但金银制作的发簪则基本属于贵族使用之物，可以体现其身份和地位。古时罪犯是不允许带簪的，即使贵为后妃，如有过失，也要退簪，可见簪同时还是尊严的象征。国家博物馆所藏九件益庄王墓出土的楼阁人物金簪，因为益庄王妃所使用，所以在设计和制作上都极尽工巧之能事，在制作中大量采用的镂空技术，使簪首既轻巧玲珑，又绚丽耀眼，成为精美绝伦的装饰物。

嵌宝石行龙银镀金簪

明

均长18厘米

北京明定陵出土

中国国家博物馆藏

此簪为孝靖皇后用簪。一对，扁形簪体，近簪首处较宽，簪脚较尖且下凹，簪体弧线流畅优美。簪首为短方形的镂空行龙图案，中间嵌红宝石一颗，并等距自上而下在簪足顶端从大至小镶嵌三颗宝石，红蓝相错。

这对银镀金簪也属于明代妇女“头面”的一种。《客座赘语》“女饰”条曰：“金玉珠石为华爵，长而列于鬓傍曰‘钗’。”这里的钗就是指这种长约18厘米左右的带有浅弧度的长条形簪。通常成对使用，头戴凤冠时便可插在左右鬓角。这种类型的簪是从唐代的搔头变化而来。

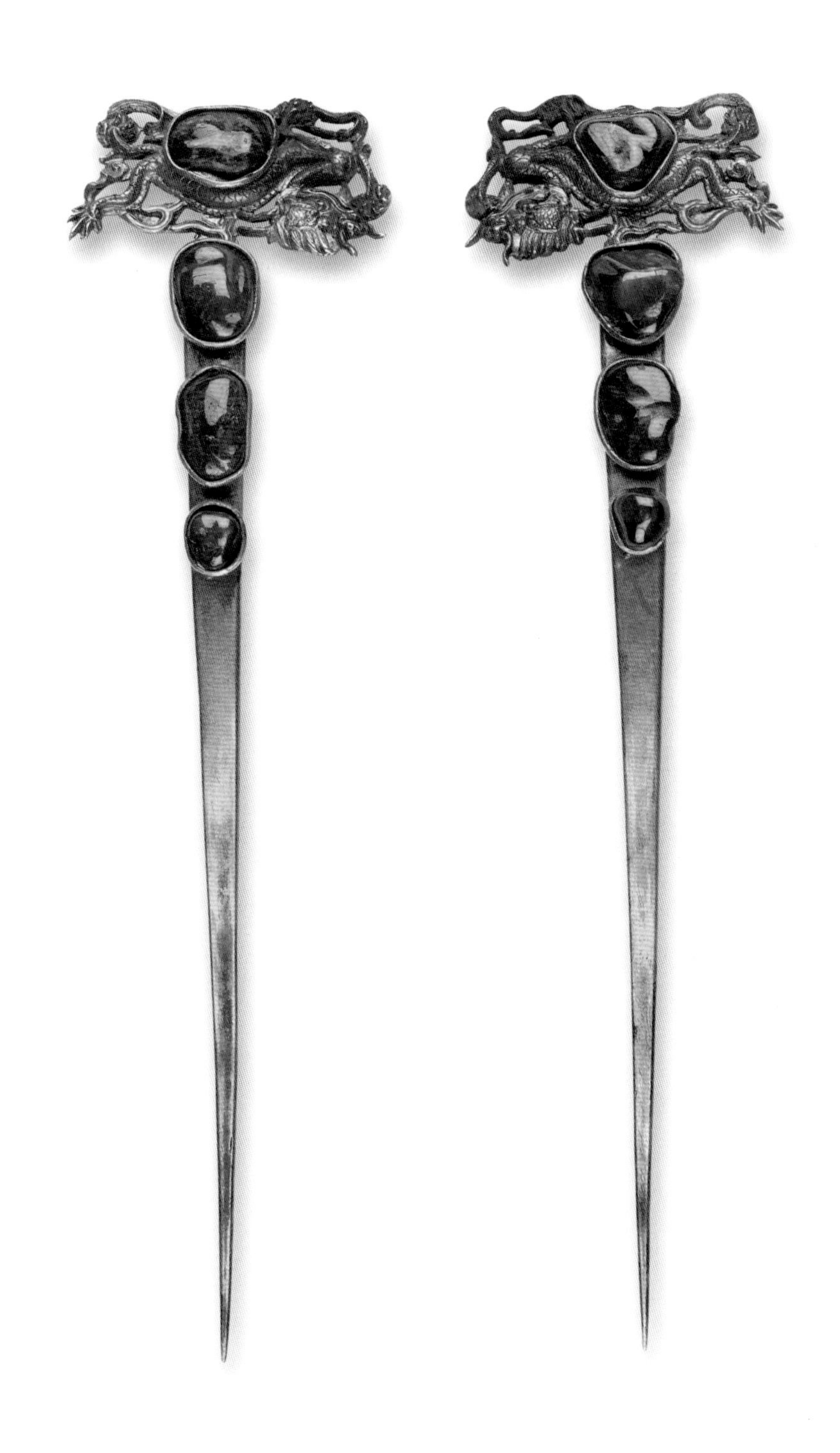

【霞帔】

明代的霞帔是狭长的绣巾。与宋代绕项而佩的方式不同，明代霞帔是由身后下摆处经肩绕到身前，下垂至膝，底端并合，缀以坠子。明代后妃、命妇的礼服中施霞帔，霞帔的花纹和帔坠的材质、所饰禽鸟种类均有明确的等级规定，是佩戴者身份的表征。

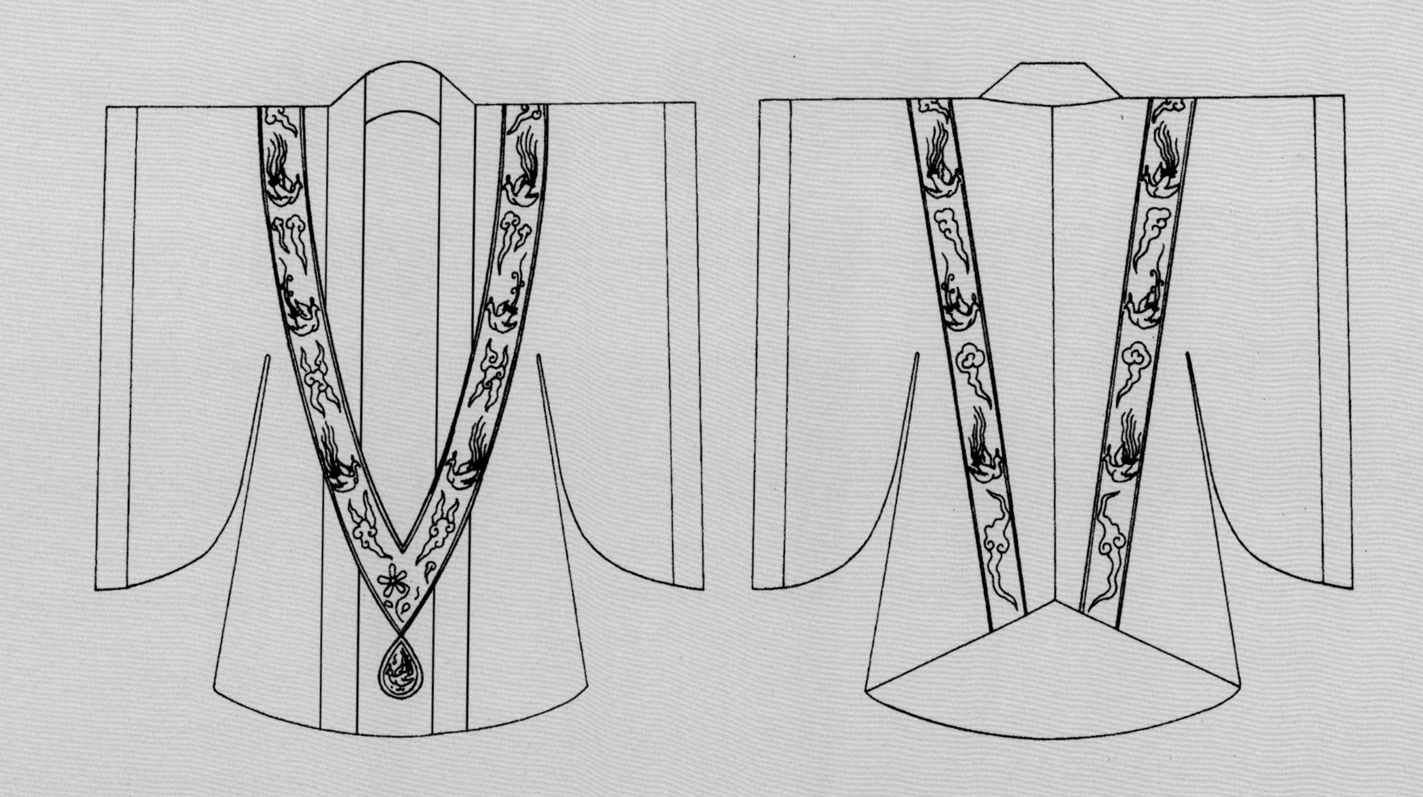

明《中东宫冠服》中的明代霞帔

孝亲曹国长公主像

清

纵180厘米，横104厘米

中国国家博物馆藏

朱佛女，生于元延祐四年（1317年），卒于至正十二年（1352年），明太祖朱元璋二姐，为陇西恭献王李贞原配，李文忠母亲。由于朱佛女在大明立国之前就已经去世，后被追封为曹国长公主，此像应是后代根据她长公主的身份追摹的。此画像列岐阳世家文物编目第十二。

明洪武初常服冠以各种类型的鸟雀区分不同等级，皇后用双凤翊龙、妃用鸾凤，以下各品分别用不同数目的翟、孔雀、鸳鸯、练鹊。不过不多时，朱元璋嫌礼制过繁，废除了帝王之下官员的冕服制度，相应也废除了皇后、太子妃之下命妇的传统礼服制度，洪武二十四年，将本为常服的大衫霞帔升格为命妇的礼服，冠制也进一步简化，统一为“翟冠”，各品级以翟数不同区分。

霞帔，亦称“霞披”“帔帛”，是始于南北朝时期，流行于宋代以后的女子服饰配饰，由于其看起来美如彩霞，故有霞帔之称。明代周祁《名义考》称：“今命妇衣外以织文一幅，后如其衣长，中分而前两开之，在肩背之间，谓之霞帔。”

画中朱佛女头戴翟冠，翟冠上方装饰有口衔珠结的一对金翟及九只珠翟，身着红色大衫，深青色霞帔，底端系金帔坠。

金帔坠

明

通高16.5厘米，宽7.5厘米，重71.8克

江西南城县朱厚烨墓出土

中国国家博物馆藏

金坠子，鸡心形，中空，两面透雕凤纹，顶部尖端有孔，穿以挂钩。其上刻有“银作局嘉靖二十六年八月造金一两九钱”字样。

明代后妃、命妇的礼服中施霞帔，其花纹和霞帔坠子的材质、所饰禽鸟种类均有明确的等级规定。《明史·舆服志》称，明代一品到五品命妇的霞帔上缀金帔坠，六品、七品缀镀金帔坠，八品、九品缀银帔坠；且一、二品命妇霞帔为蹙金绣云霞翟纹，三、四品为金绣云霞孔雀纹，五品绣云霞鸳鸯纹，六、七品绣云霞练鹊纹，八、九品绣缠枝花纹。

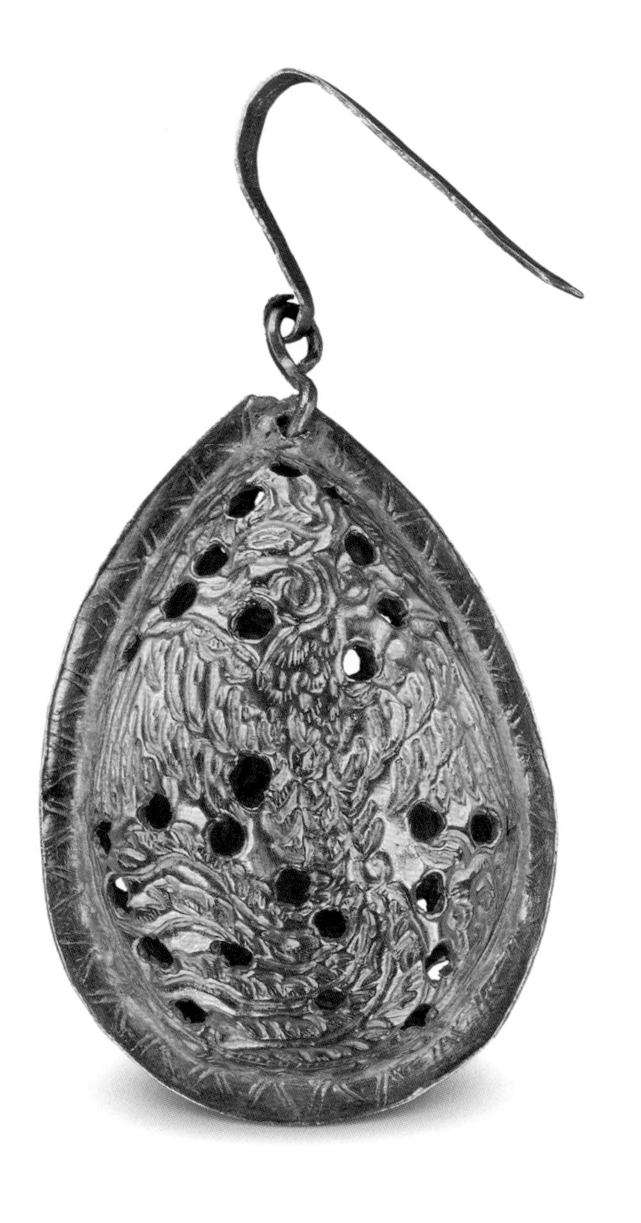

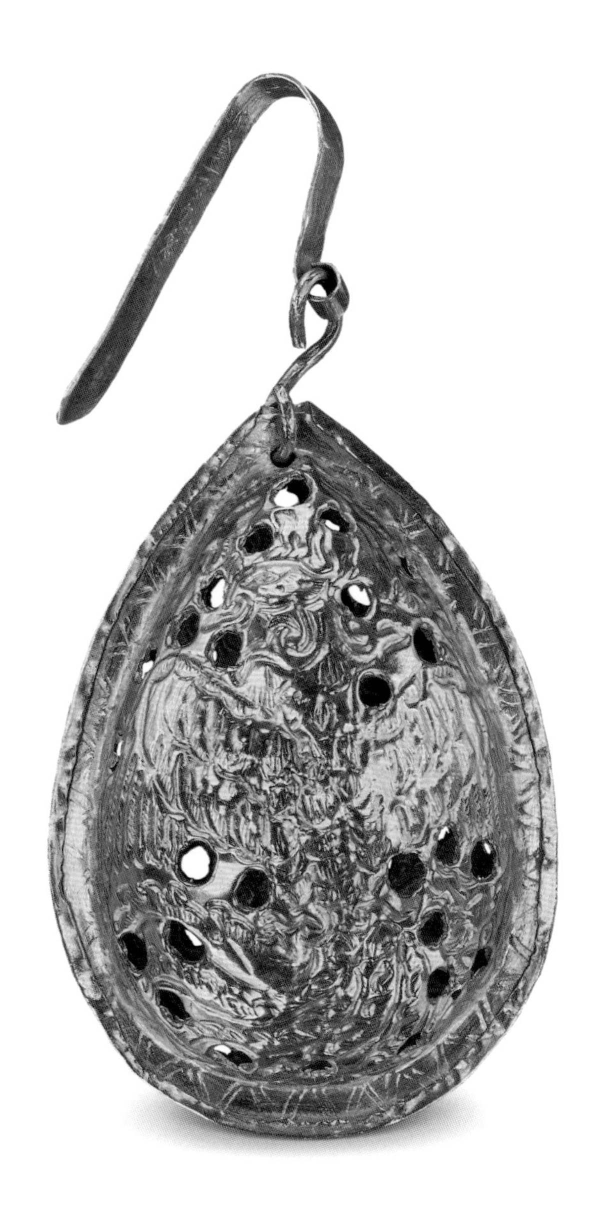

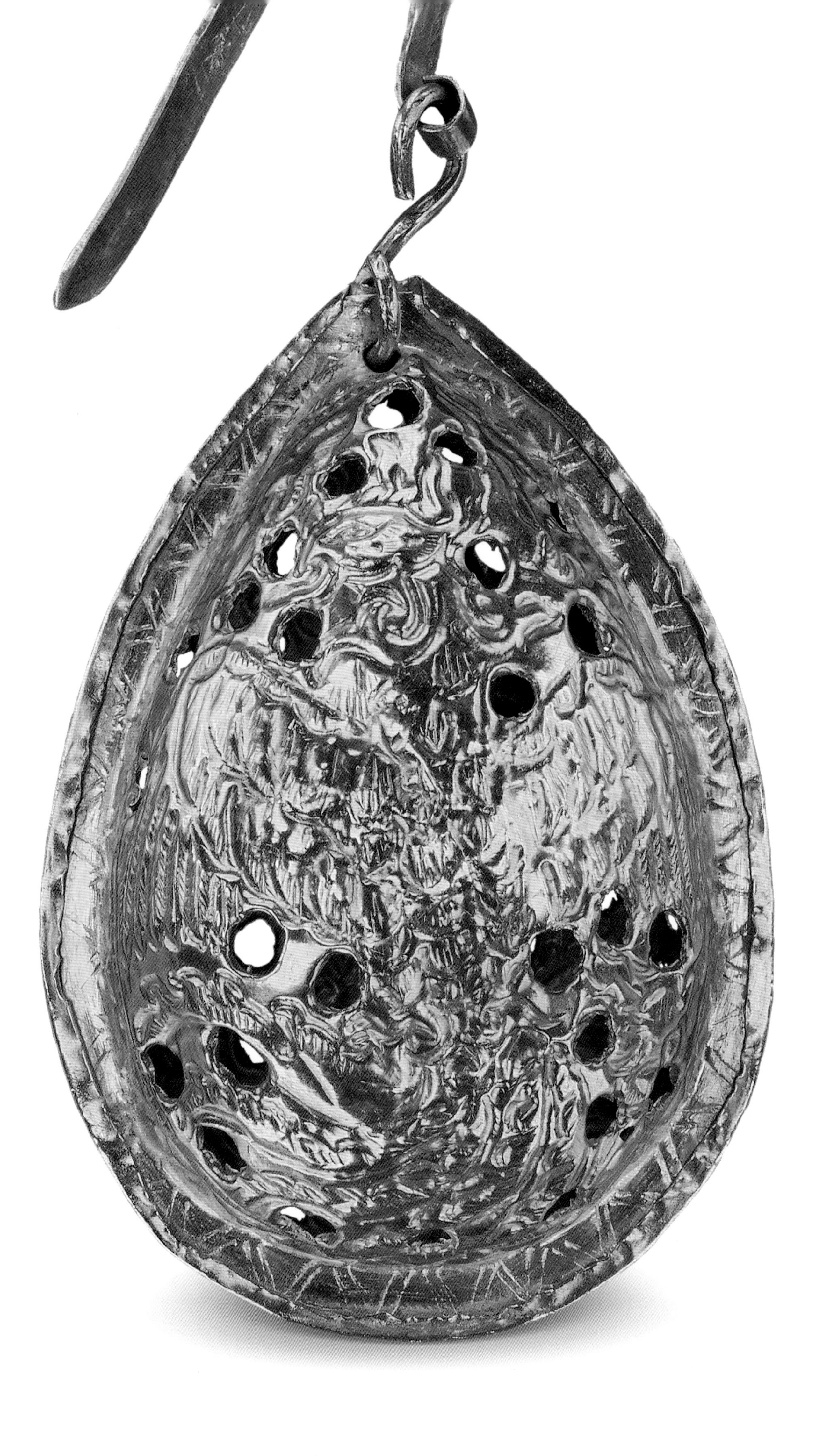

清代服饰

清朝推行剃发易服，按满族习俗统一男子服饰，废除汉族传统冕冠制度。统治者在国家政策的制定和执行上均具有明显的满民族文化特征，在服饰上表现尤为明显。其服饰在保留本民族便于骑射基本特征的前提下，将汉民族服饰中所包含的礼制思想，以吉祥纹样、色彩等元素融入其中，形成了独特的清代服饰文化。

男装

【冠帽】

清代官定冠帽主要包括朝冠、吉服冠、常服冠、行服冠及雨冠。

朝冠分冬季的暖冠和夏季的凉冠。冬朝冠之冠体拱起，缎表布里，上缀朱纬。冠檐上仰，用裘皮制作。皇帝冬朝冠的冠顶为三层，皆嵌东珠，承以升龙。一般官员的帽顶仅一层，依品级分别嵌以红宝石顶、珊瑚顶、青金石顶以至金顶等。夏朝冠之冠体作圆锥形，下檐呈喇叭口形，上缀朱纬。皇帝的夏朝冠前装金佛，后装舍林。官员的夏朝冠前后不加饰物。冠顶之制则与各自的冬朝冠相同。吉服冠较朝服冠简化，形制小异。

清代官员在朝服冠和吉服冠上有插翎之制。翎分花翎、蓝翎、染蓝翎，以花翎为尊。花翎又分单眼、双眼、三眼，以三眼为尊。翎子插入翎管，系在顶座之下，缀于冠后。清代前期戴花翎的多为满员中的亲贵或武臣，汉官和外任文官极少赏戴，清代后期渐滥。顶戴花翎成为高官之显赫的标志。

五品官员冬吉服冠

清

直径18.5厘米，高16.5厘米，头围55厘米

故宫博物院藏

官员的吉服冠依据帽顶镶嵌珠石材料的不同来划分等级。《大清会典》规定文武五品官员、乡君额驸吉服冠冠顶用水晶。这件吉服冠的冠顶为玻璃仿水晶，顶座为铜质镀金，用堆松工艺装饰。依据冠顶材质，推测为五品官员或乡君额驸使用。吉服冠按穿用季节不同，又分为冬吉服冠和夏吉服冠两种样式，为保暖缘故，冬吉服冠多采用皮草、呢子等材料制作。此吉服冠为冬吉服冠，帽檐为青呢质，帽子紧裹头颅，在温度较低的季节可以较好地起到保暖的作用。

三品官员夏吉服冠

清

直径31厘米，高8厘米，头围54厘米

故宫博物院藏

这件吉服冠按帽顶推断，应当为文武三品官、奉国将军、郡君额驸所用吉服冠。但是清代玻璃制造技术发达，因此多以玻璃仿制宝石代替真的宝石。这件吉服冠的冠顶也是用蓝色玻璃仿制蓝宝石。冠的前沿镶嵌珍珠一颗，也是由玻璃涂层仿制而成。

吉服冠按穿用季节不同，又分为冬吉服冠和夏吉服冠两种样式。这件吉服冠为夏吉服冠，俗称“凉帽”（满语“boro”），用玉草或藤丝竹丝编成，红纱绸裹里，在炎热季节戴上相对凉快透气，也可以起到遮阳的作用。

《皇朝礼器图》中的皇帝冬朝冠与夏朝冠

清

每半开纵28.6厘米，横30.9厘米

中国国家博物馆藏

《皇朝礼器图》是清乾隆时期考订礼制及礼器形制的经典图谱，共九十二册，分为祭器、仪器、冠服、乐器、卤簿、武备六个部分，每部首册均有该部目录，并附有校勘说明。图谱为绢本，采用工笔彩绘，楷书缮写，图文对照，各占半开。其中卷四至卷七内容为冠服，以直观的形式全面展现了清代官定冠式、服装、配饰之面貌与相关规定。

朝冠为帝后君臣参加祭祀朝会等活动时所佩戴的礼冠，分冬朝冠和夏朝冠两种。《皇朝礼器图》载："皇帝御冬朝冠，熏貂为之。十一月朔至元，用黑狐。上缀朱纬，顶三层贯东珠各一，皆承以金龙各四，饰东珠如其数，上衔大珍珠一。""皇帝御夏朝冠，织玉草或藤丝竹丝为之，缘石青片金二层，里用红片金或红纱上缀朱纬，前缀金佛、饰东珠十五，后缀舍林、饰东珠七，顶如冬朝冠。"

《皇朝礼器图》中的皇帝冬吉服冠与夏吉服冠

清

每半开纵28.6厘米，横30.9厘米

中国国家博物馆藏

吉服冠是帝后妃嫔、王公大臣、文武百官及公主命妇等参加各种嘉礼、吉礼等场合所戴之冠，分冬夏两种。《皇朝礼器图》载：“皇帝冬吉服冠御用之期与朝服冠同，海龙为之。立冬后易熏貂或紫貂，各惟其时，上缀朱纬顶，满花金座上衔大珍珠一。”“皇帝夏吉服冠御用之期与朝服冠同，织玉草或藤丝竹丝为之，红纱绸为里，石青片金缘，上缀朱纬顶如冬吉服冠。”

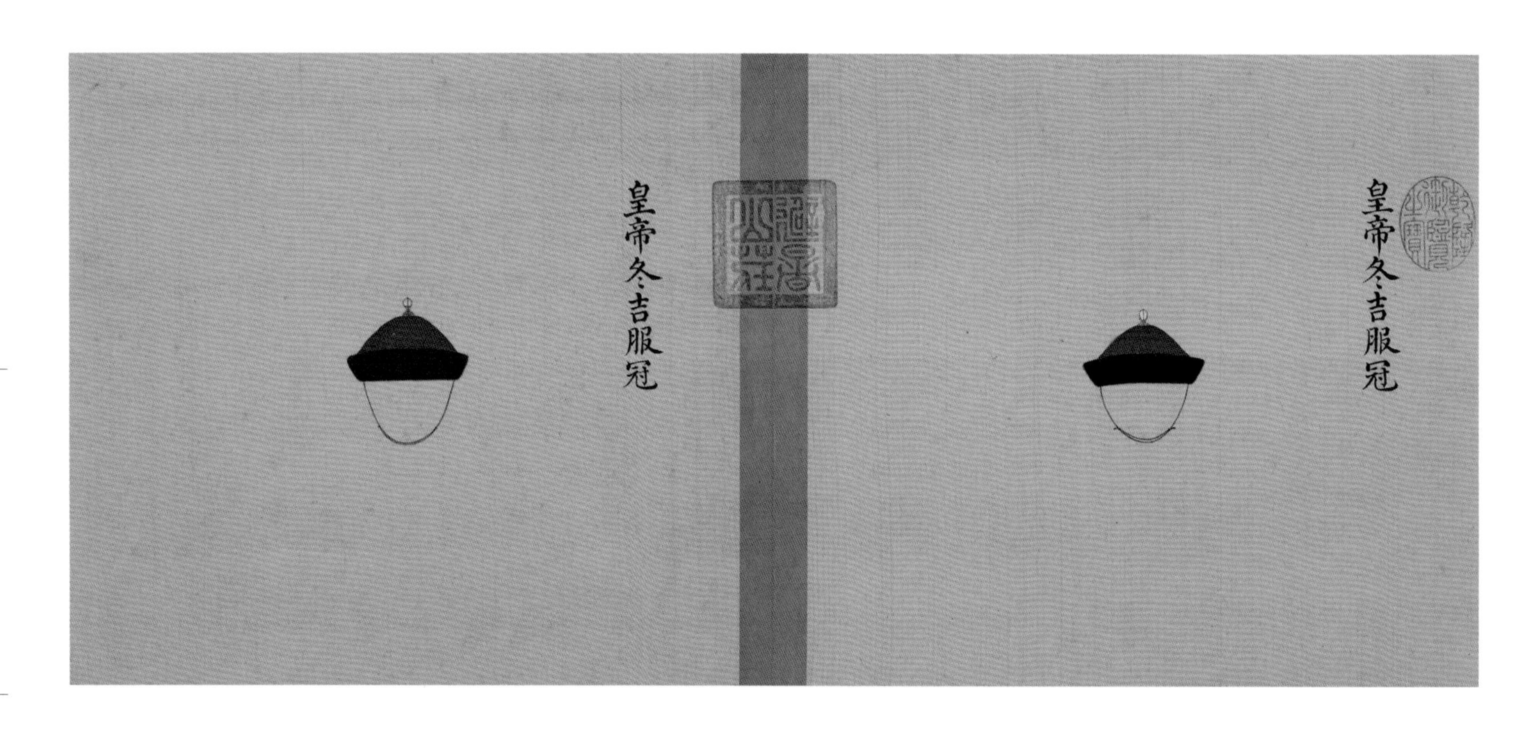

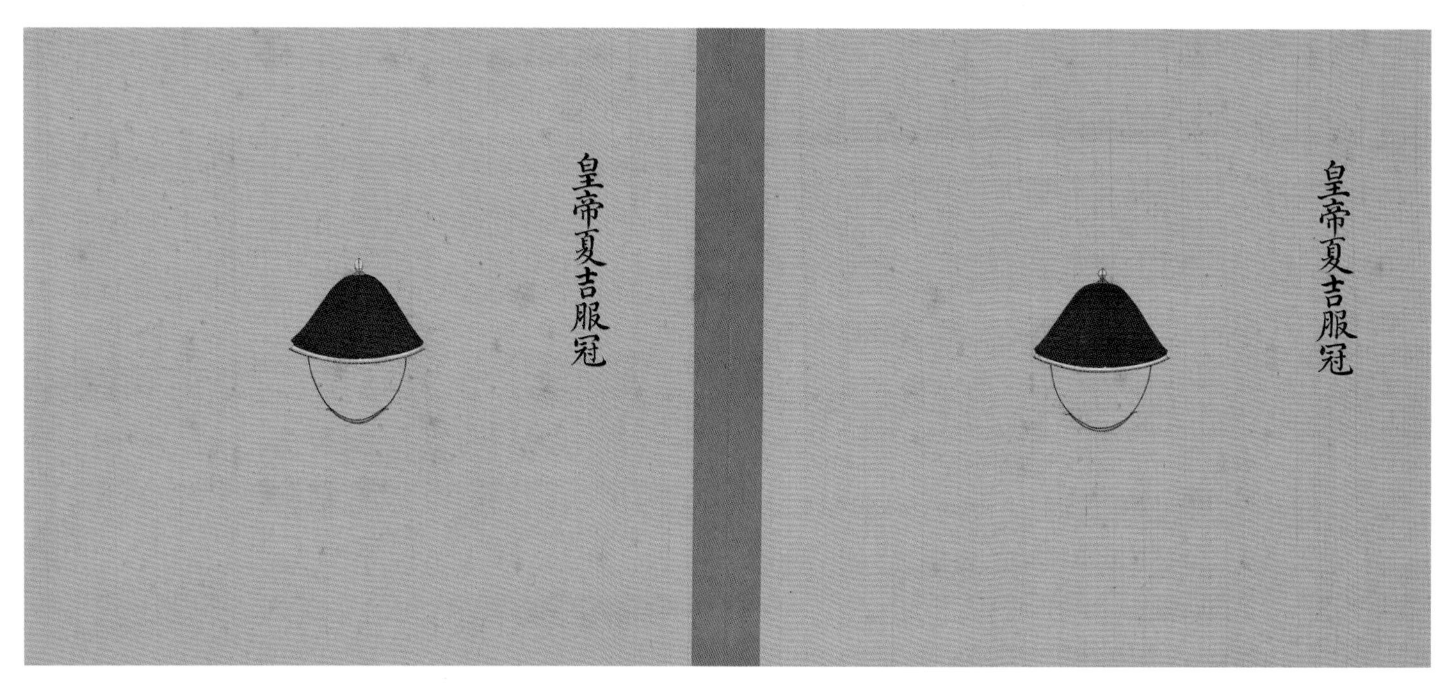

单眼花翎与双眼花翎

清

长约34厘米

中国国家博物馆藏

此组花翎共五件，为清代朝服冠和吉服冠上的装饰。花翎即孔雀翎，有单眼、双眼、三眼之分，三眼最为尊贵。此组花翎共有三件单眼花翎，两件双眼花翎。花翎原有例戴、赐戴之分，戴花翎者多为满族亲贵大臣，汉官和外任文官较少，顶戴花翎是显赫身份的象征。鸦片战争后，捐翎之风盛行，花翎之荣誉的象征逐渐被降低了。

噶尔玛索诺木像

清

纵180厘米，横97厘米

中国国家博物馆藏

噶尔玛索诺木，蒙古阿霸垓部部主都思噶尔济农之子，博尔济吉特氏，阿霸垓部人。顺治四年（1647年）时，年仅12岁的皇太极皇十一女嫁给了噶尔玛索诺木，但是三年后，皇十一女早逝，后被追封为“固伦端顺长公主”。公主薨后，清朝又把努尔哈赤嫡次子，硕礼亲王代善的第十二女再嫁噶尔玛索诺木，驸马后来又升任太子太保，康熙三年（1663年），驸马去世。

画中噶尔玛索诺木所穿外褂绘五爪团龙，袖口绣五爪行龙，顶戴插双眼孔雀花翎。

到乾隆朝，《皇朝礼器图》规定：“贝子补服谨按本朝定制，贝子补服色用石青，前后绣四爪行蟒各一团，固伦额附同。贝子冬吉服冠，谨按本朝定制贝子冬吉服冠顶用红宝石戴三眼孔雀翎。”

清代男子所戴便帽俗称小帽，又名瓜皮帽，是从元代的瓜拉帽、明代的六合一统帽演变而来的。小帽有尖顶和平顶之分，又有软胎和硬胎之别。颜色以黑色为主，夹里多为红色，富贵之家也有用片金或石青锦缎镶缘的，顶部一般装红绒结子。帽缘正中还有缀方形玉片"帽准"作为装饰的。

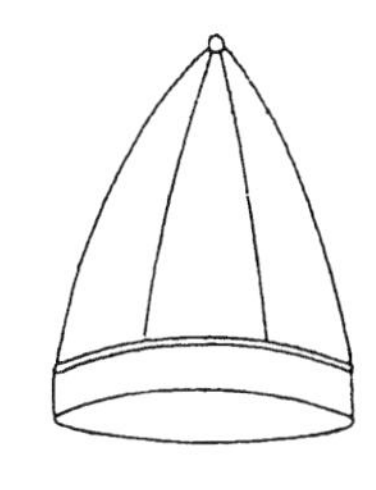

戴小帽的清末翰林便装像

清

中国国家博物馆藏

通过科举选拔进入翰林院任职的优秀进士或通过特诏制科考试被皇帝授予翰林官的学者被称为"翰林"。此照片中"翰林"多头戴小帽，身着衣身长至脚面之长袍，长袍外罩马褂，足蹬厚底布鞋，这是清末男子常服的主要形制。

光绪皇帝便服像

清

故宫博物院供图

此画无款，亦不见于光绪朝活计档“如意馆呈稿”记载，或为宫廷画师沈振麟所作。画中光绪皇帝左手按纸，右手执笔，正欲习字。其身着宝蓝色寿字纹暗花长袍，外罩酱色寿字纹坎肩，坎肩斜襟纽襻悬挂一条十八子手串作为压襟。脚穿青缎粉底朝靴，头戴小帽，整身为清代男子常见便服搭配。小帽以绣有寿字纹的青缎缝合而成，红绒结顶，后缀红色长丝穗。帽檐以万字纹织金缎缘边，又以粉色碧玺和珍珠作为帽准，工艺精细。故宫博物院藏有一件青色缎平金锁绣寿字纹帽头，与其酷肖。

缂丝帽料

清

纵50厘米，横40厘米

中国国家博物馆藏

这是用于制作小帽的面料，石青色地，以捻金、捻银线缂织蝙蝠团寿纹样，寓意“福寿绵长”。

【礼服】

清初发布剃发易服令，男子皆着满装。这时改变了明代以传统冕服为祭服的制度，改用清式衮服。皇帝衮服是套在朝袍之上的一件外褂。石青色、圆领、对襟、平袖口、绣正龙四团，左右肩分别饰日月两章。皇子所穿者减去日月纹，其余完全相同，称为“龙褂”。

乾隆石青色缎缉米珠绣四团云龙夹衮服

清

身长110.7厘米，通袖长114.4厘米

故宫博物院供图

此为清代皇帝的礼服之一。圆领，对襟，平袖，左右及后开裾，缀铜鎏金圆扣五枚。领口系残断黄条，黄纸签墨书：“高宗”“缎绣缉米珠龙绵金……”。

衮服石青色缎面料，用五彩丝线、金线和米珠在胸、背及两肩绣五爪正面龙四团，并在左右肩分别饰日月二章。在团龙纹样内，间饰五彩流云和红色万字、蝙蝠和寿桃纹，寓意“万福万寿”。龙纹均用小米般大小的白色珍珠绣成，装饰效果立体感强，其工艺之精美独特，在清代帝后服饰中也属稀见，反映出乾隆时期刺绣与装饰工艺的高超和精湛。

清代礼服除衮服外，还有朝服和吉服。朝服上下身相连，箭袖、腰间有襞积，下裳有褶，式样与明代的曳撒接近，但另加披领。皇帝朝服上饰正龙、行龙，间绣五色云，下幅绣八宝平水。乾隆以前朝服上偶有绣十二章纹的，此后朝服绣十二章纹乃成定制。

康熙御用石青实地纱片金边单朝衣

清

身长145厘米，通袖长167厘米

中国国家博物馆藏

朝袍作为清代礼服中的重要种类，基本结构为上衣下裳相连属的裙式。因清代皇帝自努尔哈赤入关前直至乾隆朝，一直对冠服制度不断修订完善，故清早期各朝皇帝朝袍在形制纹饰等方面差异较大。随清代冠服制度在乾隆朝完备确立，朝袍形制得以固定。

此朝袍圆领，大襟右衽，马蹄袖，附披领，裾左开，缀铜鎏金扣四枚。石青纱地，其上采用圆金线及各色丝线以妆花技法织就金龙、四合如意云、海水江崖等纹样，缘饰蓝色团龙杂宝织金缎及平金边各一。领口系黄签一，墨书“石青实地纱片金边单朝衣”，为康熙皇帝御用朝袍。

康熙皇帝朝服像

清

纵273厘米，横185.6厘米

中国国家博物馆藏

此幅康熙朝服像中的康熙皇帝身着夏朝服，圆领，大襟右衽，马蹄袖，明黄色地，此件朝服上未有十二章。

乾隆皇帝朝服像

清
纵270厘米，横187.8厘米
中国国家博物馆藏

此画中，乾隆着冬朝服，色用明黄，两肩前后正龙各一，腰帷行龙五，衽正龙一，襞积前后团龙各九，裳正龙二，行龙四，披领行龙二，袖端正龙各一，列十二章：日、月、星、辰、山龙、华虫、黼、黻在衣，宗彝、藻、火、粉米在裳，间以五色云，下幅八宝平水。

皇帝着衮服、皇子穿龙褂时，王公大臣与百官穿补服相衬配。但补服的穿用场合广泛，也是清代文武大臣和百官的重要官服。补服穿用时罩于袍服之外，皆石青色、圆领、平袖，袖与下摆均略短于袍。胸、背缀补子，用以标识官位。皇族为圆形，一般官员为方形，但比明代的略小。文员用禽纹，武官用兽纹，仍沿袭明制。但明代文官补子上的禽鸟为两只，清代只有一只，且由于补褂为对襟式，故胸前的禽鸟纹分为两半。

石青纱缂丝补褂

清

身长85厘米，通袖长120厘米

中国国家博物馆藏

青色纱面，月白色绸里。圆领，对襟，平袖。前襟缀铜鎏金錾花扣五枚，前胸、后背各缀一缂丝斜水云蝠仙鹤向日方补。依补上图案可知此褂为清代一品文官官服。

【吉服】

皇帝在冬至、元旦、庆寿等嘉礼及一些吉礼上穿吉服，吉服包括吉服褂和吉服袍。吉服袍绣龙纹，通称龙袍，其形制为圆领、大襟右衽、马蹄袖、直身、四面开衩，不加披领。

《皇朝礼器图》中的皇帝龙袍（吉服袍）和皇帝冬朝服袍

清

每半开纵28.6厘米，横30.9厘米

中国国家博物馆藏

朝服又称“朝袍”，为朝会、祭祀时穿着的礼袍，有冬夏两种。《皇朝礼器图》中规定皇帝冬朝服“色用明黄，惟南郊祈谷用蓝，披领及裳俱表以紫貂，袖端熏貂。绣文两肩前后正龙各一，襞积行龙六列、十二章俱在，衣间以五色云”。“惟朝日用红披领及袖，俱石青片金加海龙缘，绣文两肩前后正龙各一，腰帷行龙五，衽正龙一，襞积前后团龙各九，裳正龙二行龙四，披领行龙二，袖端正龙各一列。日、月、星辰、山、龙、华虫、黼黻在衣，宗彝、藻、火、粉米在裳，间以五色云，下幅八宝平水”；皇帝夏朝服“色用明黄，惟雩祭用蓝，夕月用月白披领及袖，俱石青片金缘，缎纱单袷各惟其时，余俱如冬朝服”。

乾隆蓝色江绸平金银夹龙袍

清

身长146厘米，通袖长184厘米

中国国家博物馆藏

吉服袍又称龙袍。《大清会典》规定，帝后、大臣吉服袍不仅颜色有别，袍上织绣纹样也有殊异。故由服色、纹样及质地等细节可区分穿着对象身份等级。

这件吉服袍为清高宗纯皇帝御用，形制为圆立领，大襟右衽，马蹄袖，裾四开。蓝色江绸面，月色暗花绫里，石青江绸平金银云龙领、袖边，沿石青色领袖缘。袍面以平金工艺遍绣金银龙及缠枝菊纹样，龙眼处镶嵌螺钿。

《皇朝礼器图》中的皇帝龙袍

清

每半开纵28.6厘米，横30.9厘米

中国国家博物馆藏

《皇朝礼器图》中规定："皇帝龙袍色用明黄，领袖俱石青片金缘，绣文金龙九列、十二章，间以五色云。领前后正龙各一，左右及交襟处行龙各一，袖端正龙各一，下幅八宝立水，裾左右开，棉袷纱裘各惟其时。"

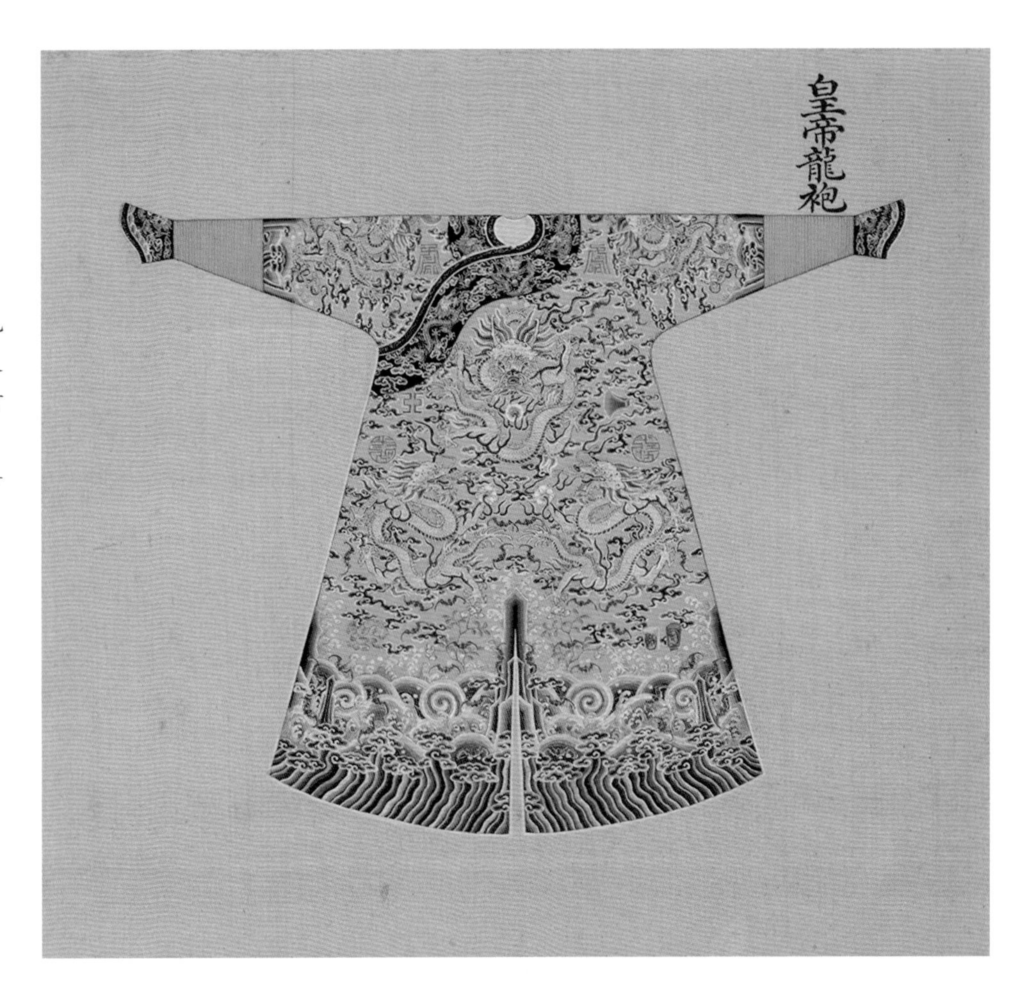

明代官员的赐服有蟒袍、飞鱼袍、斗牛袍等多种，清代只有蟒袍，也叫“花衣”，属于吉服系列。一般穿在补服之内，以袍上所绣蟒的多少、爪数及服色区分等级。

蓝绸妆花蟒袍（吉服袍）

清

身长130厘米，通袖长192厘米

中国国家博物馆藏

清代服制规定，吉服袍色皇帝用明黄、皇太子用杏黄、皇子用金黄，其他人除赏赐外不得服用黄色，图案则是郡王及以上用五爪龙，贝勒及以下用四爪蟒。但从传世和出土实物看，清代吉服袍无论服色或是龙爪数量使用都较混乱，抛开使用者仅从实物很难确切区分和界定。此吉服袍形制为圆领，大襟右衽，马蹄袖，前后开裾，直身式袍。蓝色妆花绸面，月色素绢里，缀錾花铜鎏金扣五枚。从袍面纹样平整性及均匀程度看，此袍应是十九世纪晚期在杭州地区以半机械化工艺生产出的产品。

【端罩】

满族兴起于北方较寒冷的地区，有穿着皮衣的风俗。用裘皮做的对襟长褂，与朝袍套穿时叫“端罩”，与吉服（龙袍、蟒袍）套穿时叫“皮褂”。皇帝的端罩用紫貂，亲王用青狐，文三品、武二品以上用貂皮，低品官员不能穿用。这种裘皮衣在当时极为尊贵。

明黄色素绸黑貂皮端罩

清

身长134厘米，通袖长176厘米

故宫博物院供图

端罩圆领，对襟，平袖，后开裾，长至膝下，皮毛朝外，左右垂明黄色带各二。端罩上半部为黑狐皮，毛长而具有光泽；下半部为貂皮，其毛尖均为白色，似一根根银针，是上等的貂皮料。内衬明黄色暗花江绸里。

此件端罩皮毛手感柔软，保暖性强，是清代皇帝冬季穿在朝袍外面的礼服。此为礼服中等级最尊者，一般只在十一月朔（初一）至上元（正月十五）穿用，清代皇帝在冬至圜丘坛祭天等最重大的典礼时即身着黑狐皮端罩。

【其他官定服饰】

除礼服、吉服外，清代官定服饰还包括常服、行服、雨服、戎服、便服。常服用于一般性较正式的场合；行服为外出巡行、狩猎穿用；雨服为下雨时穿着；戎服用于参加军事活动；便服则为清代宫廷日常闲居时穿用。

《皇朝礼器图》中的皇帝常服褂与常服袍

清

每半开纵28.6厘米，横30.9厘米

中国国家博物馆藏

皇帝在祭祀前一日恭视祝版、经筵、恭奉册宝等场合，须穿常服。常服包含常服褂及常服袍，《皇朝礼器图》载："皇帝常服褂色用石青，花文随所御，棉袷纱裘各惟其时。""皇帝常服袍色及花文随所御，裾左右开，棉袷纱裘各惟其时。"

油绿色团龙纹暗花绸夹袍
（常服袍）

清

身长150厘米，通袖长220厘米

中国国家博物馆藏

此袍式样为圆领，大襟右衽，马蹄袖，四开裾，直身式袍。油绿色团龙纹暗花绸面，月白色素绸里，缀铜鎏金素扣四枚，为春秋季穿用。

蓝色团花纹暗花绸夹袍（行服袍）

清

身长150厘米，通袖长220厘米

中国国家博物馆藏

行服袍又称“缺襟袍”，是满族为便于骑射而设计出的特色民族服饰，多采用素色或暗花面料来制作。此袍式样为圆领，大襟右衽，马蹄袖，前后开裾，直身式袍。蓝色团花纹暗花绸面，月白色缠枝莲暗花绫里，缀錾花银扣九枚。骑马出行时可将衣襟扣在腰部，不骑马时则可将缺襟与掩襟扣合。从其开裾方式可判断此袍所属年代应为清早期，行服袍四开裾尚未形成定式。

清代皇帝及官员着朝服、吉服时均须挂朝珠。一盘朝珠共一百零八颗，每二十七颗之间穿一大珠，名“佛头”，又叫“分珠”。朝珠两侧附小珠三串，每串十粒，名“记念”，男用者两串在左，女用者两串在右。顶端的佛头下缀“佛头塔”，塔下垂一椭圆形玉片，因位于背后，名“背云”，底端系“坠角”。

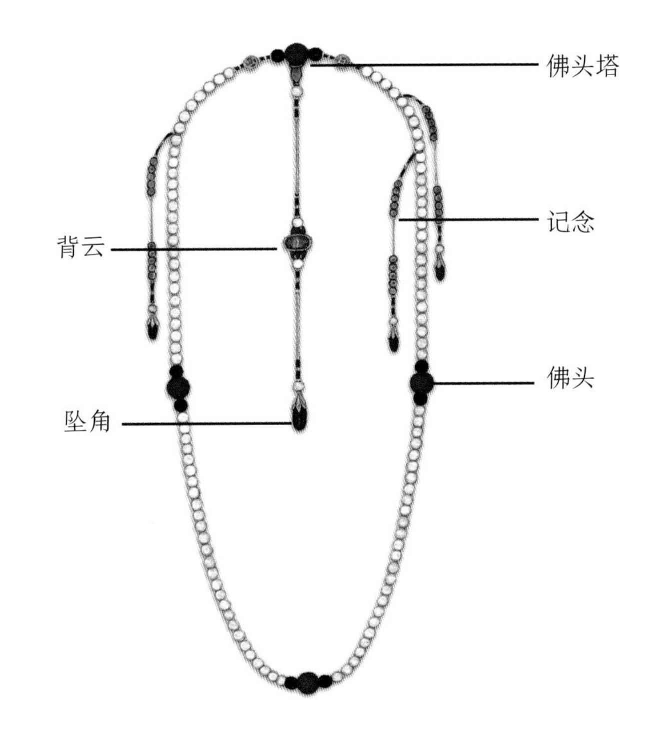

青金石朝珠（官员用）

清

周长136厘米

中国国家博物馆藏

朝珠又称“数珠”“素珠”，是记录在清代冠服体系中的一种颈饰。这串朝珠由紫水晶佛头、背云，珊瑚珠记念以及青金石珠身构成。三颗紫水晶结珠将朝珠四等分，每份二十七颗，共计一百零八颗。记念由十颗小珠组成，下垂紫水晶坠角，共三串，分饰于两侧。佩挂时，佛头塔、背云、坠角垂于身后。

《皇朝礼器图》中的皇帝朝珠

清

每半开纵28.6厘米，横30.9厘米

中国国家博物馆藏

《皇朝礼器图》载："皇帝朝珠用东珠一百有八，佛头、记念、背云大小、坠珍宝杂饰各惟其宜，大典礼御之。惟祀天以青金石为饰，祀地用蜜珀，朝日用珊瑚，夕月用绿松石杂饰惟宜。吉服朝珠珍宝随所御，绦皆明黄色。"

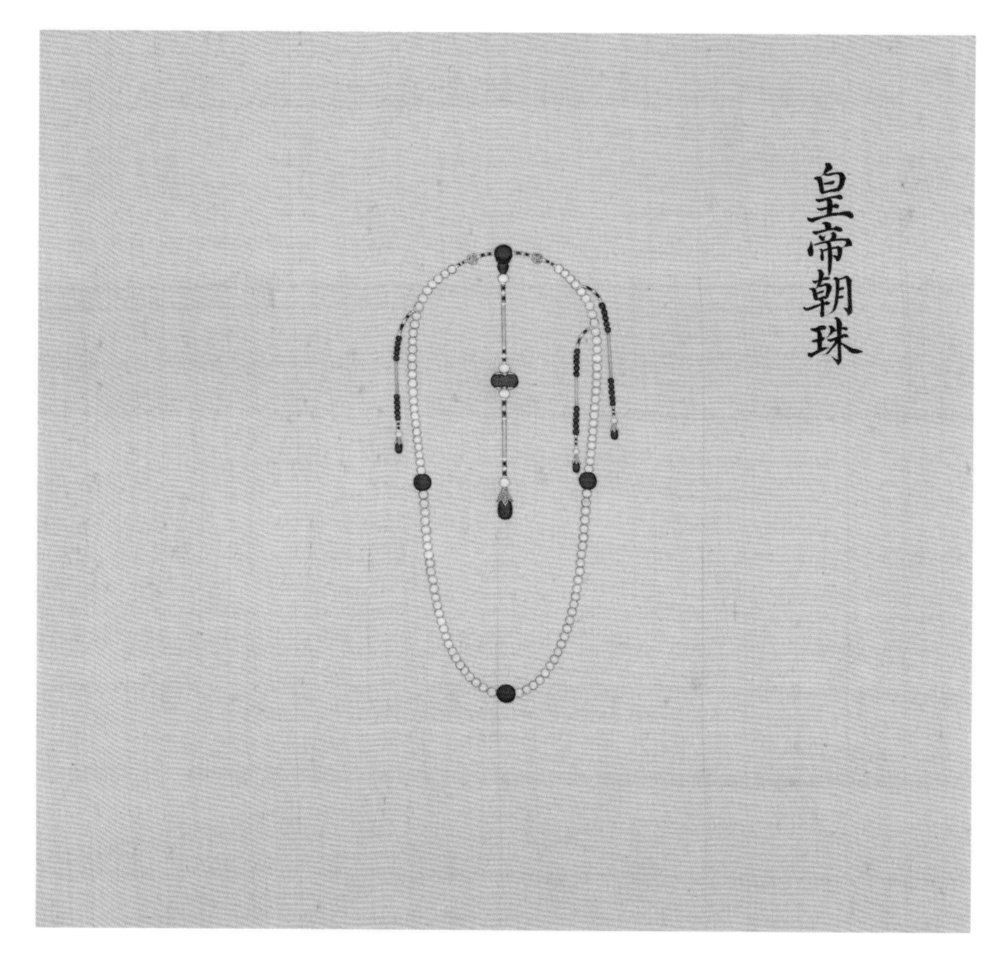

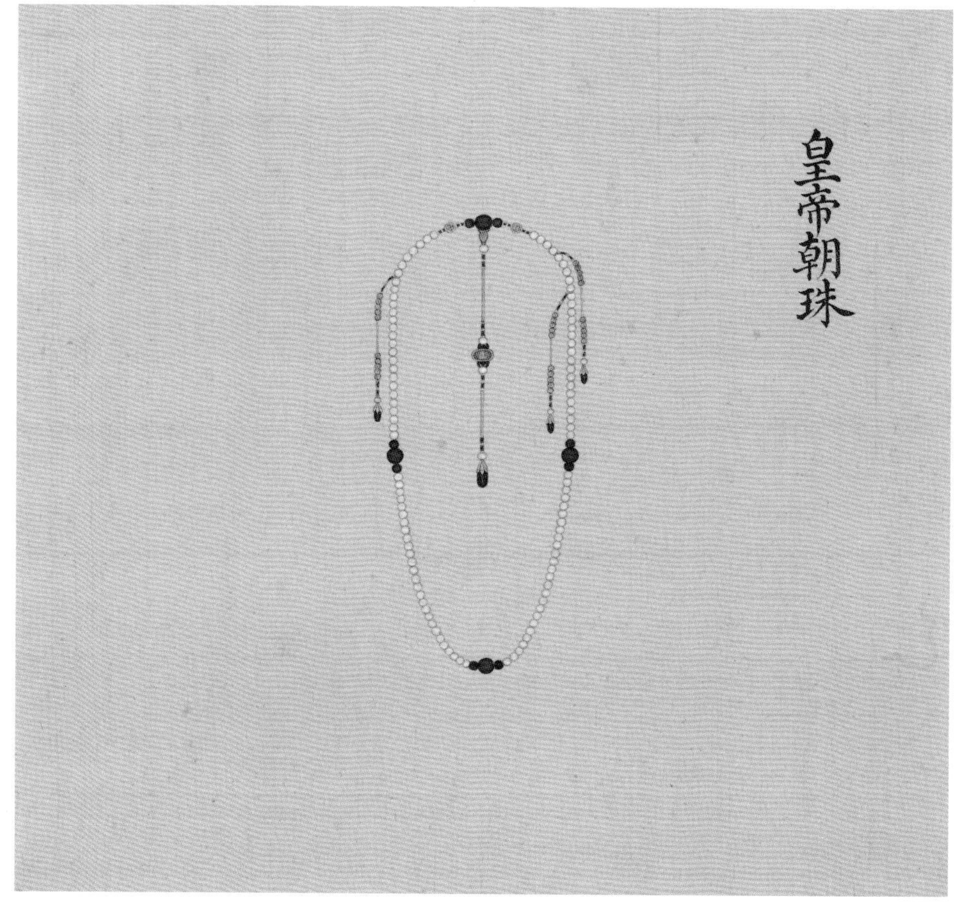

腰带有朝服带、吉服带、行服带等类别。朝服带是朝服上所系之带，吉服上系的名吉服带，行服所系之带则名行服带。朝服带、吉服带均依带鞓的颜色，带版的形状、质地及所佩帉（fēn）、荷包等物的不同来区分等级。

《皇朝礼器图》中的皇帝朝带与皇帝吉服带

清

每半开纵28.6厘米，横30.9厘米

中国国家博物馆藏

皇帝朝服带与吉服带分别用来搭配朝服与吉服。《皇朝礼器图》载：“皇帝朝带色用明黄，龙文金圆版四，饰红宝石或蓝宝石及绿松石，每具衔东珠五、围珍珠二十左右。佩帉浅蓝及白各一，下广而锐，中约镂金圆结饰宝如版，围珠各三十。佩囊文绣、燧觿刀削结佩惟宜，绦皆明黄色，大典礼御之。”“皇帝吉服带色用明黄，镂金版四，方圆惟便，衔以珠玉杂宝各惟其宜，左右佩帉纯白下直而齐，中约金结如版饰，余俱如朝带常服带同。”

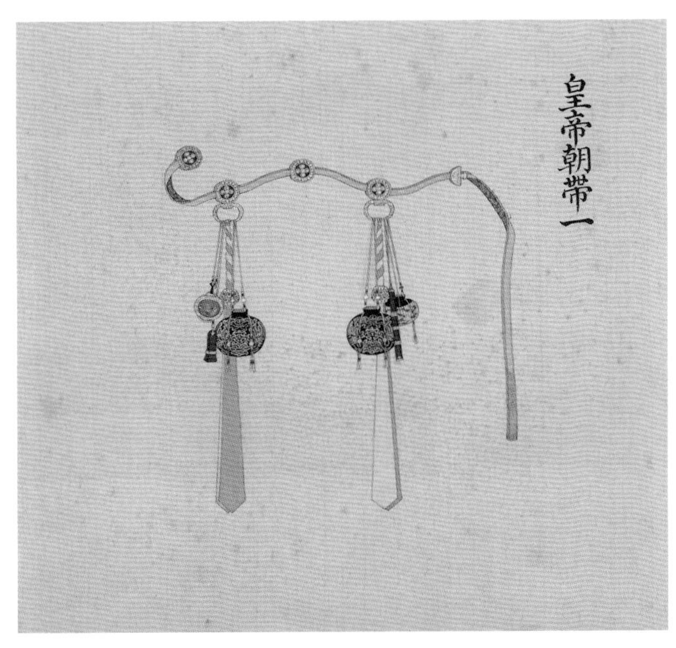

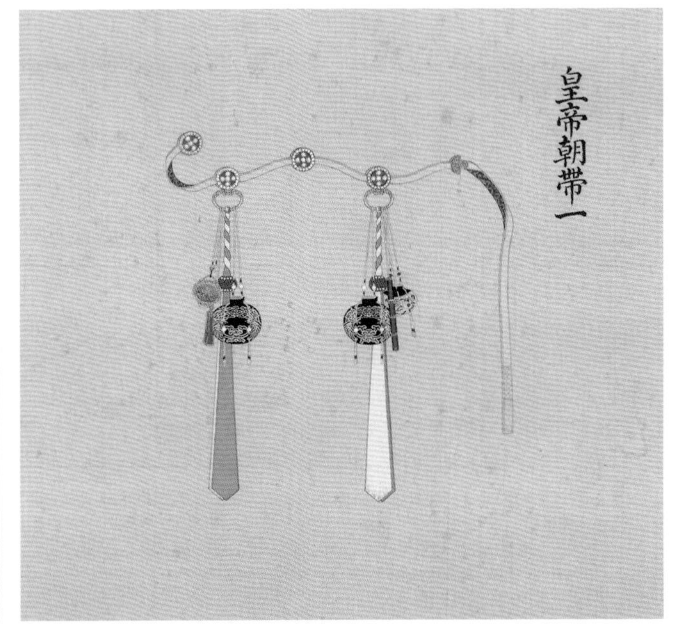

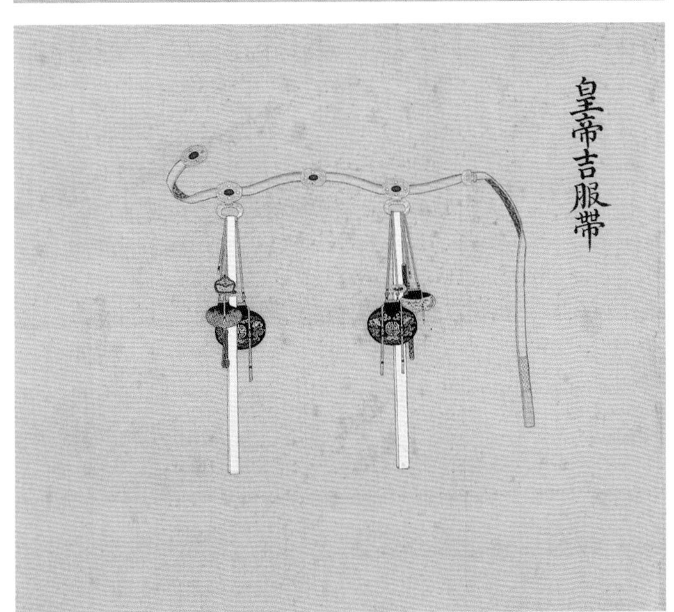

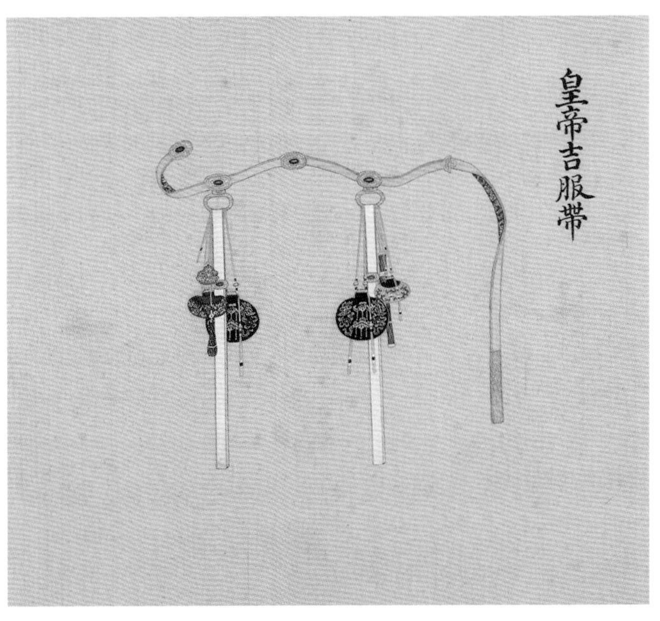

吉服带

清

带长130厘米，帉长70厘米

中国国家博物馆藏

吉服带是穿着吉服时所系的腰带，为清代官定佩饰之一，制作工艺与装饰手法多样。这件吉服带主体为黄色，带上装银质玉带头、带扣一对，银质玉带板两具。两具带板下方各挂一银质带环，环上分别系有荷包各一对、白色丝质帉各两条，帉下端直而齐。四件荷包中，两件形制完全相同，绣有云蝠纹及“万寿如意”字样，另两件分别绣“喜”“囍”字样及荷花、祥云等纹样。带上另系鸡翅木包金镶象牙饰件鞘刀一把，刀鞘内装鸡翅木柄小刀、象牙箸及牙签各一件。

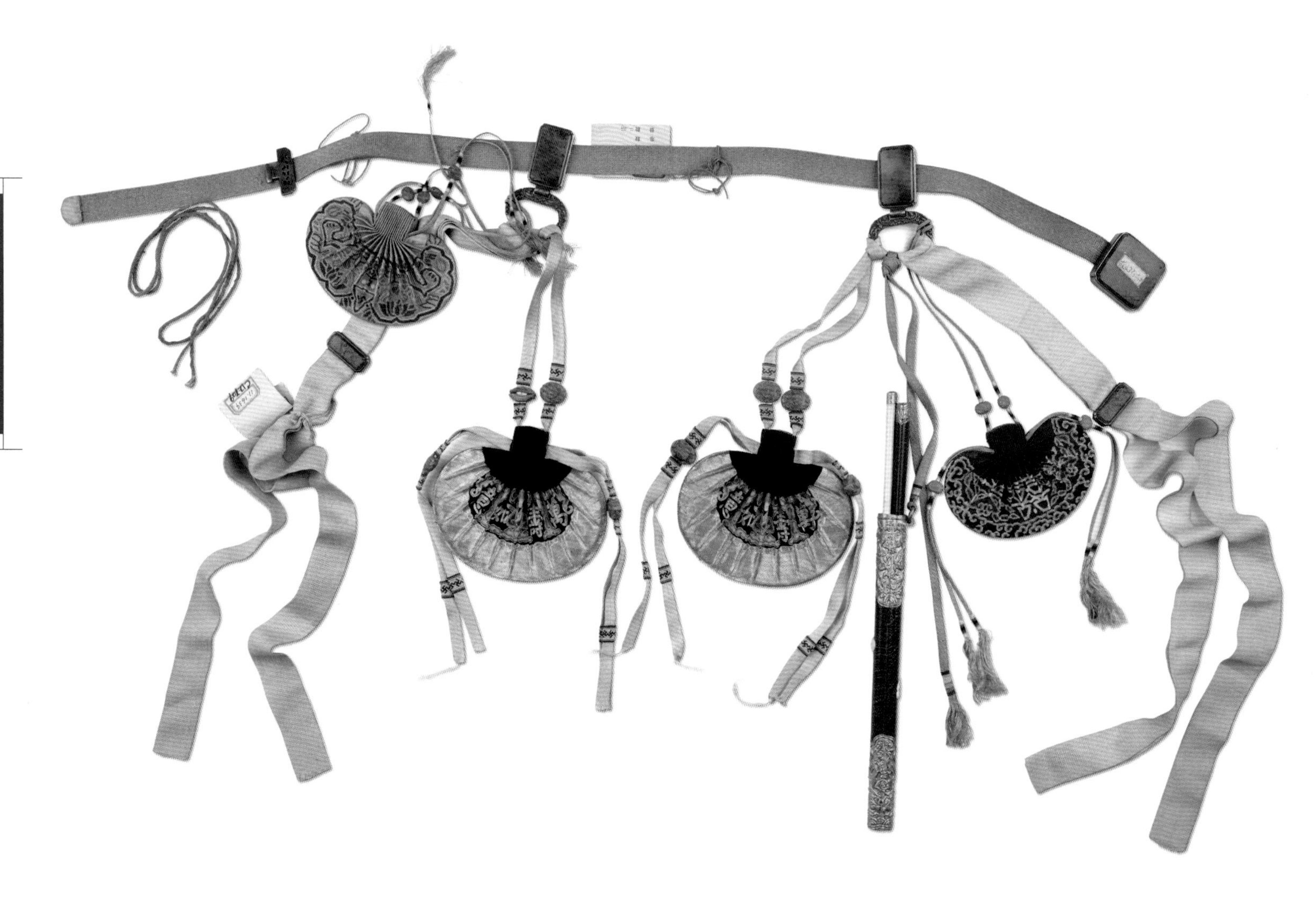

女装

旗人女性服饰

【冠帽】

清代皇太后、皇后朝冠分冬、夏两式，冬用薰貂，夏用青绒，缀朱纬，形制大体与皇帝朝冠相近，但三层顶子均承以金凤。吉服冠形制与皇帝吉服冠相近。

《皇朝礼器图》中的皇太后、皇后冬朝冠

清

每半开纵28.6厘米，横30.9厘米

中国国家博物馆藏

女朝冠为上至皇太后、皇后、妃嫔，下至皇子王公福晋、公主等命妇穿着朝服时所戴之冠，与男朝冠一样，也分冬夏两种。《皇朝礼器图》载："皇太后皇后冬朝冠，熏貂为之，上缀朱纬。顶三层贯东珠各一，皆承以金凤、饰东珠各三、珍珠各十七，上衔大东珠一。朱纬上周缀金凤七，饰东珠各九，猫睛石各一，珍珠各二十一。后金翟一，饰猫睛石一，小珍珠十六，翟尾垂珠五行二就，共珍珠三百有二，每行大珍珠中间金衔青金石结一，饰东珠、珍珠各六，末缀珊瑚冠后护领，垂明黄绦二，末缀宝石青缎为带。""夏朝冠青绒为之，余俱如冬朝冠。"

貂皮嵌珠皇后冬朝冠

清

通高30厘米，口径23厘米

故宫博物院供图

貂皮嵌珠皇后冬朝冠，冠圆式，貂皮为地，缀朱纬，顶以三只金累丝凤叠压，顶尖镶大东珠一，每层之间贯东珠各一，凤身均饰东珠各三，尾饰珍珠。朱纬周围缀金累丝凤七只，其上饰猫睛石各一，东珠各九，尾饰珍珠。冠后部饰金翟一只，翟背饰猫睛石一块，尾饰珍珠数颗。翟尾垂挂珠穗五行二就（横二排竖五列），中贯两面金累丝“心”形结，珠穗饰有金累丝与珊瑚制成的坠角。

清代皇太后和皇后冬季所戴的朝冠形制与皇帝的冬朝冠基本一致，但装饰所用的珠宝更多。夏朝冠的形制和装饰与冬朝冠亦基本相同，只是把金累丝凤变成金镶桦皮凤。

《皇朝礼器图》中的皇太后、皇后吉服冠

清

每半开纵28.6厘米，横30.9厘米

中国国家博物馆藏

女吉服冠为上至皇太后、皇后、妃嫔，下至皇子王公福晋、公主等命妇搭配吉服时所戴之冠，无冬夏之分。而在实际应用中，吉服冠一般在秋冬季节佩戴，春夏季则用钿子来搭配吉服。《皇朝礼器图》载：“皇太后皇后吉服冠，熏貂为之，上缀朱纬，顶用东珠。皇贵妃、贵妃皆同。”

【钿子】

清代八旗贵妇在着吉服或便服时均可戴钿子。它一般用金属丝缠黑线编成骨架，前高后低，形如覆箕，扣住发髻，再用簪钗固定，其上缀以珠翠花饰。根据丰俭的不同，又分成凤钿、满钿与半钿。

点翠嵌珠宝凤钿

清

高14厘米，宽30厘米，重671克

故宫博物院供图

钿以铁丝、纸板为架，其外缠绕以黑丝线编织成的网状纹饰，表层全部点翠。前部缀五只金累丝凤，上嵌珍珠、宝石，口衔珍珠、宝石流苏。金凤下排缀九只金翟，为银镀金质，口衔珍珠、珊瑚、绿松石、青金石、红蓝宝石等贯串的流苏。钿后部亦有几串流苏垂饰。

钿又称钿子，是皇后、妃、嫔们平时戴的便帽。这种帽子一般用藤丝编成帽架，也有的在纸板或细铁丝上缠绕黑色丝线为胎并编成方格纹、钱纹、盘肠等形式，再用各种宝石、珍珠嵌于帽架上，组成各种吉祥图案。此钿子用大珍珠五十颗，二、三等珍珠几百颗，宝石二百余块，珠光宝气，珍贵豪华，主要是在吉庆场合和传统节日时戴用的。

点翠钿子（满钿）

清

中国国家博物馆藏

钿子是清代旗人女性特有首饰类型之一，其外观前高后低、状如覆箕，基本结构可分为骨架、钿胎、钿花三部分，视钿上装饰钿花造型和数量不同又可细分为凤钿、满钿、半钿和清末出现的挑杆钿子。钿子与朝冠、吉服冠等礼制首服相比，佩戴范围更为广泛，可用于日常搭配吉服、常服和便服。

这件钿子以藤为骨，正面装饰钿花十四块，背面装饰钿花一块，钿花主题为花卉，周围点缀蝙蝠、海水江崖，综合运用錾金、累丝、镶珠嵌宝及点翠等工艺制成，类型为满钿。

料花钿子（半钿）

清

通高17厘米，通宽30厘米

前额宽22.5厘米

故宫博物院藏

钿子上装有各色称为“钿花”的饰件，这些饰件都可以拆卸，因此能够根据流行风尚对钿花进行更换。钿子一般在穿着吉服、常服时佩戴。

这件钿子装配钿花七块，以菊花为主题。钿花用蓝玻璃制成叶子，再用黄碧玺和粉碧玺制作成菊花的花瓣。碧玺为清代广受欢迎的宝石，在当时“质似水晶而腴，其价加乎水晶百倍，佳者重一两可值银二百两”。碧玺的颜色鲜艳而多样，非常适合表现钿子上的花卉题材。清代流行的碧玺颜色主要有桃花红、玫瑰紫、秋葵黄，这件钿子上所用的碧玺料即为当时流行的桃花红、秋葵黄两种颜色。由于碧玺在清代的价值贵重，推测这件钿子的使用者地位等级应该不低。

根据点查报告，这件钿子原放置于永寿宫正殿。永寿宫在光绪年间前后殿均辟为收贮御用物件的大库，这件钿子应该是当年收贮的物件之一。

【礼服】

清代命妇礼服由朝袍、朝褂与朝裙组成。其中，皇后朝袍有三种形式，均为明黄色，饰龙纹，有冬夏之分；有的有襞积，有的无襞积，箭袖、左右开裾，与皇帝朝服的款式大体相近。穿朝袍时内搭朝裙，外罩石青色、圆领、对襟无袖的朝褂，并挂朝珠，后妃着朝服时中、左、右共挂三盘，着吉服时挂一盘。此外还有领约、彩帨(shuì)等饰件。

孝穆成皇后朝服像

清

纵245.5厘米，横112.5厘米

故宫博物院供图

此画无款，为道光皇帝嫡皇后孝穆成皇后的朝服像，原存于寿皇殿以供祭祀。画中孝穆成皇后端坐于凤椅之上，身着朝袍及朝褂，头戴朝冠。其冠顶以三只金凤叠压，顶尖镶大东珠一，每层之间贯东珠各一。据实物及文献可知还应有猫睛石、青金石、珊瑚等宝石装饰。

在清代，皇太后及皇后的朝服形制是一样的。按《清史稿·舆服志》和《皇朝礼器图》，其朝袍“皆明黄色”，朝褂“皆石青色，片金缘”，但具体形制各有三种。图中所绘朝袍为第一种，即“披领及袖皆石青，片金缘，冬加貂缘，肩上下袭朝褂处亦加缘。绣文金龙九，间以五色云。中有襞积。下幅八宝平水。披领行龙二，袖端正龙各一，袖相接处行龙各二”；所绘朝褂为第三种，即“绣文前后立龙各二，中无襞积。下幅八宝平水。皆垂明黄绦，其饰珠宝惟宜”。其他如朝珠三盘、金约、领约、彩帨等图像也悉如典章所载。

明黄色缎绣彩云金龙纹女夹朝袍

清

身长129厘米，通袖长176厘米

故宫博物院供图

下图所示明黄色缎绣彩云金龙纹女夹朝袍，制作于清雍正时期。

朝袍为清代皇后礼服之一，主要用于元旦、万寿、冬至等重大典礼场合。这件朝袍为圆领，大襟右衽，马蹄袖，附披肩，披肩后垂背云一。缀铜鎏金錾花扣五枚。裾后开。内饰月白色团龙杂宝纹暗花纱里。在领口处系一黄纸签，墨书："鹅黄纱绣五彩金龙片金边袷朝袍一件。珊瑚背云坠角。"

此袍在明黄色实地纱地上，运用平针、套针、平金、钉线等刺绣技法，绣制彩云金龙及海水江崖等纹样。纹样构图简练质朴，线条舒展流畅，绣工精巧细腻，既体现出苏州刺绣工艺的高超水平，又把清雍正时期的装饰风格充分地表现出来。

《皇朝礼器图》中的皇太后、皇后朝褂

清

每半开纵28.6厘米，横30.9厘米

中国国家博物馆藏

乾隆十三年（1748年）十月，乾隆皇帝认为“朝祭所御，礼法攸关，所系尤重。既已定为成宪，遵守百有余年，尤宜绘成图式，传示法守”。于是命允禄、蒋溥等初纂《皇朝礼器图》，并于三十一年（1766年）由武英殿刻版印刷。它既是一部描绘清代礼器的图谱，也是一部记载清代典章制度类器物的政书。

《皇朝礼器图》有多个版本，中国国家博物馆所藏为乾隆年间内府彩绘本。此二帧为“冠服”中绘制的皇太后及皇后三种朝褂形制之一，即“绣文前后立龙各二，下通襞积，四层相间。上为正龙各四，下为万福万寿文”。其构图丰满，繁而不乱，设色和谐，可与现存朝褂实物互参。

银镀金嵌珠领约

清

直径25厘米

中国国家博物馆藏

领约又称“项圈”，是清代旗人命妇参加重要庆典，与冠服搭配使用的礼制首饰，装饰性大于功能性。《钦定大清会典图》中对宫廷后妃领约制度描述为：“皇后领约，镂金为之，饰东珠十一，间以珊瑚，两端垂明黄绦二，中各贯珊瑚，末缀绿松石各二。皇贵妃领约，饰东珠七，垂绦末缀珊瑚各二。贵妃、妃、嫔绦用金黄色，余皆同。”普通命妇使用领约“各照其夫品阶”。

这件领约为银质镀金，圆环形，开合式，共分三节。通体錾刻缠枝莲纹，正中一节镶嵌东珠五颗，后部端口做成花蕾造型，其上系石青色绦带。从领约上东珠数量判断，约为县君、贝子侧夫人、镇国公嫡夫人等级别的命妇佩戴之物。

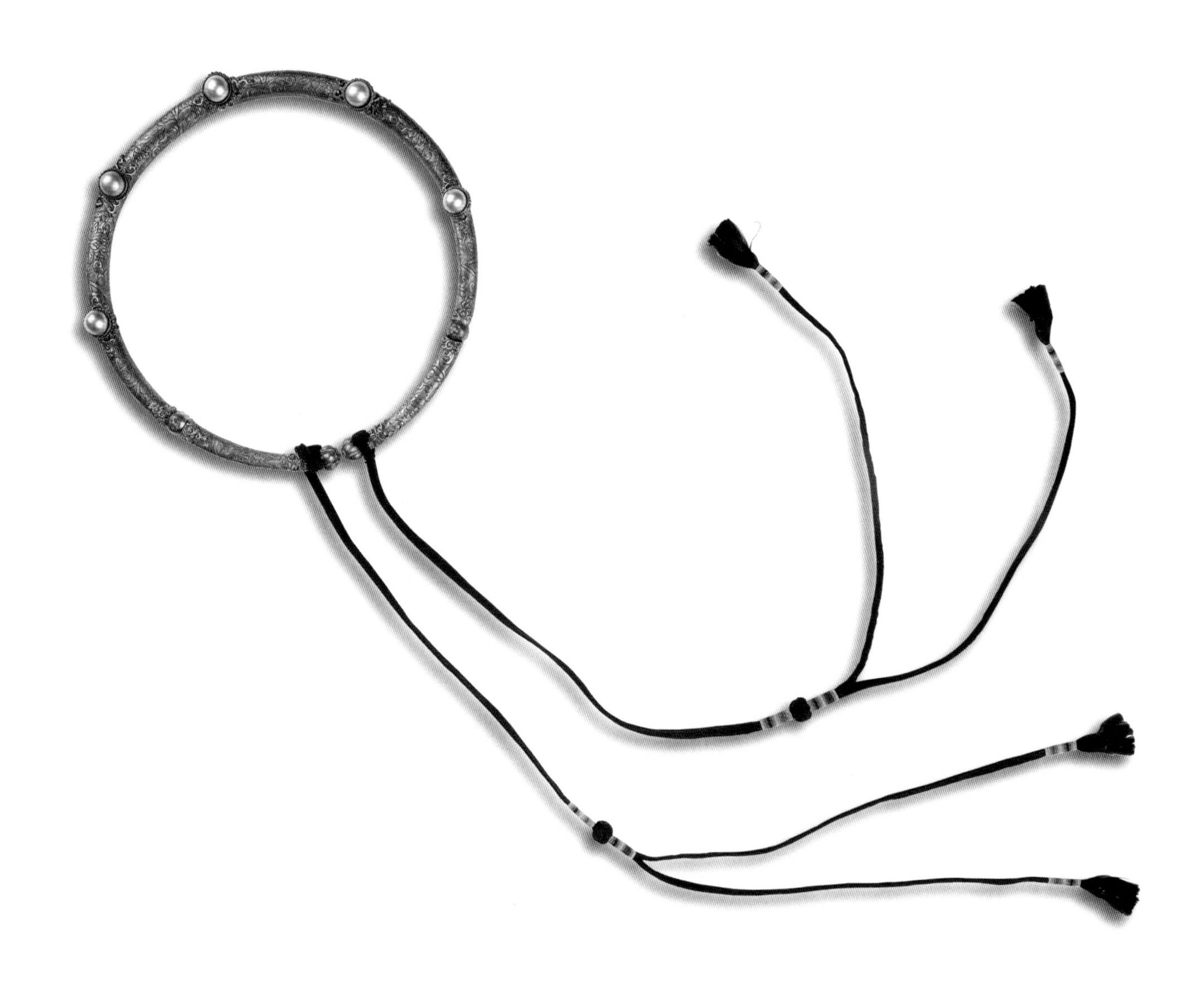

【吉服】

命妇吉服包括吉服袍和龙褂。其中，皇太后、皇后吉服袍有颜色、纹样均与皇帝龙袍相同的，也有绣团龙纹样的。男女吉服袍结构上的区别在于女吉服袍有中接袖、裾左右开。

《皇朝礼器图》中的皇太后、皇后龙袍（吉服袍）

清

每半开纵28.6厘米，横30.9厘米

中国国家博物馆藏

吉服袍为皇太后、皇后等命妇在嘉礼、吉礼等场合穿着的袍服，形制与男子吉服袍相近。《皇朝礼器图》中载记皇太后、皇后龙袍共有三种形制，皇贵妃龙袍形制与之相同，其一“色用明黄，领袖俱石青，绣文金龙九，间以五色云福寿文采惟宜，下幅八宝立水。领前后正龙各一，袖如朝袍，裾左右开，棉袷纱裘各惟其时”；其二“色用明黄，绣文五爪金龙八团，两肩前后正龙各一，襟行龙四，下幅八宝立水，领袖及裾制俱如前，棉袷纱裘各惟其时”；其三“色用明黄，绣文五爪金龙八团，两肩前后正龙各一，襟行龙四，领袖及裾制俱如前，棉袷纱裘各惟其时”。

石青色缂丝八团彩云金龙纹女棉龙褂

清

身长147厘米，通袖长169.5厘米

故宫博物院供图

下图所示石青色缂丝八团彩云金龙纹女棉龙褂，制作于清乾隆时期，清宫旧藏。

龙褂为石青色，圆领对襟，平口袖，后开裾。以圆金线缂织四团正龙和四团行龙，周围用五彩丝线织流云海水点缀，下摆织寿山福海及杂宝纹样。

后妃的冠服分礼服、吉服、常服、行服，龙褂是吉服之一种，为皇太后或皇后在祝寿、赐宴等重要典礼场合时穿着，是套在龙袍外面的一种服装。据《钦定大清会典》载：皇太后、皇后龙褂“色用石青，绣文五爪金龙八团，两肩前后正龙各一，襟行龙四，下幅八宝立水，袖端行龙各二”。这件龙褂正合于典章定制。

【便服】

清代后妃便服种类较多，其中最华丽者当属衬衣、氅（chǎng）衣。两者皆为圆领、右衽、直身、袖口平直的长衣。衬衣不开衩。氅衣开衩，滚镶之处较多，且常在左右襟上端用花边盘出大如意头，使它看起来更富丽。

蓝色纳纱金银荷花纹衬衣

清

身长133厘米，通袖长134厘米

中国国家博物馆藏

清代官定服饰中很多品类都带有开裾，为避免穿着时露出身体不雅观，需在内着衬衣。衬衣产生之初，男女用料款式差别不大，均较朴实。清中晚期，旗人女性衬衣逐渐由注重实用转向注重审美，发展成为装饰多样、做工精良、可外穿的便袍。

此衬衣为圆立领，大襟右衽，窄平袖，无裾，直身式袍，形制为清晚期式样。蓝色纱面料，衣身部分采用大面积平金银手法绣出荷叶荷花，此纹饰及工艺多应用于制作皇太后及皇后服饰，下幅平金银绣平水。衣缘从里到外依次滚镶盘长纹花边、元青纳纱荷花福寿纹边、元青梅花团寿纹织金缎边，缀织金缎盘扣六枚。

品月色地红花摹本缎夹氅衣

清

身长141厘米，通袖长129厘米

中国国家博物馆藏

氅衣是晚清后妃便装，也是后妃服饰中装饰工艺最为繁复华丽、穿用频率最高的服装种类之一。因其开裾较大，不能贴身单独穿用，需要套穿在衬衣或便袍之外，作为外衣穿用。

此氅衣为品月色地红花摹本缎面，圆领，缀立领，捻襟右衽，平端袖，袖长及肘，直身式袍。裾左右开至腋下并饰如意云头，由领至襟缀铜镀金錾花扣四枚。氅衣饰衣边三道，从里至外分别为黄色花蝶暗八仙纹绦、元青色绸地绣蝴蝶花卉盘长纹宽边及元青色绸素窄边。挽袖部分白色，绣蝴蝶兰草纹样。

旗人女性在穿着便服时，常在外面套坎肩（又名背心或紧身），一般为立领，长与腰齐，有对襟、大襟、琵琶襟、人字襟、一字襟五种。

镶花绦葡萄色八吉祥缎对襟坎肩

清

身长67厘米

中国国家博物馆藏

坎肩起初为满人内穿服装，到清末则成为套在长袍外穿着的外衣。这件坎肩圆领，对襟，无袖，左、右、后开衩。葡萄色曲水八吉祥纹暗花缎面，月白色绸里。衣襟上原缀纽扣五枚，如今只剩铜镀金扁圆形扣一枚。边饰从里到外依次为花卉几何纹绦边、白色缎绣缠枝莲葫芦纹边及元青色素缎滚边，在前襟下幅、后背上幅及左、右、后开裾处均盘饰有如意云头。

枣红色花卉纹摹本缎大襟坎肩

清

身长57厘米

中国国家博物馆藏

此坎肩立领、大襟右衽，无袖，四面均有开衩。枣红色花卉摹本缎面，月白色素纺丝绸里，衣襟缀盘扣五对。领部由里到外饰花卉绦边和黑素缎边各一，衣身饰天青配黑色绦子边、黑素缎滚边各一道。

平金打籽绣凤凰牡丹琵琶襟坎肩

清

身长65厘米

中国国家博物馆藏

此坎肩圆领，琵琶襟右衽，平金打籽绣凤凰牡丹纹面，檀色暗花绫里，衣缘镶元青色盘金打籽缠枝绣牡丹边、元青色素滚边各一，衣襟自上而下缀梅花纹鎏金圆平扣五枚。

宝蓝漳缎团花一字襟坎肩

清

身长63厘米

中国国家博物馆藏

立领，无袖，一字襟式短上衣。宝蓝色漳缎面，四周起大宽边，中间起蝙蝠、石榴、佛手主题团花纹样，寓意多福多子多寿，正面两肩下方及衣襟下方共缀鎏金纽扣十三枚。此坎肩为"巴图鲁"式样，俗称"十三太保"或"一字襟马甲"，起初为清代武将骑射时所穿，至晚清时则男女皆好穿用。《清稗类钞·服饰类》"巴图鲁坎肩"条载："京师盛行巴图鲁坎肩儿，各部司员见堂官往往服之，上加缨帽，南方呼为一字襟马甲。例须用皮者，衬于袍套之中，觉暖，即自探手，解上排纽扣，而令仆代解两旁纽扣，曳之而出，藉免更换之劳。后且单夹棉纱一律风行矣。"

【旗头】

旗人女性梳旗头，较有特色的是将真发平分两把，在头顶绾成平髻，再用扁方别住，名两把头或一字头。光绪晚期，做成硬质扇面形假髻，固定在发座上，显得更高大，名大拉翅。

孝贞显皇后璇闱日永图轴
（局部，仿制品）

清

纵188厘米，横96厘米

故宫博物馆院供图

清文宗孝贞显皇后钮祜禄氏（1837年—1881年），即慈安太后、东太后，广西右江道穆扬阿之女，是清入关后第七任皇帝清文宗奕詝（咸丰皇帝）的第二位皇后。

图中孝贞显皇后将头发自头顶中分为两绺，于头顶左右梳平髻，二平髻之间横插一大扁方，余发与头绳合成一绺，在扁方下面绕住发根以固定之。外观头顶像一字，也像柄如意横置于头顶上，因此，有两把头、一字头、如意头等称呼。

蒋重申夫人小像

清
纵169厘米，横76厘米
中国国家博物馆藏

蒋重申为清末外交家、满洲镶黄旗人完颜崇厚之妻，其家族数代文名。蒋重申本人善诗词，著有《环翠堂诗集》。画中人梳两把头，发髻正面左右分别装饰耳挖簪及菊花，背面插扁方，耳上戴镶珠金耳钳一对，身穿天青色衬衣，颈上系领巾，手持如意坐于石上。从其发式及着装风格看此画绘制年代应在清光绪朝。

孝钦显皇后便装油画像（摹本）

清

纵150厘米，横90厘米

原件藏于故宫博物院

画中的孝钦显皇后头梳大拉翅，耳戴东珠坠，颈间系月白色寿字纹领巾，身着明黄色绸绣葡萄团寿纹氅衣，衣襟处别有一挂手串，足蹬马蹄底旗鞋。在其双腕戴有翡翠镯，双手无名指均戴戒指，左手无名指及小指上套翡翠指套。人物衣饰上缀有大量东珠，服饰整体风格奢华。

晚清梳大拉翅的旗人贵族女性像

清

中国国家博物馆藏

照片中的旗人贵族女性头梳大拉翅，耳戴镶珠宝耳坠，颈间系钉料石珠绣花草纹领巾，外着多重滚镶边绣花蝶纹捻襟氅衣，衣襟处别手串一挂作为压襟，内穿刺绣衬衣。其右手持折扇一把，自腕部至手部依次戴有金镶珠伽南手镯、指环及护甲，整体衣饰风格华贵，拍摄时代约为光绪年间。

玉扁方

清

龙凤祥云纹玉扁方（上）：长27厘米，宽3厘米

荷花蜻蜓金鱼纹玉扁方（下）：长31厘米，宽2.7厘米

中国国家博物馆藏

扁方是清代中晚期旗人女性特色首饰类型之一，外观类似一把短尺，首部呈轴头状、尾部呈弧形，在梳两把头、大拉翅等发型时起固定和装饰作用。两件扁方均为白玉质，采用浅浮雕、阴刻线结合镂雕手法雕刻而成，其一为龙凤祥云纹样，另一为荷花蜻蜓金鱼纹样，雕工均较为粗糙，应为民间用品。

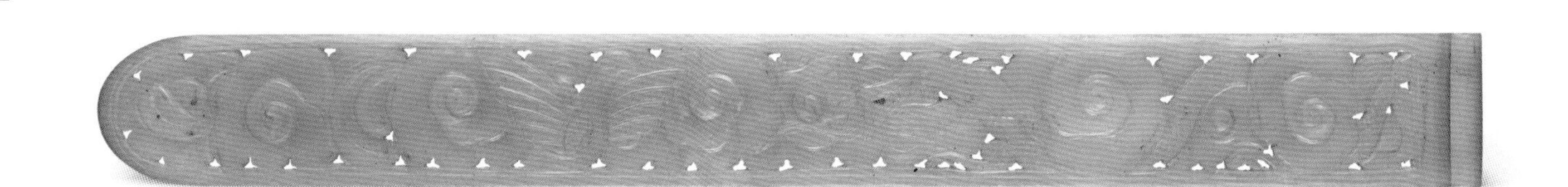

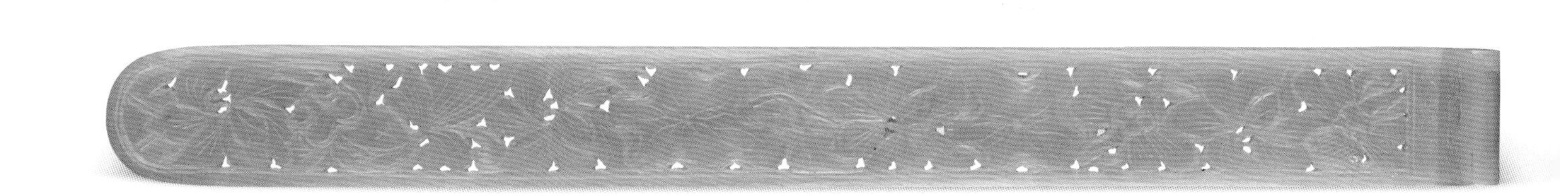

点翠缀珠银簪

清

长7厘米

中国国家博物馆藏

蝙蝠作为中国传统吉祥图案，在装饰纹样当中使用得很多，“蝠”与“福”字谐音，蝙蝠的形象被当作幸福的象征，以此来组成吉祥图案。

此簪运用了多种材质、多种工艺，其中涉及点翠工艺，点翠是将金、银片按花形制作成底托，用金丝沿底托边缘焊出浅槽，再把翠鸟羽毛镶嵌在座上。此簪还镶嵌有珍珠、米珠、碧玺等宝玉石，越发显得典雅而高贵。用点翠工艺制作出的首饰，光泽感好，色彩艳丽。

金累丝镶宝指套

清

长10厘米

中国国家博物馆藏

这对指套上端尖细弯曲，下端呈筒状，通体以金累丝工艺连缀成古禄钱纹样，上饰兰花造型五朵。花瓣部分以缉米珠攒成，花心镶嵌红绿宝石，花枝处辅以点翠，工艺精湛，佩戴时轻便透气。

指套又名“金指甲”“护指”，不仅能够保护使用者留蓄的长指甲，还能对手部进行修饰，是清中晚期旗人贵族女性常用的手饰之一。《清稗类钞·服饰类》金指甲条载：“金指甲，妇女施之于指以为饰，欲其指之纤如春葱也。有用银者，古时弹筝所用之银甲也。”

清代旗人女性发型（模型）

早期旗头

两把头

一字头

大拉翅

【旗鞋】

清代旗人女性不缠足，八旗女性所穿旗鞋按鞋跟薄厚大致可以分为平底、厚底与高底三类。其中平底鞋底为正常薄厚，俗称“绣花鞋”；厚底鞋鞋底通常以木头来制作，厚度在平底基础上增高一到两倍，款式既有正常鞋底形状，也有鞋尖翘起翻上，与鞋面相平者，称“平头鞋”；而高底女旗鞋，根据鞋底形状不同，可以分为花盆底、元宝底、马蹄底等款式。

雪青缎绣草虫马蹄底旗鞋

清

长23厘米，高14厘米

中国国家博物馆藏

清代旗人女性不缠足，其所穿旗鞋按鞋跟薄厚大致可分为平底、厚底与高底三类。其中，高底女旗鞋，根据鞋底形状不同，又可分为花盆底、元宝底、马蹄底等款式。花盆底鞋底形状自上而下逐渐变小，高度最高，可达20厘米以上。元宝底类似倒梯形，是高底鞋中最薄的品种。马蹄底旗鞋广泛流行于清晚期，其鞋底上宽下方，中央较窄，走起路来最为困难。

彩绣花蝶花盆底旗鞋

清

长15.5厘米，高16厘米

中国国家博物馆藏

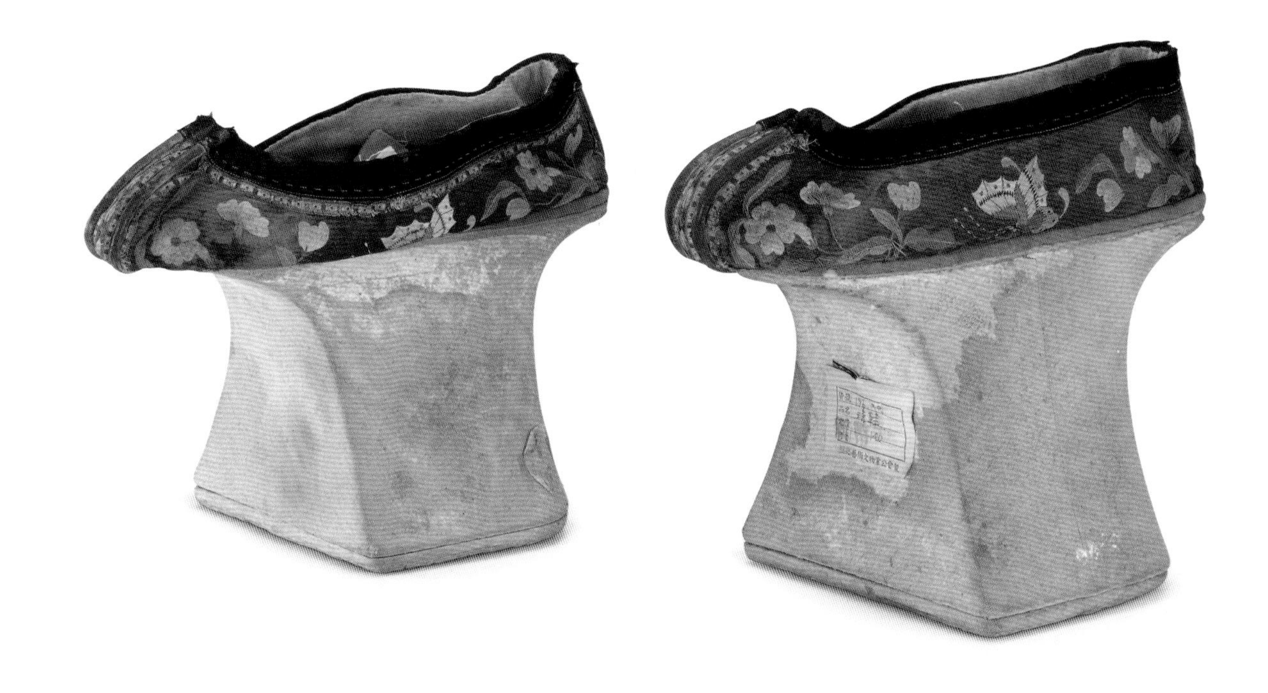

彩绣金鱼纹元宝底旗鞋

清

长20厘米，高8.9厘米

中国国家博物馆藏

汉人女性服饰

清初民谚称“男降女不降”，指男子易服着满装而女子着汉装，故沿袭明制，女子仍穿袄、裙。清末，较时尚的汉族女性会穿袄裤，且流行在衣、裤上镶边，有镶十余道者，俗称“大镶沿”。缠足之风在清代汉族女性中则一直相沿未替。

天青纱多重镶滚女衫

清

身长97.5厘米，通袖长143厘米

中国国家博物馆藏

晚清汉族富家女眷，普遍穿着衫袄搭配马面裙，衣缘刺绣滚镶甚为讲究。《清稗类钞·服饰类》载：“咸、同间，京师妇女衣服之滚道数甚多，号曰十八镶。”此女衫大襟右衽，衣长齐膝，衣袖宽大，左右开衩，以福寿绵长暗花天青纱为面料，领、袖、衣缘镶牙边三滚、绣边三道，中间穿插黑缎阑干两重，体现了晚清女衫七镶八滚的装饰特点。

雪青绸仕女花卉纹阑干裙

清

通长94厘米

中国国家博物馆藏

阑干裙为马面裙形制中的一类，其特点是裙身两胁处由若干梯形裁片缝合而成，并以深色缎边镶于缝合处。此阑干裙雪青素绸面，裙身两胁分别由海蓝色缎条阑干纵向拼接为五栏，中间一栏间距较宽，左右四栏相同。前后马面两侧及下摆、裙胁下摆处边饰由内而外依次为：蓝紫地几何波浪纹绦边、白素缎刺绣庭院仕女纹宽镶边、海蓝色素缎边。裙胁下部平绣散花、蝴蝶等纹饰。马面下部绣杂宝花纹，其中牡丹为打籽绣。裙整体色彩淡雅，纹饰规整，针法细密，寓意吉祥，为清中晚期汉族女性穿用。

米色纳纱花边女衫

清

身长93厘米，通袖长164厘米

中国国家博物馆藏

此衫立领，大襟，右衽，宽袖，原缀有黑缎盘扣。菱纹米色花罗地，无衬里。领部镶四合如意云肩，开衩镶如意云头。领部、两襟、下摆及开衩边饰由内而外依次为：豆绿地富贵绵长纹绦边、雪青地花卉纹绦边、纳纱绣戏曲人物纹宽贴边、黑色素缎边。左右袖端正面仅各有一朵散花，背面为人物纹，其绣工较他处草率，且无缘饰，或经修补更换。整衫配色清凉，应为夏日所穿。

纳纱绣是在纱地上进行的一种刺绣，常见于明清服饰中，其以真丝纱罗网为底，用彩线依照罗纱的经纬格局施针戳纳而成，故又称为戳纱绣。

蓝色绣花蝶女夹衣

清

身长111厘米，通袖长145厘米

中国国家博物馆藏

此夹袄立领，大襟，右衽，宽袖，缀铜鎏金圆扣四枚，开衩末端镶如意云头。海蓝提花盘长花卉纹绸为面，橘红素绸为里，通身以平绣、打籽、盘金等技法绣出牡丹、兰花、梅花、莲花、佛手、南瓜、蝴蝶等纹样。明黄素绸挽袖，背面锁绣园林、博古、虫草三块开光图案。领部边饰由内而外依次为：黑色素缎边、白素缎绣花卉纹窄贴边、施于衣身的刺绣花蝶纹、白素缎绣花卉纹窄贴边、黑色素缎边。两襟、下摆及开衩边饰由内而外依次为：明黄地花卉纹绦边、白素缎刺绣鱼藻花蝶纹宽镶边、黑色素缎边。整件夹袄运用了多种绣法，明快和谐，焕然如新，为不可多得的清代汉族女性服饰珍品。

大红洋绉庭院仕女纹女夹袄

清

身长89厘米，通袖长142厘米

中国国家博物馆藏

此夹袄立领，大襟，右衽，宽袖，缀黑缎盘扣六枚。以大红提花八宝纹洋绉为面，浅蓝色素绸为里。领部镶四合如意云肩，开衩及大襟末端镶如意云头。领部、两襟、下摆及开衩作双镶处理，内外分别为对鸟纹宽绦边与白素缎刺绣庭院仕女纹宽镶边。镶边最外缘还饰以刺绣花草纹与盘金绣万字纹。整件夹袄款式端庄，针法细密，应为清中晚期汉族富贵人家的成年女性穿用。

据清代汪士铎《汪梅村先生集》："生熟丝织文曰绉。"洋绉为湖州所产，本名"湖绉"。同治《湖州府志》说湖绉"俗名洋绉……今湖地产帛，惟此最多，通行甚广"。至于为何有洋绉之名，或为当时洋人大量采买，"番舶常取买头蚕湖丝，运回外洋"，受其影响所致。

大红纱缠枝莲纹阑干裙

清

通长97厘米

中国国家博物馆藏

此阑干裙大红提花八宝纹纱面，裙身两胁饰海蓝色缎条阑干，阑干下部装饰宝剑头绦边。马面两侧挖镶如意云头，下部饰开光刺绣庭院人物纹贴布，贴布以盘金绣填充留白。前后马面两侧及下摆、裙胁下摆处边饰由内而外依次为：石青地蝶纹绦边、五彩素缎边、白素缎刺绣缠枝莲纹宽镶边（缠枝为盘金绣）、海蓝色素缎边。其造型夸张，缘饰繁复，华美异常。

清末穿大镶沿女衫的汉族女性像

清

中国国家博物馆藏

此照片摄于1898年的苏州，照片中的青年女子及女童，短刘海、脑后绾髻，鬓边插簪，戴耳坠。上穿滚镶边衫袄，衣长至膝下，左右开衩，衣袖宽博。下着裙，裙下露出穿着弓鞋的足尖。

十美放风筝

清

纵68.8厘米，横117.5厘米

中国国家博物馆藏

清末天津杨柳青木版年画“十美图放风筝”，其中“十美”为约数。画面中共绘丽人十二位，有盘发簪花的，也有戴眉勒子或时样小帽的，其上身均着多重滚镶边及膝衫袄，下身有穿马面裙的，也有穿洒脚长裤、腰间系扎彩色长汗巾垂露衣外以为装饰的，为清末流行的汉族女装式样。

历代人像

（复原）

西汉前期女性装扮：椎髻、曲裾深衣

主要参照湖南长沙马王堆1号汉墓出土服饰及同时期帛画、陶俑制作。

春秋战国至汉流行穿着一类深衣制服装，即上衣下裳分裁，并相接缝合成的长衣，加以缘边，交领、右衽、长袖。西汉前期有一种曲裾式长衣，衣襟向右接长成三角，并绕至身后形成绕襟效果，或即为文献所称"续衽钩边"，从出土陶俑图像中看，襟摆甚至可绕至数圈，其外还可以罩以窄缘单衣。本件衣身参照马王堆西汉墓杯纹罗地锁绣信期绣，头梳简单的椎髻，前额左右各插一枝步摇。

复原样稿·西汉前期妇女

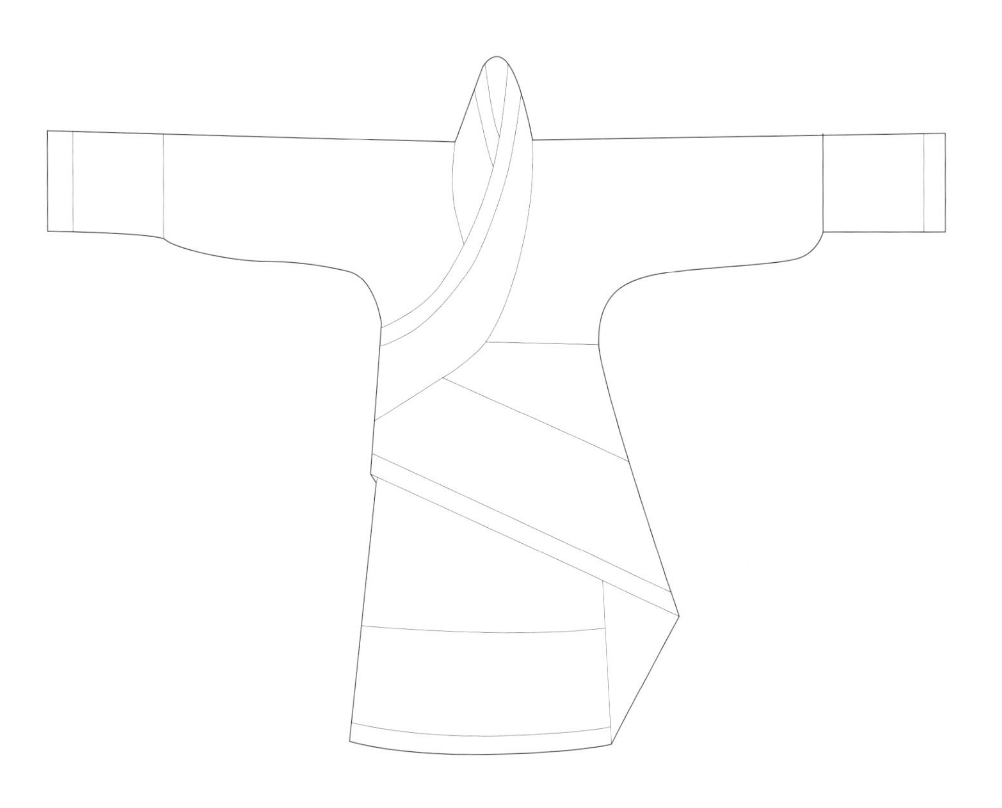

曲裾深衣款式示意

东汉文官着装：进贤冠、皂朝服

主要参照汉代文献，以及东汉末前后壁画如河南洛阳朱村壁画、线刻、陶俑等推定制作。

进贤冠是汉代文官的标准冠帽，也就是后世梁冠的前身。《后汉书·舆服志》中称进贤冠本是古时“文儒者之服”，所以就被当作文职官员所戴的“文冠”。文官有向朝廷进荐贤才的职责，所以名之“进贤冠”，是中国古代沿用时间最长的冠式之一。冠下有帻，是一种用黑色布帛制成的“韬发之巾”。冠上有梁，“梁数随贵贱”，汉代有三、二、一梁几个等级。汉时有五色五时朝服，为深衣制，皂色是使用较多的一种。腰间有绶带，不同级别长度、色彩也各不相同。

复原样稿·东汉文官

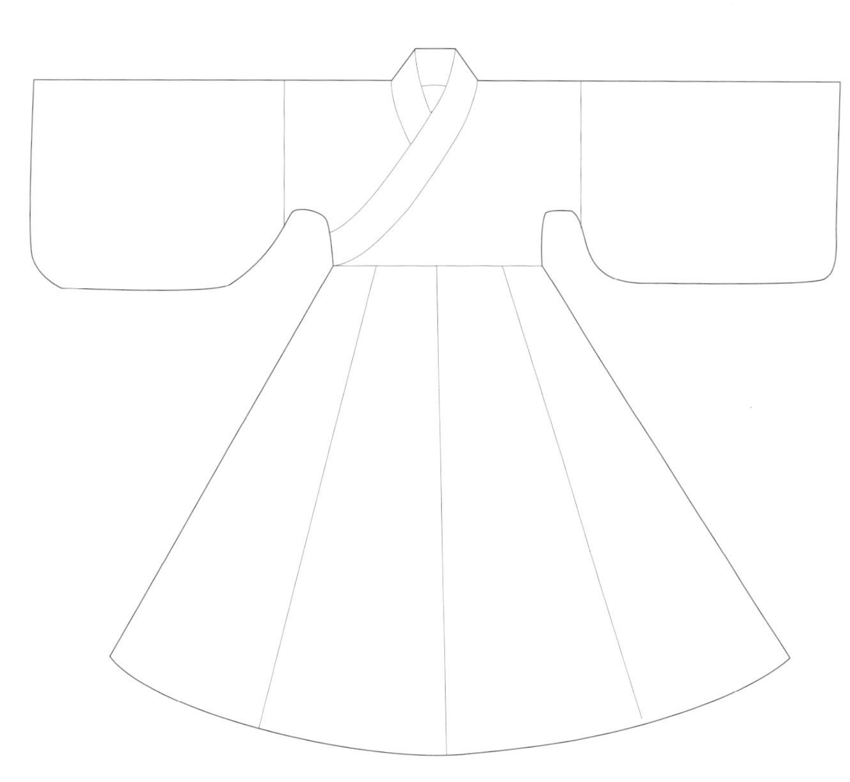

皂朝服款式示意

唐代帝王礼仪服装：通天冠、绛纱袍

主要参考敦煌唐咸通九年《金刚般若波罗蜜经》卷首图帝王、《历代帝王图》及出土唐代玉佩、金蝉、礼服冠等实物，根据文献记载推定制作。

通天冠是秦汉以来帝王的朝服冠，“高九寸，正竖，顶少邪却，乃直下为铁卷梁”。唐代帝王依然沿用，并逐渐演变成更加富丽堂皇的样式。冠上有卷梁，前有金博山附蝉，下为介帻。身穿绛纱袍，为深衣制。前系绛纱蔽膝，内穿白纱中单、白裙襦，白袜、黑舄，还有革带、白假带、剑、玉佩、六彩大绶等配件。在“诸祭还及冬至受朝、元会、冬会”等隆重场合使用，是仅次于冕服的帝王大礼服。

复原样稿·唐代帝王

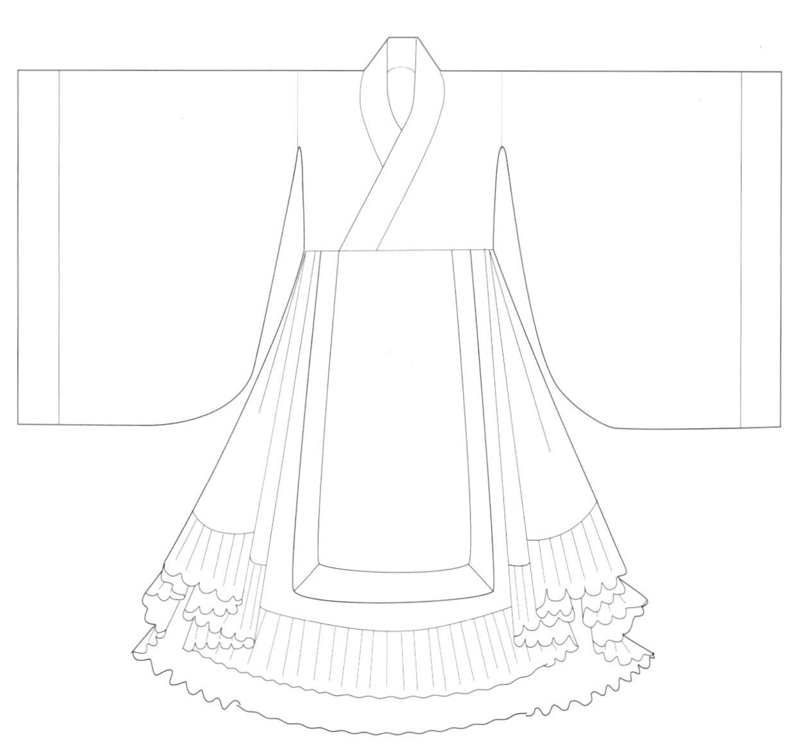

通天冠服款式示意

初唐官员常服：幞头、圆领襕袍

主要参照中国丝绸博物馆、日本正仓院等机构收藏唐代圆领袍，以及初唐壁画、陶俑制作。

唐代的日常服饰风格多样，并融合了不少西域服装元素，呈现出和先秦两汉完全不同的面貌。其中男装通常使用窄袖圆领袍、靴、革带的搭配。唐圆领袍衫的基本形制特征为圆领、长袖、右衽的长衣，初期较为紧身、窄袖。包括襕袍衫和缺胯袍两类，正式的“襕袍”不开衩，膝下小腿位置用一幅布接出一圈横襕。领口和襟各有一枚扣袢系合。颜色主要有赭黄、紫、朱红、绿、青、黄、白几种，朱红为四、五品官员的袍色。袍内衬半臂，里穿汗衫、裈、袴。

复原样稿·初唐官员

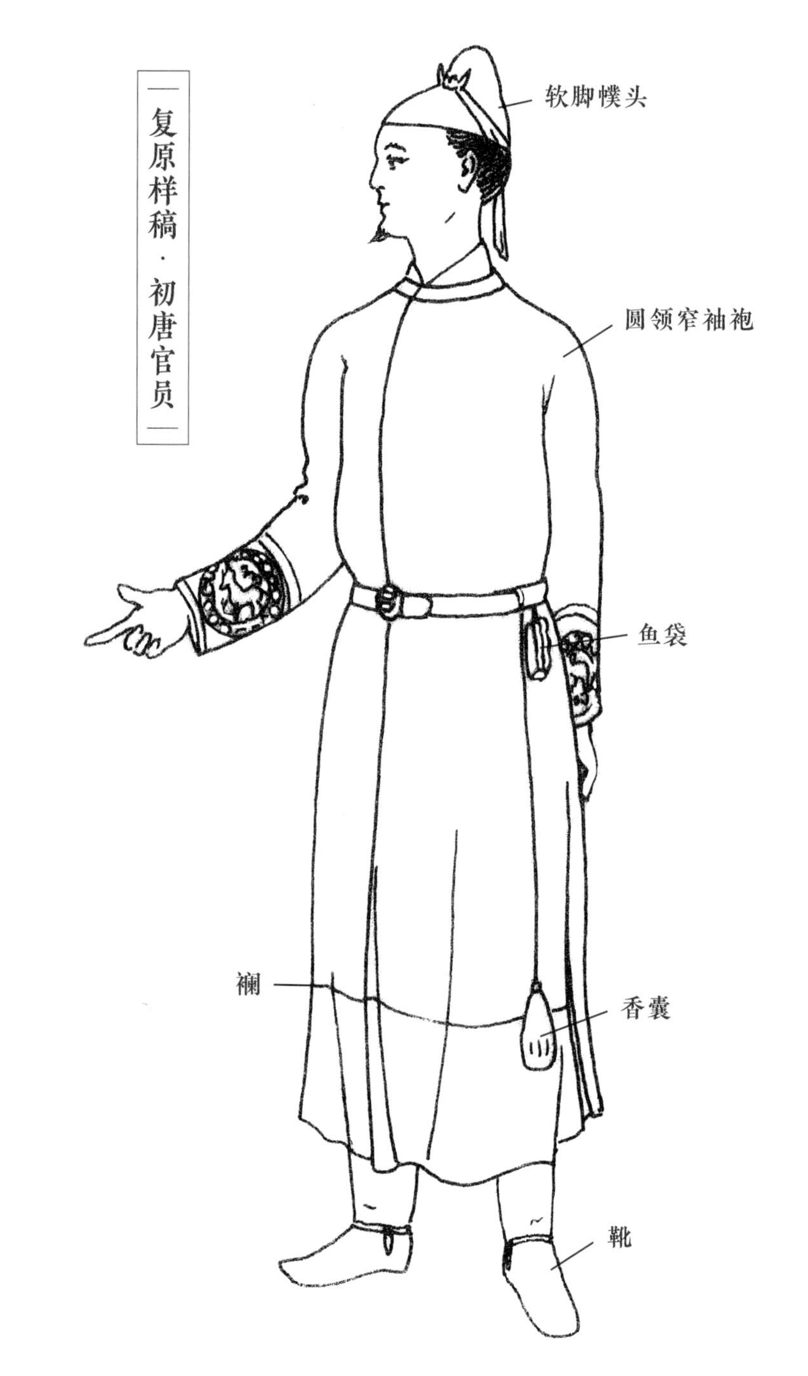

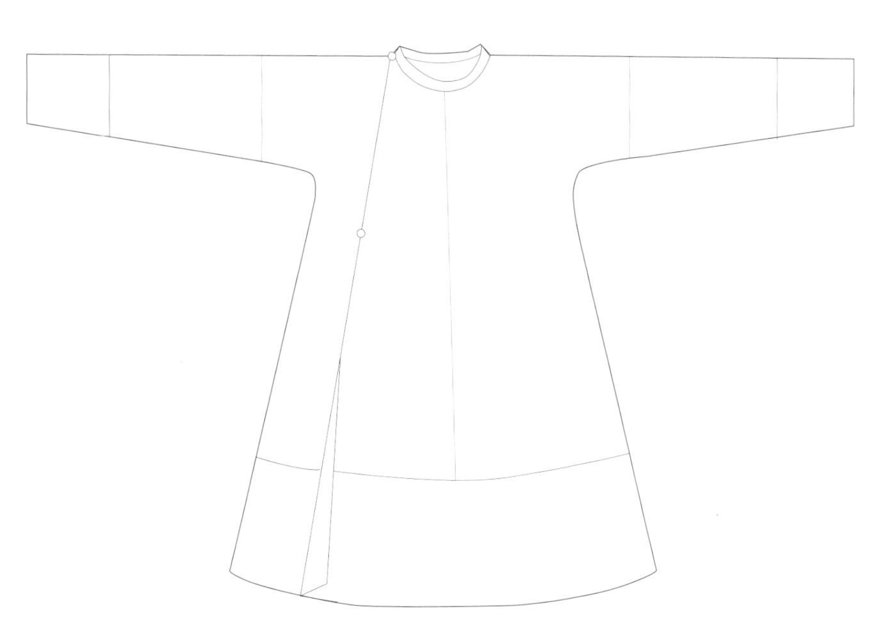

圆领襕袍款式示意

盛唐侍女装扮：双髻、翻领袍、袴

主要参照盛唐前后出土绢画、线刻、陶俑中的侍女形象及出土传世唐代圆领袍、鞋履等实物制作。

唐代侍女为了行走活动方便，最常见的打扮就是模仿男装的缺胯袍袴，上身穿一件圆领、窄袖、左右开衩的袍服，袍色比较自由，下身穿袴，并且流行条纹袴，可以不穿裙。所以在唐人语境里，常常就直接用“袍袴”一词来指代婢女。本例身穿绿宝花缬圆领缺胯袍，做翻领式，腰系蹀躞带，穿条纹袴，红袜、线履，头梳双垂髻，做斜红、花钿妆，是较为华丽的一套盛唐时期侍女的着装打扮。

复原样稿·盛唐侍女

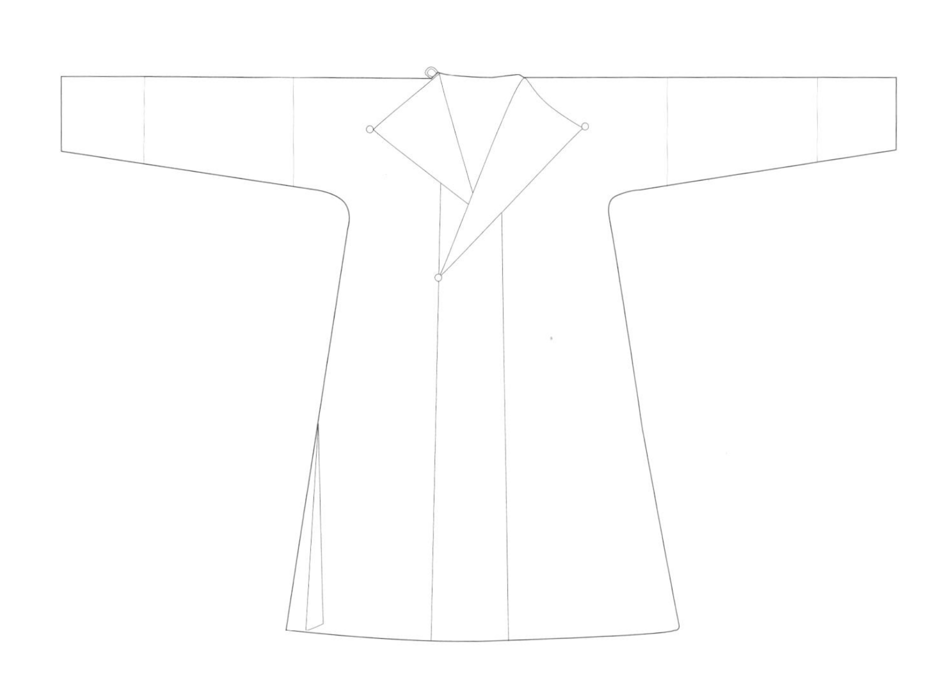

圆领袍款式示意

唐末五代贵族女性装扮：高髻、大袖披衫、长裙、帔

主要参照辽宁省博物馆藏《簪花仕女图》、江苏江宁南唐二陵仕女俑等唐末五代陶俑及壁画制作。

唐代女性日常服饰的基本构成是裙、衫、帔。盛唐以后，服饰日趋肥大，至中后期发展为极其宽博拖沓的样式，并使用大量轻纱薄罗面料。头梳巍峨高髻，上有大朵簪花，为五代渐为兴盛的做法，发髻正中所插金钗有多层垂穗。对襟大袖披衫，袖阔至三尺，下摆置于裙外；身披长帔帛，一端绕过身前搭于左臂；裙摆拖地，上有红地彩绘团花纹，也是五代时期流行的图案与样式，若撩起裙摆可见内衬的花边襜与衬裙。

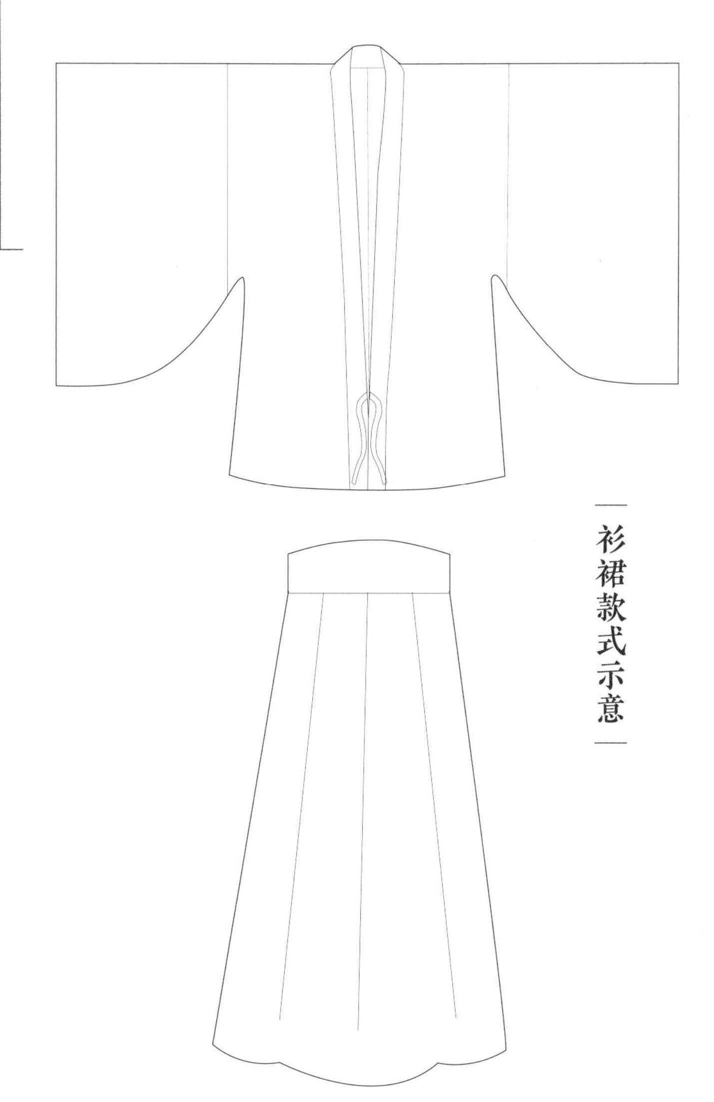

衫裙款式示意

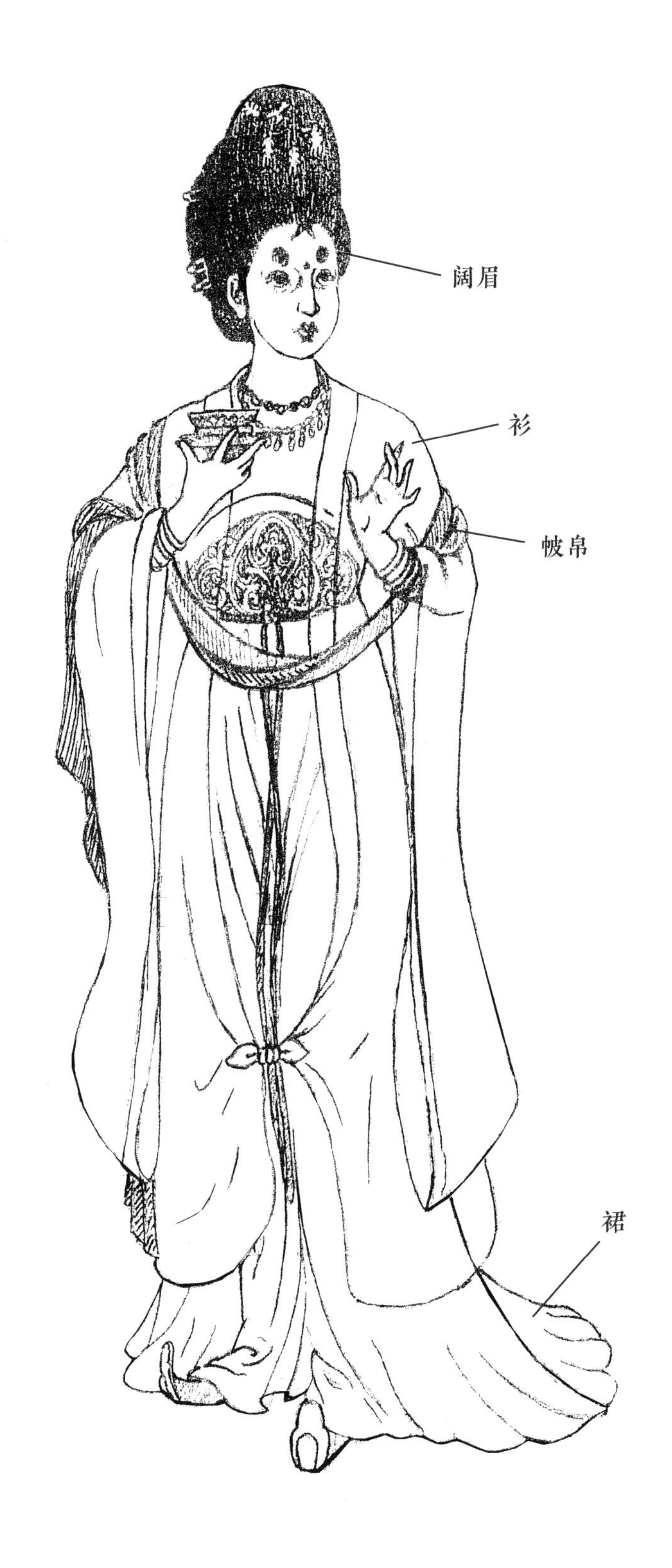

复原样稿·唐末五代贵族妇女

南宋官员公服：展脚幞头、公服

主要参照浙江黄岩南宋赵伯澐墓出土公服及宋代文献、画像、出土腰带制作。

宋代公服继承唐代常服圆领襴袍样式，但发展为袖阔三尺的大袖袍服，成为帝王百官更加正式的服装。其基本样式为大袖、曲领右衽、下接一幅横襕，两侧不开衩。相比于唐代，领圈也更宽大，并且露出内衬的交领背子。头戴展脚幞头，是唐代垂脚幞头威仪化的结果，腰系革带，穿乌皮靴。浙江黄岩南宋赵伯澐墓中曾出土一件素罗圆领大袖袍，就是标准的宋制公服。宋初公服服色等级色彩与唐制一致，有紫、朱、绿、青四级，元丰年间“去青不用”，改为四品以上服紫，五六品服绯，七八九品服绿。内衬交领背子、汗衫与裈袴。

复原样稿·南宋官员

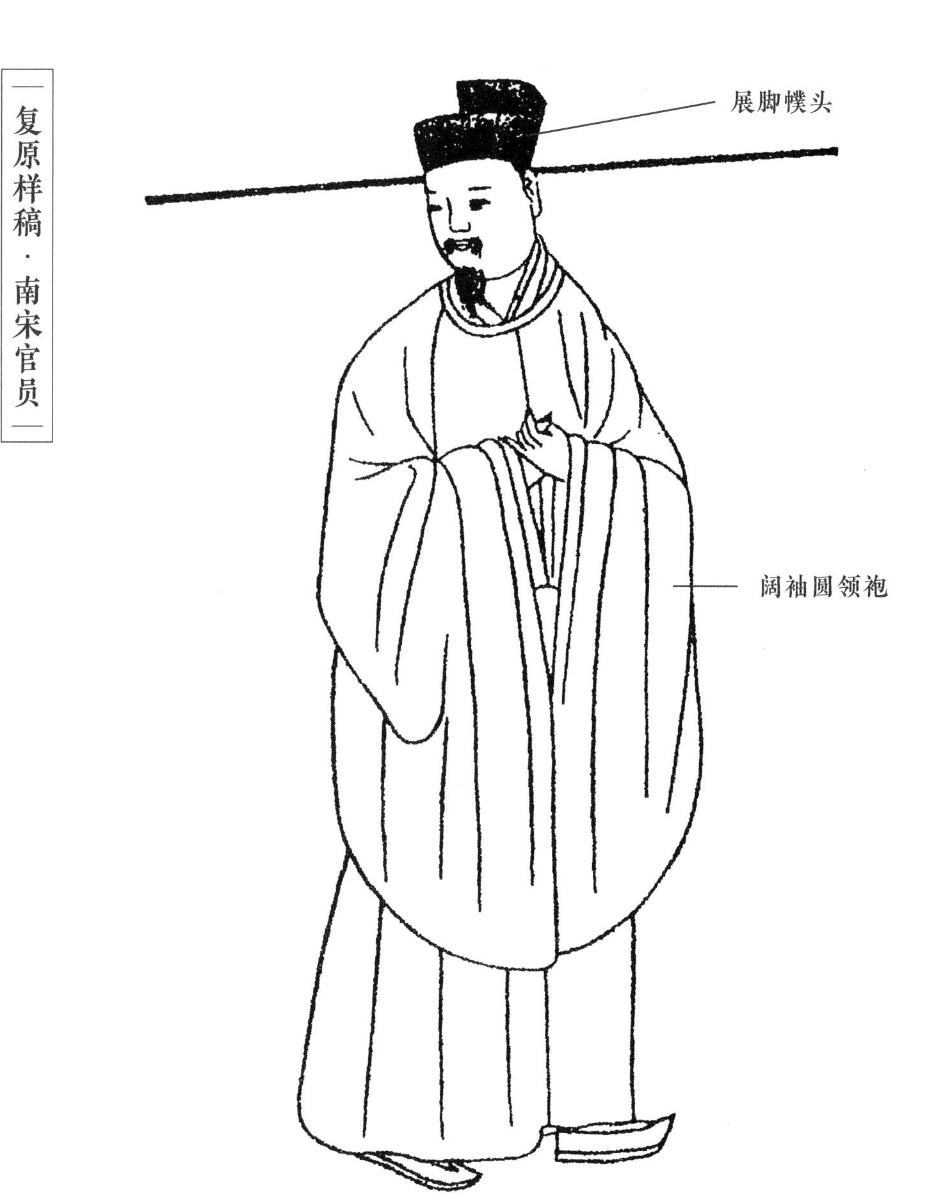

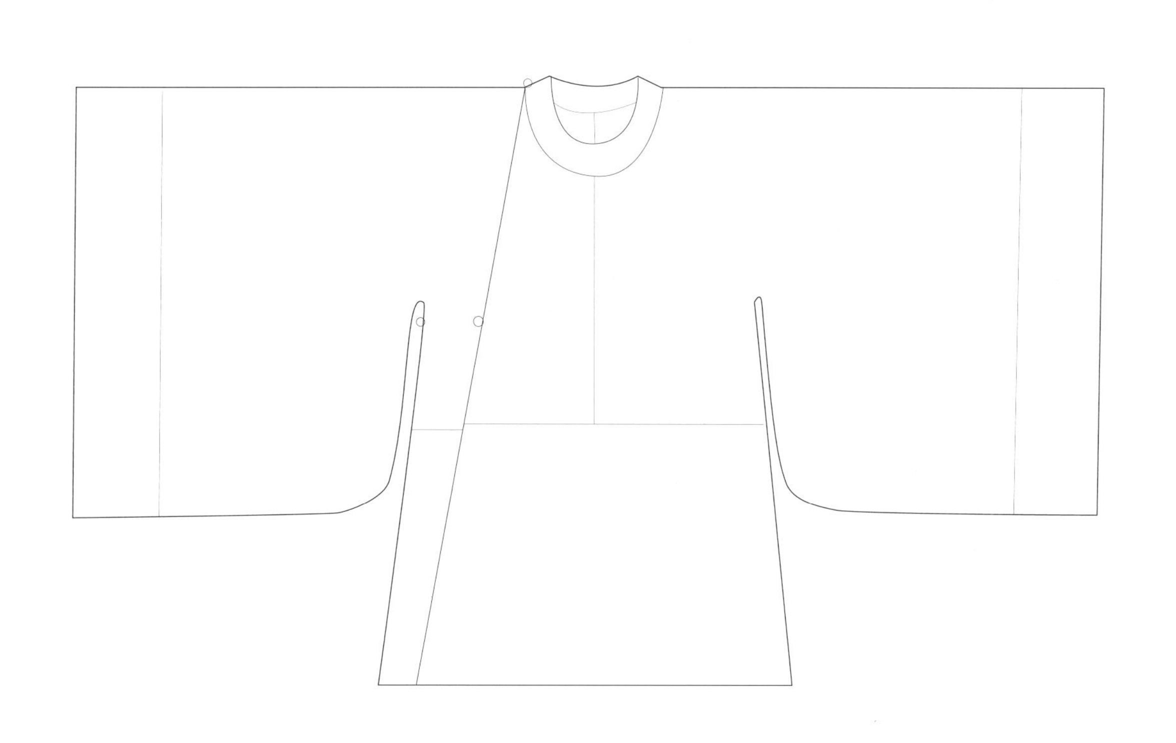

公服款式示意

南宋女性日常装扮：冠子、背子

主要参照福建福州黄昇墓、茶园山宋墓出土服饰实物及出土南宋金银首饰、传世南宋仕女画制作。

背子是宋代日常女装中最具代表性的一款对襟开衩服装，其基本形制是直领、对襟、窄长袖，两侧开衩至腋下，胸前有时会加缀一对系带。衣身通常使用较为轻薄浅淡的面料，有时在领抹做花边装饰，还可以在领襟、袖口、下摆做全缘边装饰。宋代不同时期的对襟衫类服装也有长短宽松的区别，当时或有称呼上的差异。南宋衫子、背子流行较为紧身窄袖的样式。内穿抹胸，下身先穿一件合裆的裈，再穿侧开袴，还可以套穿前开衩的褶裙或者两片式裙。头上可以挽团髻、戴冠子，戴各种精巧的簪钗耳坠。妆面以浅淡的白妆为主。

复原样稿·南宋妇女

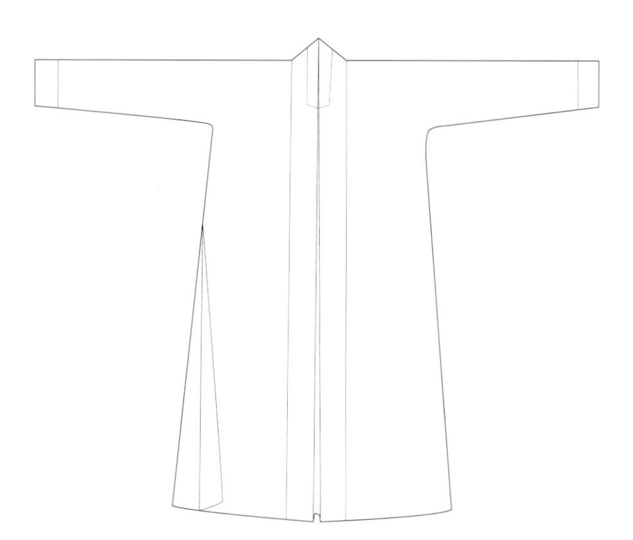

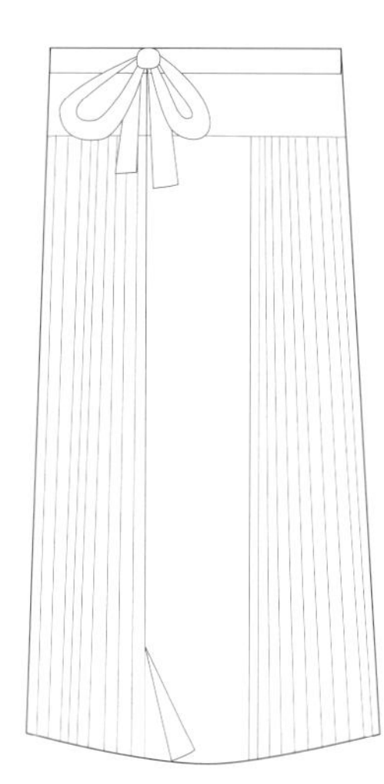

背子、褶裙款式示意

元代男性着装：幔笠、辫线袍

主要参考国内外机构收藏元代出土辫线袍实物及元代壁画、陶俑、文献记载制作。

辫线袍为元代男装中极具代表性的一种款式，也有“辫线袄子”“腰线袄子”的称呼，其基本特征为交领右衽、窄长袖、下摆多有密褶，下摆右后侧开衩重叠，腰部有腰线或辫线等。辫线袍窄袖束腰、上紧下松的形制满足了马上民族便于骑射、利于保暖的需求。其最大的特点就是腰部的辫线细褶，《元史·舆服志》：“辫线袄，制如窄袖衫，腰作辫线细褶。”腰线可折褶或缝缀，有用帛条做腰线和以丝线捻成之分。头戴幔笠，也是元代男性常用冠帽。

复原样稿·元代蒙古族男子

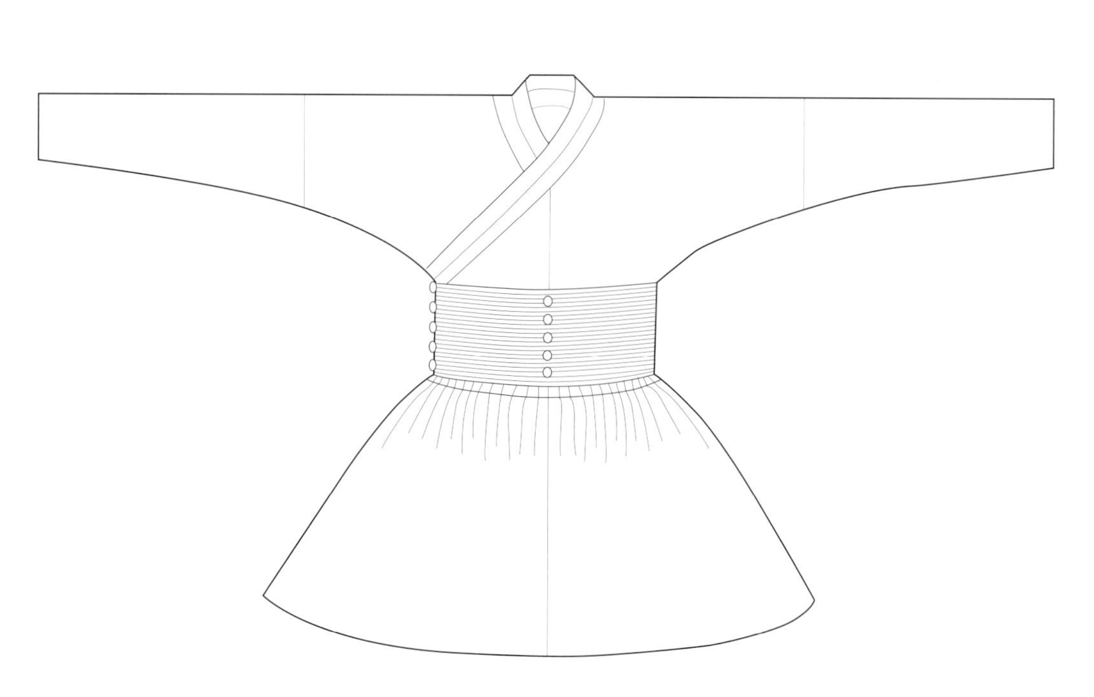

辫线袍款式示意

元代贵族女性正式着装：罟罟冠、大袖袍

主要参照南薰殿旧藏元代皇后半身像册，出土元代女大袖袍、罟罟冠实物，元代壁画及相关文献制作。

罟罟冠是极具蒙古特色的女性首服，罟罟又做“姑姑”“固姑”“罟故”等，写法不一，源自蒙语“美丽”“装饰”“头饰”之意音译，被视为蒙古女性的象征。整体呈上宽下窄的高筒形，通常以木为胎，裹以织物，饰华美的金银珠宝，顶部翎管插有翎羽，周围有时饰以五色朵朵翎。下连兜帽、后披、抹额及珍珠瓔珞（脱木华、速霞真）。身穿衣身宽大、袖口窄小的右衽交领袍服，领、袖缘装饰有一宽二窄的三层织金边，袍长可至拖地。内衬对襟衣。

复原样稿 · 元代蒙古族妇女

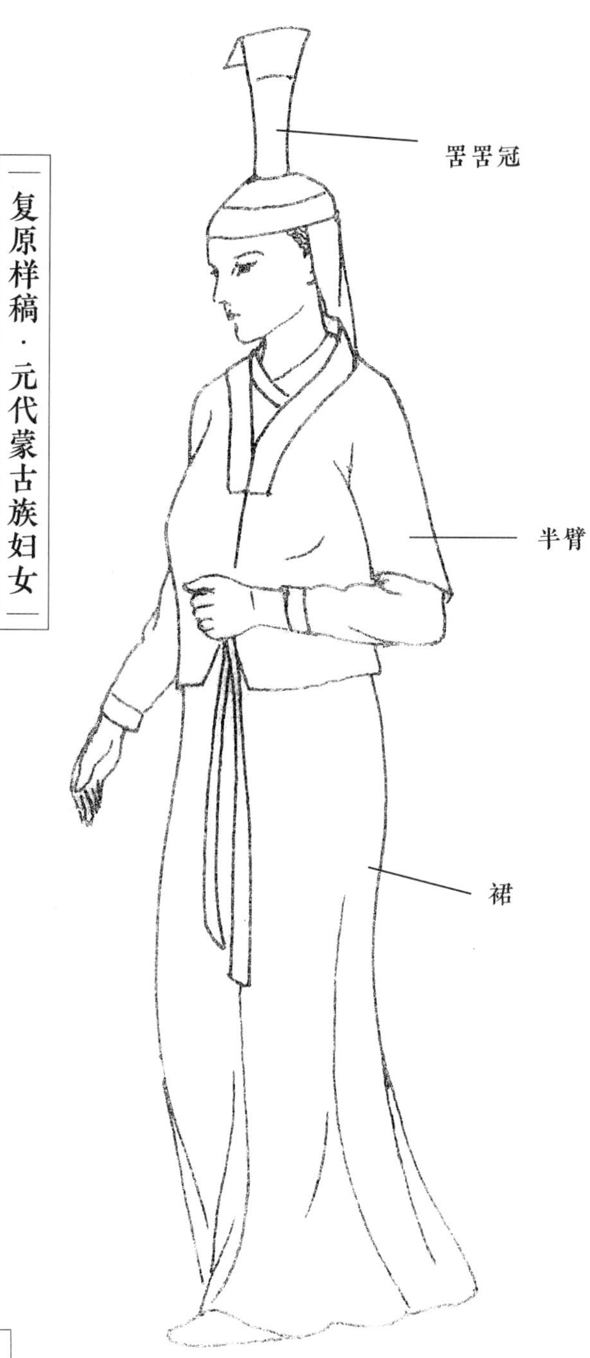

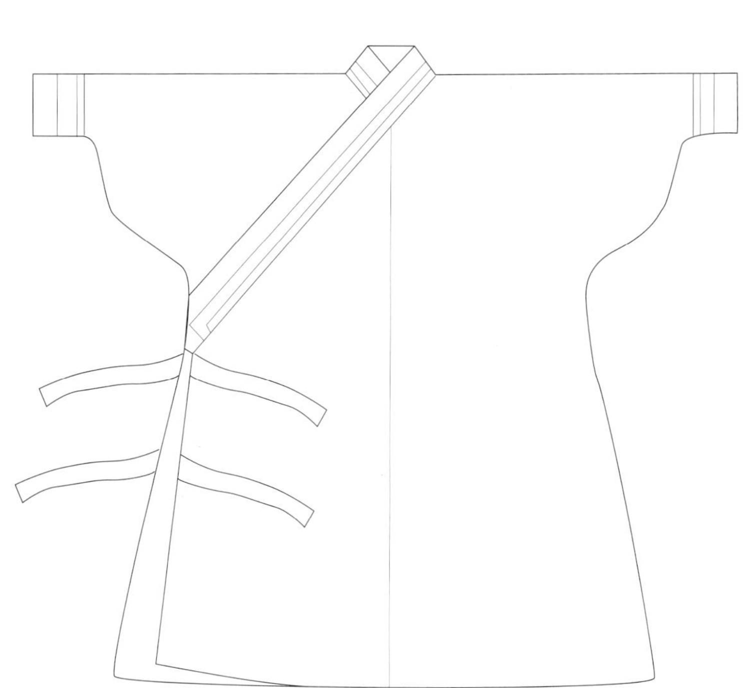

大袖袍款式示意

明晚期文人便服：方巾、鹤氅、道袍

主要参照明后期文人行乐图、肖像及曲阜衍圣公府旧藏明代服饰等传世出土实物，结合明代笔记等相关文献制作。

道袍是明后期士人常用的一款代表性服装，道袍大多为日常所穿，既可用作外衣，也可作为衬袍。其基本形制特点是交领、右衽，大袖，收袖口。领子极宽，并缀有白色护领。两侧开衩，有内摆缝缀在后腰内侧，避免内衣外露。道袍之外还可以加披对襟披风，或大氅、鹤氅衣，鹤氅的领、袖、衣襟均施以皂色或深色的缘边，袖口敞开。头戴方巾，也是士人最具代表性的一种巾式。脚穿云头履。内衬贴里。

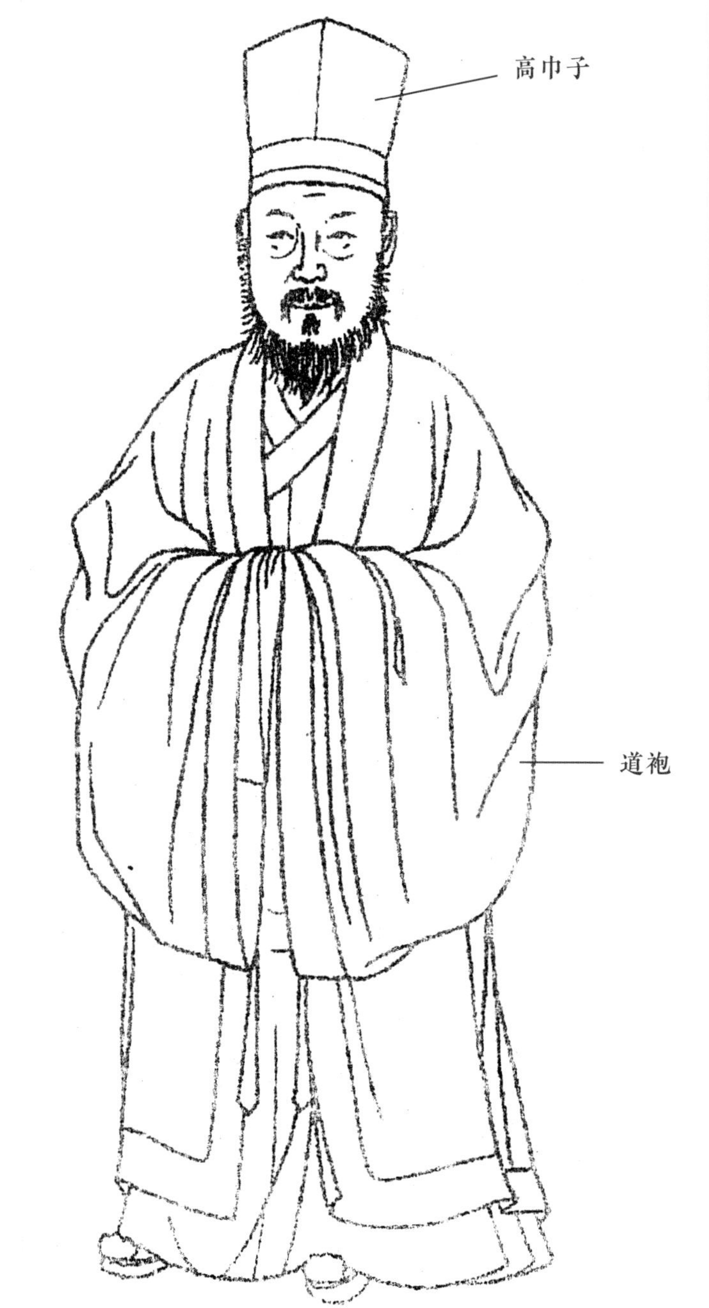

复原样稿·明晚期文人

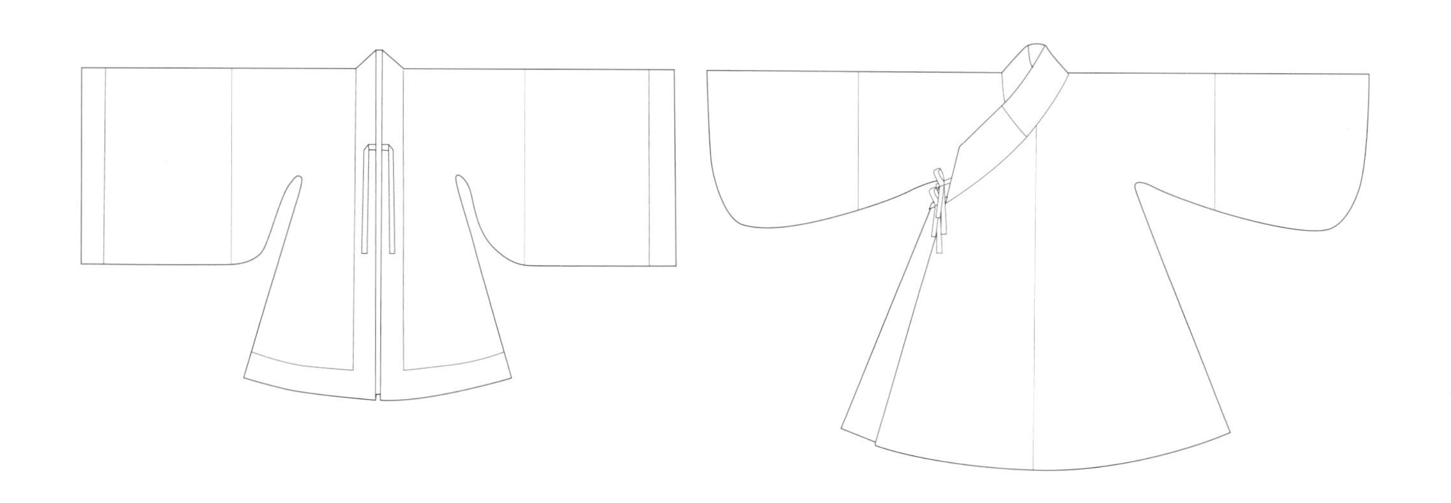

鹤氅、道袍款式示意

明中后期女性装扮：鬏髻头面、袄、裙

主要参照浙江嘉兴王店明墓出土明嘉靖万历左右首饰服装实物及明代画像、文献制作。

鬏髻是明代女性很常用的一种编织发罩。可以用马尾、蔑丝，或者金银丝编成，罩在头顶的真发髻上，最常见的形态是尖锥状，还有各种高、矮、尖、扁、卷的形态。鬏髻上可以插戴各种头面首饰，成组成套头面各有相对固定的插戴方式和称谓，有分心、挑心、满冠、钿儿、掩鬓等品种。明代女性日常穿着袄裙，上袄有交领、竖领各种样式，不同时期也有衣袖衣身长短大小的流行风格差异；下身穿裙，前有马面裙门，往往还有膝襕、底襕装饰。

复原样稿·明中后期妇女

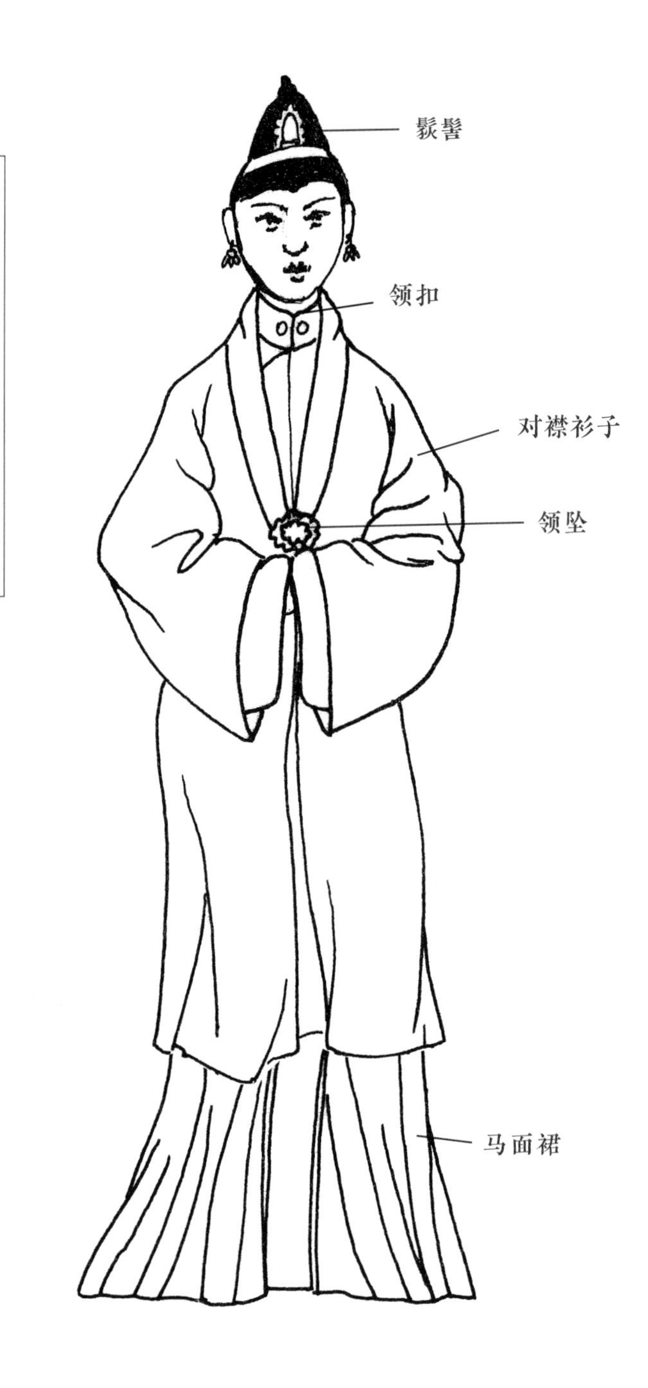

袄、裙、内衫款式示意

清代男性巡行、骑射着装：行服

主要参照故宫博物院藏清中期行服袍、行服褂、行服带，以及清代行服画像制作。

行服是清代帝王、官员外出巡行、狩猎骑行等场合穿着的服装。行服袍的外形和常服袍差不多，均为圆领、大襟、右衽，有马蹄袖的袍服，但身长比常服袍要短十分之一，最大的区别在于行服袍右侧大襟的前下方裁掉一尺见方的一幅，看起来像缺了一块襟，所以又称为“缺襟袍”。缺襟的位置有三枚扣袢，可以将外层的大襟和内层的掩襟扣合在一起。这个特征也是专门为了便于骑行而做的设计。行服的用料、装饰和常服类似，一般通身素织暗纹，不用华彩纹样。此外，还会外套一件短袖短身的行服褂。

复原样稿·清代官员

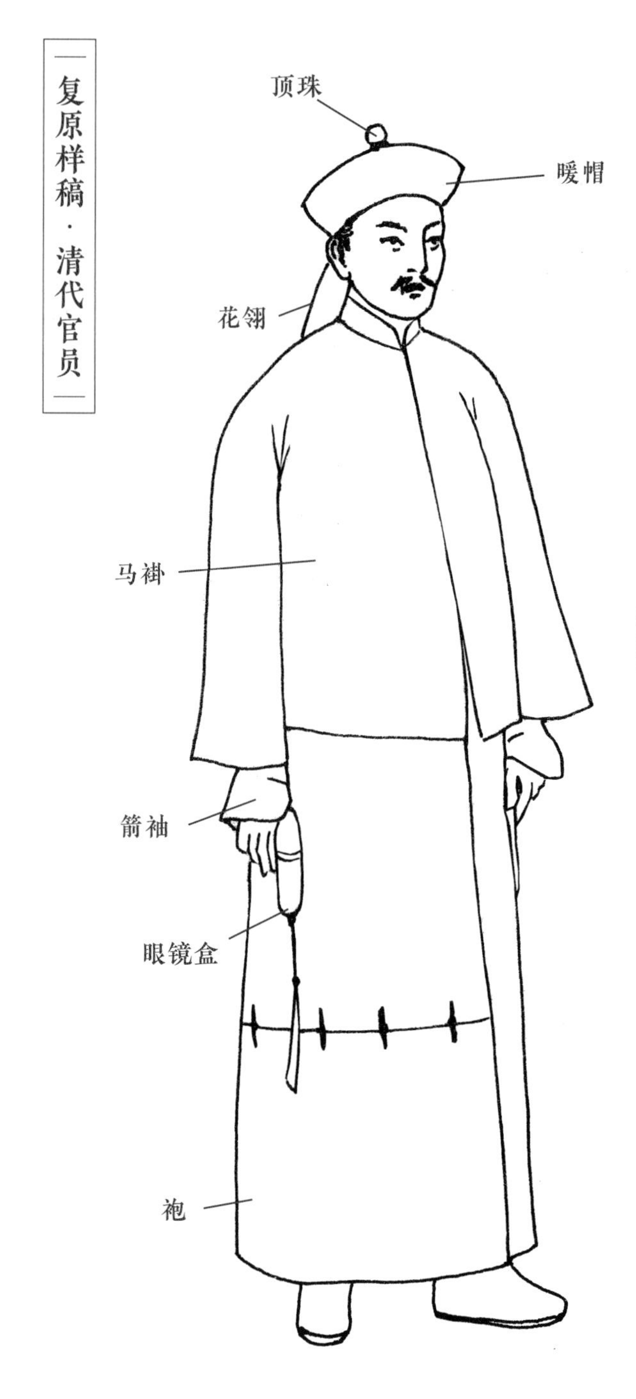

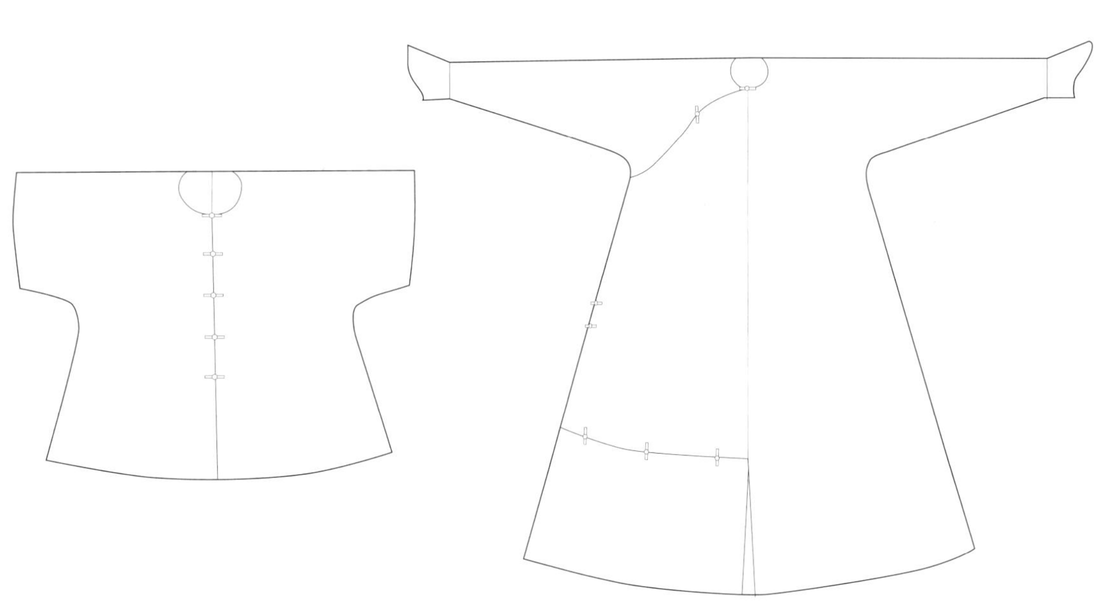

行服褂、行服袍款式示意

清末旗人女性便服：大拉翅、坎肩、衬衣

主要参照故宫博物院等处收藏清末衬衣、坎肩实物及清末老照片、绘画等综合制作。

便服是清代旗人女性燕居闲暇时的穿着，并无明确的典章规范，随流行变化，清前期样式简单，越到后期越丰富华丽，大概有衬衣、氅衣、坎肩、褂襕、马褂、便袍等种类，一般不用外褂。其中最重要的款式就是氅衣和衬衣，二者均为无马蹄袖的平袖。衬衣下摆宽阔无开裾，可穿在服饰内，也可以单独穿着。氅衣则两侧有开衩套穿在外。晚清便服装饰越发繁琐，镶滚增多，又发展出挽袖样式。头梳二把头，在晚清至民国初发展为高大的样式，上有头花。脚穿各式高底鞋。

复原样稿·清末旗人妇女

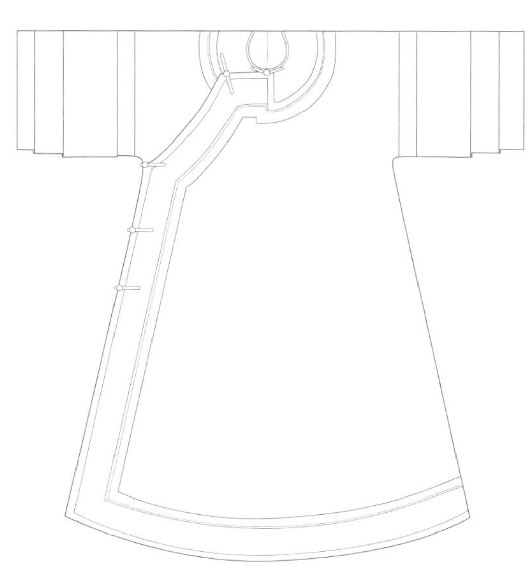

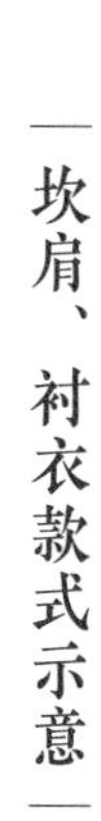

坎肩、衬衣款式示意

清末汉族女性装扮：抹额、网钗、双尖、耳坠、袄、裙

参照传世清末汉族女性袄、裙实物及清末老照片、绘画等综合制作。

清代汉人女性着装习惯与旗人着袍不同，延续前代传统穿着上衣下裙。上衣有对襟、大襟等形式，对襟披风较为正式，日常大多穿着大襟袄衫。清前中期的袄衫风格较为简洁，清末发展为各种复杂镶滚花边装饰风格。下身穿裙，前后各有重叠裙门，样式同样很多，常用一种两侧打百褶并镶边的襕干裙。汉女裹脚，穿刺绣小鞋。头上挽髻，可戴抹额，插戴簪钗头花。

复原样稿·清末汉族妇女

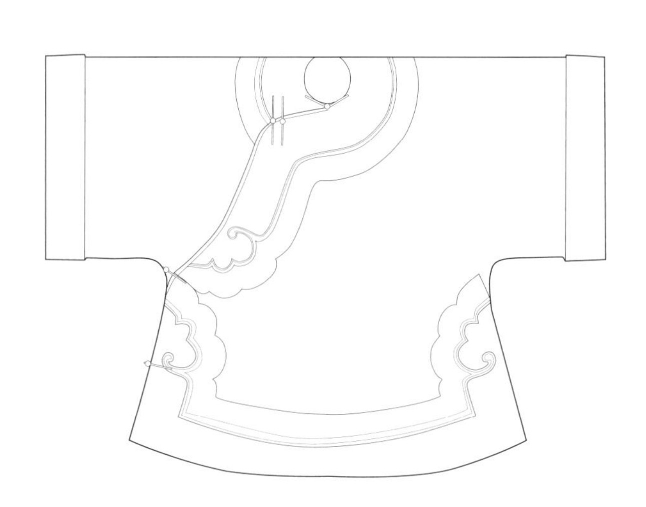

袄、裙款式示意

后记

『中国古代服饰文化展』的策划与实施

胡 妍
中国国家博物馆

中国国家博物馆（以下简称“国博”）首个服饰通史类展览——“中国古代服饰文化展”（图一），自2021年2月6日开展以来，观众络绎不绝、口碑相传（图二），实现了将学术成果的广博高深转化为展览语言的浅显易懂，将展览的宏大叙事与文物的微观呈现有机结合，使得不同层面的观众领略到中国古代物质文明和精神文明的璀璨成就，真正使文物走出库房、走上展线，把优秀传统文化的精神标识提炼出来、展示出来，用文物讲述中国故事、阐释中国文化、弘扬中国精神（图三）。在此，回顾本展览的策划与实施，以飨读者。

一、学术立基 鲜活呈现

国博学者沈从文、孙机诸先生先后在服饰考古、服饰史论等方面做了大量研究工作，数十载学术成就硕果累累，想要把这些成果中的精髓集中呈现在一个展览中，在具体实施阶段不免会存在难以取舍的困难。但孙机先生在展览内容的组织规划中，明确了将这一展览作为通史类展览来策划，首先要为观众系统阐释清楚中国古代服饰的发展脉络与文化内涵（图四）；其次要为观众呈现中国古代衣冠配饰的整体形象（图五），由此确定了展览以历史时期为主展线，在其中穿插不同小主题的展示方案，形

图一

图二

图三

图四

图五

图六

图七

图八

成了井然有序又层次分明、内容丰富的展览结构。具体而言，展览内容涵盖了从“服饰的出现”即已形成的华夏族上衣下裳、束发右衽服饰传统至“先秦服饰”中以赵武灵王“胡服骑射”为标志、深衣流行为结果的第一次服饰大变革；从“秦汉魏晋南北朝服饰”至“隋唐五代服饰”，服饰由汉魏时单一系统变成华夏、鲜卑两个来源的复合系统（鲜卑族袍服与华夏传统上衣下裳共同发展），由单轨制变为双轨制（男装常服、礼服）为结果的第二次服饰大变革；以及此后各朝代虽有变化但都以此为基础的“宋代服饰（宋辽金西夏元）”“明代服饰”直至“清代服饰”男子剃发易服改着满装，使中华传统服制从此断档的第三次服饰大变革等，以此作为脉络将展览内容分成六个部分进行策划与实施。

“博物馆展览不是一种简单的纯知识现象和认知行为，它在传播知识和娱乐服务的同时，不可避免地会呈现出一定的价值观念和价值倾向，对观众的价值观念、思维方式、行为模式、文化形态和生活方式产生启迪和引导作用，进而成为社会文化建构的工具。”[1]以物说史、以物释史、以物证史是博物馆的基本职责，国博作为国家最高历史文化艺术殿堂和文化客厅，长期以来充分发挥“全国爱国主义教育示范基地”（图六）、“全国中小学生研学实践教育基地”的作用（图七），遵循严格考证、忠实还原、鲜活呈现的展陈宗旨，策划的视角进一步聚焦“学习型”观众（图八），将研究成果转化为其喜闻乐见的展览语言。

二、展品选择“由小见大”

孙机先生提出：研究古代文物，不仅要“由小见小”，还要“由小见大”。所谓“由小见小”，是把一个个微观的小物件说清楚，说透彻；所谓“由小见大”，

图九

图一〇

是将一件小物件说清楚后，延展到当时社会生活诸多方面的认知。例如，展览开篇运用“小”到中国迄今发现年代最早的出土于辽宁海城小孤山遗址的穿孔骨针、河北阳原虎头梁出土的骨环饰等文物（图九），来讲述旧石器时代先民已能用骨针将兽皮等自然材料缝制简单的衣服，用兽牙、石珠做成串饰进行装扮。它所揭示的“大”背景便是中国服饰的源头可以上溯到原始社会旧石器时代晚期，说明那时的先民就已开始穿衣佩饰，中华服饰文化由此发端。

整个展览在展品选择上，以说清问题为前提，不拘泥于运用文物本体，综合使用文物、文物仿制品、复原人像、多媒体等展示媒介，力求以直观、简洁的方式为观众们清晰地呈现中国古代服饰文化的发展脉络与文化内涵。在遴选展出的近130件（套）文物中，将各历史时期最具代表性的玉石器、骨器、陶器、服装、金银佩饰和书画作品等，配合40余件（套）辅助展品、约170幅图片一并展出。

此次展出馆藏一级文物有数十件，包括极少展出的《中兴四将图》、明益庄王妃首饰、定陵出土首饰、《明宪宗调禽图》《南都繁会图》《皇朝礼器图》、康熙御用石青实地纱片金边单朝衣等。其中，还有5件岐阳王世家文物（《陇西恭献王李贞像》《孝亲曹国长公主像》《赠南京锦衣卫指挥使李佑像》《太保袭临淮侯李言恭像》和《临淮侯夫人史氏像》）（图一〇），在古代服饰史研究领域具有较高知名度，均为首次展出。馆外珍贵展出藏品来自借展单位8家、支持单位16家，包括青海省博物馆藏彩陶靴，西安半坡博物馆藏姜寨骨笄，西汉南越王博物馆藏组玉佩、蟠龙双龟纹鎏金铜带头、玉舞人，徐州博物馆藏有孔金带头（附穿针），云南省博物馆藏有翼虎纹银带扣，湖南省博物馆藏素纱单衣（复制品），无锡博物院藏明代金丝鬏髻，故宫博物院藏清代吉服冠、钿子等。

图一一

图一二

图一三

图一四

图一五

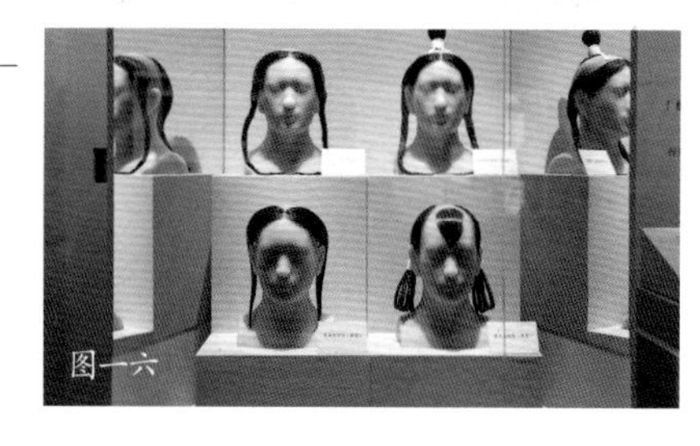
图一六

图一七

三、复原人像 还原风貌

图一八

本着还原中国古代衣冠配饰整体形象的初衷，在符合理论研究、保证展品的学术价值、艺术欣赏价值与收藏价值的基础上，能最大程度地反映出不同历史时期典型服装、配饰、妆容等特点，由孙机先生设计，国博策展团队持续跟进细化，北京服装学院团队具体实施，历时两年，完成从汉代至清代的历代着装超写实仿真复原人物塑像（全身）15尊（图一一至图一五）、胸像11尊（图一六、图一七），具有其独特性和不可替代性。

15尊历代复原人像的制作过程和工艺流程复杂，先后进行人物设计（图一八）、矩阵数控技术扫描（图一九）、数字雕塑建型深化（图二〇）、泥塑深化塑造（图二一）、影视特效深化制作（图二二）、影视特效化妆等项工作（图二三），不仅浓缩了中国历代审美风格的人物形象，更是一次重要的中国古代人物造像创作。复原人像与真人实际尺寸比例1.1：1，制作时，需将科学数据、图像文献、历史资料通

图一九

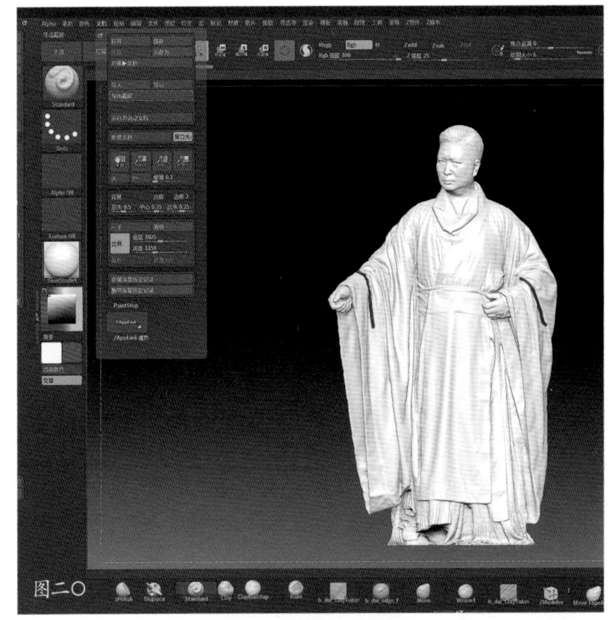
图二〇

图二一

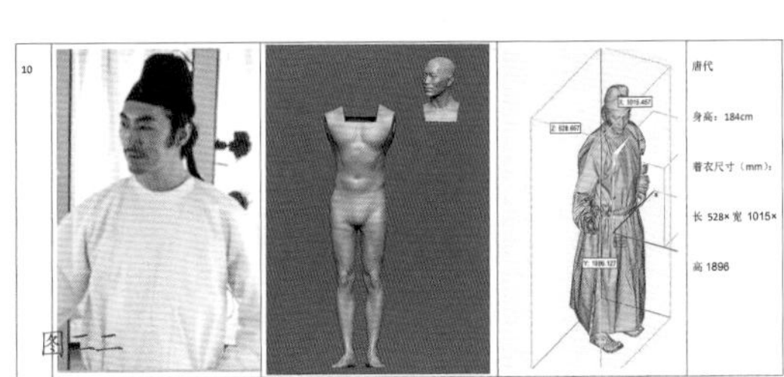
图二二

图二三

图二四

图二五

过艺术手段进行三维重塑，并且需要利用内胆玻璃钢、钢架结构和美国进口硅橡胶、环氧树脂、日本进口不饱和树脂、真人毛发、假发、日本进口色浆等材料结合精湛的技艺超写实还原这些造像人物的皮肤（图二四）、毛发、眼球（图二五）等塑造细节。在服饰复原方面，根据历史资料复原典型历史时期的服装配饰15套（约110件），并还原至人像穿着整体呈现，其中主要包括成衣（图二六）、首饰、配饰（图二七）、冠帽（图二八）、鞋履（图二九）等百余件配件的设计定制，以及各个历史时期发型、妆容（图三〇）等造型搭配。制作前期经过长期考证论证，首先由孙机先生选定形象并绘制初稿，再参照各时期出土实物、壁画、肖像、陶俑，以及相应的文献记载反复考证，制定详细的制作方案。成衣阶段以文物实物为主要参考依据，采用三重论证法，参照文献与图像，例如参考湖南长沙马王堆汉墓、福建福州南宋黄昇墓、浙江黄岩南宋赵伯澐墓等墓葬出土服饰，以及故宫博物院、曲阜市孔子博物馆、中国丝绸博物馆、日本正仓院等馆藏传世服饰，来推敲每一套

图二六

图二七

图二八

图二九

图三〇

图三一

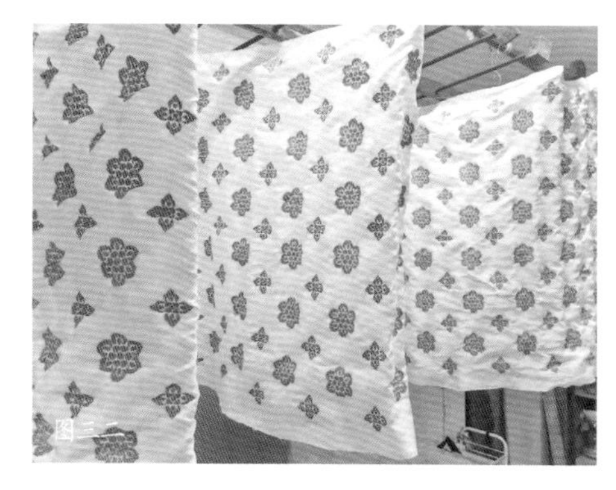
图三二

图三三

图三四

服饰形象从上到下、从外到内各件衣物的版型结构和层次，制作时全部采用手工裁剪缝制（图三一），尽可能还原当时的服饰风貌。成衣面料在现有技术条件下，参照历代面料组织结构，复制或仿制相应时代丝绸面料，包括汉代纱、罗、绮，唐代绫、锦、纱，宋代纱、绫，元代织金锦、绫，明代缎、纱，清代缎等品种（图三二、图三三）。在满足展陈环境光照、温湿度、酸碱度等条件的前提下，主体部分尽可能采用植物染色工艺（图三四）。涉及绞缬、臈缬、夹缬等古代印染工艺部分（图三五），采用相似原理工艺制作。首饰的制作均采用手工花丝、錾刻、锤揲、镶嵌等传统首饰加工工艺（图三六），主体以银、铜镀金制作（图三七），点翠、象牙、玳瑁、龟甲等涉及动物的相关材质，全部采用效果近似的代替材质制作。

四、空间叙事 展线流畅

展厅空间分区明确，采取多重叙事性结构，主展线按照历史不同时期先后顺序，以及观众行走和观看习惯，构成一个顺畅且单向的“时间”叙事性流线，六大专题区域与中心轴分割为六边形的展示空间相呼应（图三八）。中国传统柱坊结构建筑形式与陈列复原人像的展示立柜相结合，形成外部一个个辅助展线的复原人像闭合展示区（图三九），内部中心区域独立的“华纹锦绣”沉浸式体验区（图四〇），组成“空间”叙事性流线。主展线将各个展览空间有机地串联起来，单向路径引导明确，观众参观动线流畅，减少漏看、重复观看及混淆单元内容的情况发生，避免观众心理疲劳。中心辅助展线15尊复原人像的设置，既满足观众可对着装

图三五 图三六 图三七 图三八 图三九 图四〇 图四一 图四二

图四三

复原人像近距离欣赏，又便于观众对中国古代衣冠配饰整体形象进行研究，更有助于观众回顾人像对应时代的服饰文化阐释。主展线与辅助展线无论在空间还是在内容上既相辅相成，又可独立成章（图四一）。

紫色作为展厅主色调、金色作为展厅辅色调贯穿始终（图四二），其中在主色调中选用不同紫色色阶的柔性织物装饰环境（图四三），用金色的立体字进行说明阐释，并且运用顶部如意云头纹吊灯和展墙上部丝织物光带营造出的金色光晕来衬托环境（图四四），除了金、紫颜色相搭配带给观众典雅与静谧的氛围感之外，更重要的是取自古代服饰文化中对于“金紫”一词的意义。所谓“金紫”，战国时的蔡泽曾说：“怀黄金之印，结紫绶于腰……足矣。”[2]这指的是金印紫绶。汉代仍是如此，在《后汉书·冯衍传》记冯衍感慨生平时曾说自己：“经历显位，怀金垂紫”。[3]隋大业六年，“诏从驾涉远者，文武官皆戎衣，贵贱异等，杂用五色。五品以上通着紫色，六品以下兼用绯、绿。”[4]唐代，白居易在诗中说“有何功德纡金紫”，这里“金紫”指官员公服三品以上服色用紫，配饰金鱼袋。“金紫”在宋代也为官员位极人臣的典型形象。以上虽然汉之“金紫”与唐之“金紫”，是毫不相干的两回事，前者发生在品官服色之制尚未成立之前，所指的是金印和紫绶；后者发生在品官服色之制之后，所指的是紫袍和金鱼袋，[5]但是都用“金紫”代表高官显宦的服章[6]。因此，“金紫”在中国古代服饰文化中是王朝礼法和社会身份的制度表征。选择紫色与金色作为展览的色调，来体现古代服饰“分尊卑，别贵贱，辨亲疏”的文化功能。

图四四

展厅顶部独具匠心运用宋锦中提取的如意云头纹造型，通过灯带、柔性织物与钢架相结合，以拼接组合的方式制作出巨型如意云头纹吊灯（图四五）。这样在提升整体展厅照明度的同时，避免照明光源多重与展柜玻璃反光，影响观众对展品的观赏和说明文字的阅读。切合展览主题营造出古代宫廷氛围，让观众步入展厅举目眺望产生时空穿越的“错觉”，这种因人的视觉生理原因而产生的“错觉”现象，创造出耐人寻味的展览意境，使得观者更加舒适地沉浸在展览氛围中。

图四五

图四六

图四九

图四七

图四八

图五〇

五、立体呈现 趣味互动

展览内容繁而有序的呈现，还体现在展览平面设计采取大章节中设置多个小专题，以严谨、科学的文字结合示意图表、多媒体等展示方式为观众阐述说明服饰史中包含的若干细节问题。在展墙上适量安装小型显示屏，将不能现场展示的珍贵文物，采用三维扫描方式收集数据，制作成180度旋转式动画循环播放（图四六）。在补充实体展品缺失的同时，打破文物本体在展示角度上的局限性，使观众近距离多角度欣赏到珍贵文物细节，动静结合的方式有助于吸引观众的注意力。尤为明显的是，展示明代官员补服时，展板制作的补服外形嵌入不停变换补子样式的彩色动画视频（图四七），与旁边静态文物展品及说明文字相映成趣，观众对于了解补服用途、补服结构、补子样式的兴趣明显提升。

中心区域内部“华纹锦绣”沉浸式体验区（图四八），截取中国古代服饰纹样，以“万花筒”的形式展现给观众（图四九），古代传统文化与现代科技有机结合，使观众沉醉于瑰丽而奇幻的“花海”纹样中（图五〇）。展览尾声设置的“霓裳旧影”互动换衣镜体验区域（图五一），不仅满足观众换装拍照的需求，更重要的是，使观众对复原的这15套中国古代衣冠配饰进行了一次难得的亲身体验（图五二）。“‘互联网+时代+博物馆’所产生的展览，绝不仅仅是静止的展品，而是将博物馆空间变成一个积极参与的空间，一个属于观众全息体验，从而构成博物馆体验的无限空间”[7]。

图五一

图五二

图五三

中华五千年历史中，无数可歌可泣的仁人志士的丰功伟业，如今以绘画、雕塑或者影视作品等艺术形式进行弘扬，激发人们爱国情怀。不足的是，由于创作者没有系统地掌握古代服饰文化脉络和文化内涵，均曾出现过一些与史实不符之处，无形中削弱了艺术作品的感染力，并使得观众对古代服饰文化产生错误认知。[8]因此，举办惠及大众的“中国古代服饰文化展”势在必行（图五三）。此次展览从前期内容策划到实际过程中的具体实施（图五四），始终重视文物“活化”的生动化、情境化、立体化，将学术研究成果力求表达的思想性、启迪性融入到多维度、多样化的展陈形式中，提升观众的求知欲、参与度（图五五），策展团队（图五六）以润物细无声的方式引导观众全面了解中国古代服饰文化，以当代眼光观照历史文物，展现中华文化的绵延不断和蓬勃不息，增强中华儿女的民族自信心和自豪感。

图五四

图五五

图五六

注释：

1. 刘爱河：《现代博物馆陈列展示设计内涵的演变》，《中国博物馆》2005年第4期，第76页。
2. 孙机：《华夏衣冠——中国古代服饰文化》，上海古籍出版社，2016年，第285页。
3. 同2。
4. 同2，第290页。
5. 同2，第293页。
6. 同2。
7. 黄雪寅：《艺术的再创造——关于展览形式设计的逆向性思考》，《博物院》2020年第6期，第65页。
8. 此段文字据孙机先生口述整理。

图书在版编目（CIP）数据

中国古代服饰文化 / 王春法主编. — 北京：北京时代华文书局, 2021.1
ISBN 978-7-5699-3419-9

Ⅰ.①中… Ⅱ.①王… Ⅲ.①服饰文化—研究—中国—古代
Ⅳ.①TS941.742.2

中国版本图书馆CIP数据核字(2021)第028433号

项目统筹
余　玲

责任编辑
余　玲　丁克霞

执行编辑
余荣才

责任校对
徐敏峰

装帧设计
郭　青

中国国家博物馆展览系列丛书
中国古代服饰文化
ZHONGGUO GUDAI FUSHI WENHUA

主　编：王春法
出版人：陈　涛
出版发行：北京时代华文书局（http://www.bjsdsj.com.cn）
地址：北京市东城区安定门外大街138号皇城国际A座8层
邮编：100011
发行部：010－64267120 010－64267397
印制：北京雅昌艺术印刷有限公司 010–80451188
开本：635mm×965mm 1/16　印张：23.875　字数：590千字
版次：2021年11月第1版　印次：2021年11月第1次印刷
书号：978–7–5699–3419–9
定价：680.00元